CHEMIN DE FER

DE

L'ENTRE-SAMBRE-ET-MEUSE.

ÉTUDES

ET

CONVENTION PROVISOIRE POUR LA CONSTRUCTION ET L'EXPLOITATION
DE LA LIGNE ET DE SES EMBRANCHEMENTS,
PAR VOIE DE CONCESSION DE PÉAGES ET DE GARANTIE D'UN MINIMUM D'INTÉRÊT.

BRUXELLES,
EM. DEVROYE ET Ce, IMPRIMEUR DU ROI, RUE DE LOUVAIN.
1844.

CHEMIN DE FER

DE

L'ENTRE-SAMBRE-ET-MEUSE.

CHEMIN DE FER

DE

L'ENTRE-SAMBRE-ET-MEUSE.

ÉTUDES

ET

CONVENTION PROVISOIRE POUR LA CONSTRUCTION ET L'EXPLOITATION DE LA LIGNE ET DE SES EMRRANCHEMENTS, PAR VOIE DE CONCESSION DE PÉAGES ET DE GARANTIE D'UN MINIMUM D'INTÉRÊT.

BRUXELLES,
EM. DEVROYE ET Cº, IMPRIMEUR DU ROI,
RUE DE LOUVAIN.

1844.

MINISTÈRE DES TRAVAUX PUBLICS.

CHEMIN DE FER DE L'ENTRE-SAMBRE-ET-MEUSE.

Projet de convention provisoire et cahier des charges à l'appui, pour la construction et l'exploitation de la ligne et de ses embranchements, par voie de concession de péages et de garantie d'un minimum *d'intérêt.*

Rapport de l'inspecteur divisionnaire des ponts et chaussées, chargé de la direction supérieure des études.

Etudes primitives (1834).

Les premières études du chemin de fer de l'Entre-Sambre-et-Meuse sont dues à MM. De Puydt et consorts : elles avaient principalement pour objet de favoriser et d'étendre, par le bas prix du transport des matières pondéreuses, la production de la houille, dans le bassin de Charleroy et celle de la fonte et du fer, dans un grand nombre d'établissements métallurgiques des provinces de Hainaut et de Namur, en même temps que l'on en assurerait l'exportation économique vers la Meuse française.

Le tracé projeté en 1834 par MM. De Puydt et consorts, partait de la route de Lodelinsart à Châtelet, près de Châtelineau, et se tenait jusqu'à Marchienne, dans la vallée de la Sambre, après quoi il remontait l'Eau-d'Heure jusqu'au-delà de Silenrieux, pour franchir la crête de partage de l'Entre-Sambre-et-Meuse, à Cerfontaine, au moyen d'un double plan incliné. Il descendait ensuite à Mariembourg d'où le tronc principal allait aboutir en France, à Vireux-sur-

Meuse, à deux kilomètres de la frontière, tandis qu'un embranchement réunissait Mariembourg à Couvin. Deux autres embranchements partant de Thy-le-Château et de Walcourt se dirigeaient sur les minières de Morialmé et de Florennes.

Le tronc principal et l'embranchement de Couvin devaient être exploités, par locomotives, et les embranchements des minières, par chevaux.

Enquête (1835).

L'avant-projet et la demande en concession de MM. De Puydt et consorts furent soumis, dans le Hainaut et dans la province de Namur, à l'enquête prescrite par la loi du 19 juillet 1832. De nombreuses adhésions leur servaient d'appui.

Les deux commissions d'enquête prirent, en septembre 1835, des conclusions favorables à la demande en concession et à l'application des tarifs proposés.

Utilité publique décrétée en 1836.

Un arrêté royal du 16 avril 1836 décréta l'utilité publique du chemin de fer de l'Entre-Sambre-et-Meuse.

Concession de 1837.

La concession ayant été mise en adjudication, aux clauses et conditions du cahier des charges qui avait été rédigé, à cet effet, conformément aux dispositions de l'arrêté royal du 29 novembre 1836, MM. De Puydt et consorts furent déclarés concessionnaires, par celui du 12 avril 1837.

D'autres projets de chemins de fer, partant des minières et dirigés vers la Sambre, par la vallée d'Acoz et vers la Meuse belge, par celles de la Molignée et de l'Hermeton, avaient été présentés, en 1836, par M. l'ingénieur Splingard. Ces projets, qui avaient aussi leurs partisans, mais qui devaient être mutilés, pour satisfaire aux observations de la commission d'enquête, ne reçurent aucune suite.

Cession des droits des concessionnaires à une société anonyme. — Mise en activité, abandon des travaux. — Dissolution de la société, en 1839.

Les concessionnaires du chemin de fer de l'Entre-Sambre-et-Meuse ayant, aux termes de l'art. 69 du cahier des charges, cédé leurs droits à une société anonyme dont les statuts avaient été approuvés par arrêté royal du 9 avril 1838, les travaux furent mis en activité dans le vallon de l'Eau-d'Heure, mais ils ne tardèrent pas à être abandonnés, la dissolution de la société, prononcée en assemblée générale du 8 janvier 1839, ayant été sanctionnée le 22 par une nouvelle disposition royale.

Demande de la garantie d'un *minimum* d'intérêt, adressée en 1840, à la Chambre des Représentants, par les anciens concessionnaires. Proposition de MM. les députés Zoude, Puissant et Seron. — Rapport de la section centrale.

En avril et mai 1840, les anciens concessionnaires adressèrent au Roi et aux Chambres, des requêtes tendant à obtenir de l'État, la garantie d'un *minimum* d'intérêt du capital d'exécution du rail-way.

Le 11 juin de la même année, ces requêtes donnèrent lieu, à la Chambre des Représentants, à une proposition spéciale de la part de trois de ses membres, MM. Zoude, Puissant et Seron. Cette proposition ayant été prise en considération, la Chambre, dans sa séance du 13 juin 1842, reçut communication du rapport et des conclusions de la section centrale ([1]), sur le principe de la garantie d'un *minimum* d'intérêt et sur son application à certaines concessions de travaux publics.

Études définitives confiées, en 1842, aux ingénieurs des ponts et chaussées.

Les réclamations incessantes des populations et des établissements intéressés représentant la construction de la ligne concédée en 1837, à MM. De Puydt et consorts, comme pouvant seule mettre fin à l'état de souffrance de l'industrie du fer, le Département des Travaux publics avait décidé, dès le 12 janvier 1842, que, sans entendre en rien préjuger s'il conviendrait que le Gouvernement concourût d'une manière quelconque à l'établissement de cette nouvelle communication, il y avait lieu de charger des ingénieurs des ponts et chaussées, de l'étude d'un tracé définitif qui se relierait, dans la vallée de la Sambre, au réseau des chemins de fer de l'État.

Ces études furent confiées à M. l'ingénieur Magis, sous la direction supérieure de l'inspecteur divisionnaire soussigné.

Les projets étudiés par cet ingénieur, forment l'*annexe A,* appuyée elle-même, indépendamment d'une carte générale avec profil longitudinal, d'un cahier *B* de 28 annexes, consistant, la plupart, en documents statistiques officiels.

Direction générale du tracé. — Dispositions principales du projet.

La direction générale du tracé du tronc principal et de l'embranchement de Couvin a été conservée telle que MM. De Puydt et consorts l'avaient proposée et que les vœux à peu près unanimes, exprimés par les industriels du bassin de Charleroy et de l'Entre-Sambre-et-Meuse, tendaient à la faire maintenir.

Mais son point de départ a dû être placé près de Marchienne-au-Pont, au confluent de l'Eau-d'Heure, la partie de l'ancien tracé, comprise dans le vallon de la Sambre, entre ce village et celui de Châtelineau, appartenant déjà au rail-way national.

M. l'ingénieur Magis s'est attaché à améliorer le tracé et le système des pentes, autant que les localités lui ont permis de le faire, sans s'écarter de la direction générale adoptée. La suppression des plans inclinés du faîte de Cerfontaine constitue la plus importante de ces améliorations. Parmi plusieurs tracés, également praticables, l'on a d'ailleurs admis de préférence, dans l'intérêt des transports internationaux, la ligne la plus courte de Marchienne à Vireux. Le tronc principal et l'embranchement de Couvin se prêteront actuellement, sur toute leur étendue, à l'exploitation par locomotives marchant à grande vitesse.

Une modification fondamentale a été apportée au tracé de la concession, en ce qui concerne les embranchements des minières.

([1]) La section centrale était composée de MM. De Behr, *président*, Demonceau, De Smet, Zoude, Doignon, d'Hoffschmidt, et Dechamps, *rapporteur*.

Aux deux embranchements qui se dirigeaient vers les lavoirs de mines de Morialmé et de Florennes, en longeant plusieurs forges et hauts-fourneaux, et qui présentaient des pentes de $0^m,01$, dont l'exploitation par chevaux eût été si onéreuse (l'expérience en a été faite au chemin de fer du Bas-Flénu), M. Magis en a substitué trois, dont deux, ceux de Laneffe et de Froidmont, seraient à l'usage des établissements métallurgiques, tandis que le troisième, dit *des Minières*, conduirait aux gîtes de minerai de Fraire, Morialmé et Florennes.

Les embranchements de Laneffe et de Froidmont, n'ayant que des pentes de moins de $0^m,005$, à l'exception de deux de $0^m,0055$ et $0^m,0053$ d'inclinaison, longues de 2,000 et 4,380 mètres, la traction par chevaux s'y ferait avec sûreté et économie.

Il en serait de même sur l'embranchement des minières, de part et d'autre de son double plan automoteur, toutes les pentes y ayant aussi moins de $0^m,005$ d'inclinaison, sauf celle de $0^m,0053$ dont il vient d'être parlé et qui lui serait commune avec l'embranchement de Froidmont.

Le nouveau système d'embranchements, qui aurait d'ailleurs près d'une demi-lieue de longueur de moins que celui de la concession, offrirait sur celui-ci un très grand avantage qui paraît avoir été apprécié par presque tous les exploitants de hauts-fourneaux, et qui consisterait en ce qu'ils pourraient s'approvisionner, à volonté, des diverses espèces de minerai, aux gîtes mêmes, où l'opération du lavage sur place devient d'un usage chaque jour plus général.

La ligne et ses quatre embranchements auraient respectivement pour longueur :

Tronc principal de Marchienne à Vireux, avec courbe de raccordement d'un kilomètre vers Charleroy			64 kilom.
Embranchement de Laneffe		6	30 ½
Id.	des minières	14	
Id.	de Froidmont	5 ½	
Id.	de Couvin	5	
	Total		94 ½ kilom.

Le chemin de fer, à simple voie, serait pourvu de gares d'évitement qui le mettraient, en même temps, en communication avec les établissements industriels.

Les stations, au nombre de 15, seraient celles de Marchienne, Hameau, Thy-le-Château, Walcourt, Silenrieux, Cerfontaine, Mariembourg, Olloy, de la frontière en Belgique, de Vireux, Laneffe, Morialmé, Fairoul, Froidmont et Couvin.

Formation d'une nouvelle société.

Une société de capitalistes anglais et belges s'étant formée, dans le but de construire le chemin de fer de l'Entre-Sambre-et-Meuse, moyennant concession de péages et garantie d'un *minimum* d'intérêt, deux ingénieurs civils distingués d'Angleterre, MM. Cubitt et Sopwith, vinrent, en son nom, vérifier, sur les lieux, les éléments des projets et ceux du mouvement commercial. Leur opinion sur cette entreprise industrielle est consignée dans deux mémoires livrés à l'impression au mois d'avril 1844.

Projet de convention provisoire, avec cahier des charges à l'appui.

Des délégués de la compagnie s'étant ensuite transportés à Bruxelles, pour solliciter du Gouvernement la concession de la ligne projetée, l'on a débattu contradictoirement les clauses et conditions d'une convention provisoire, avec cahier des charges (*annexes G et H*), à soumettre à la sanction préalable des Chambres.

La direction générale du tracé et du système des pentes, décrite au cahier des charges, est celle du projet des ingénieurs belges. Les concessionnaires auraient la faculté d'y apporter, dans des limites déterminées, les modifications dont l'un et l'autre seraient jugés susceptibles.

Le tracé s'étend, en France, sur une longueur de deux kilomètres, dont la concession peut être accordée par ordonnance royale, sans l'intervention des Chambres. Il n'y a lieu à prévoir, de ce chef, ni obstacles, ni retards. La concession, en Belgique, doit, toutefois, être subordonnée à celle de la partie française. Tel est l'objet du 2e § de l'art. 11 du projet de convention provisoire.

Nous allons maintenant, pour nous acquitter de la mission que nous avons reçue de M. le Ministre des Travaux Publics, nous livrer à l'examen des questions spéciales qui se rapportent au capital social, au tarif, au mouvement commercial, aux recettes et aux dépenses annuelles, au produit net annuel, à la garantie d'un *minimum* d'intérêt de 4 p. % et aux sacrifices qu'elle pourrait imposer à l'État, enfin, au prolongement éventuel vers Charleville, de l'embranchement de Couvin, tant en Belgique qu'en France.

Capital social.

M. l'ingénieur Magis estime la dépense des travaux du tronc principal, des quatre embranchements et des stations, sur le territoire belge, à la somme de fr. 10,119,901, soit fr. 10,120,000 (*Annexe A*, tableau récapitulatif de la page XCII). Cette estimation a été établie sur des bases assez larges, pour pouvoir faire face aux dépenses imprévues inséparables d'une entreprise de cette nature.

Il en est de même de la somme de fr. 1,520,000, portée en compte, pour le matériel de locomotions et des transports, tel que M. Magis l'a composé pour le mettre en rapport avec le mouvement présumé des marchandises et des voyageurs.

Le chiffre de fr. 350,000 auquel a été évalué l'atelier des grosses réparations et le matériel des stations, paraît également avoir été fixé à un taux convenable.

Ces trois sommes réunies font monter, en Belgique, à fr. 11,990,000, la dépense des travaux et du matériel.

En France, pour moins de deux kilomètres de longueur, les travaux, y compris le matériel de la station extrême, ont été estimés séparément, par M. l'ingénieur Magis (*voir l'Annexe C*), à la somme de fr. 891,550, soit fr. 900,000, dont l'élévation est due principalement à un souterrain de 195 mètres et aux ouvrages à exécuter à Vireux, pour mettre le rail-way en communication avec la Meuse.

La dépense totale des travaux et du matériel de la ligne entière est donc évaluée à fr. 12,890,000.

Augmentant ce chiffre de 3 p. °/₀ ou de fr. 386,700, soit fr. 390,000, pour frais d'administration et de surveillance, l'on trouve fr. 13,280,000.

M. Magis, supposant que les travaux pourraient être complétement terminés et la ligne pourvue de tout son matériel, au bout de trois ans, n'a porté que $7\frac{1}{2}$ p. °/₀, en compte, pour les intérêts de la somme dépensée, pendant la moitié du délai d'exécution. Mais ce terme est trop rapproché, pour des travaux aussi considérables; il ne saurait être de moins de quatre ans. Majorant, dès lors, le chiffre de fr. 13,280,000, de 10 p. °/₀ ou de fr. 1,328,000, soit fr. 1,330,000, on obtient celui de fr. 14,610,000.

Quelques précautions que l'on prenne dans les vallées torrentueuses de l'Eau-d'Heure, de l'Eau-Blanche et du Viroin, sujettes à des crues subites de plusieurs mètres, il est à craindre qu'à l'instar de ce qui a eu lieu, à diverses reprises, dans celle de la Vesdre, les ouvrages d'art et les terrassements eux-mêmes n'y éprouvent, avant la mise en exploitation de la voie ferrée, des dégradations notables, source de réparations coûteuses.

D'autre part, le matériel des transports, suffisant pour le mouvement commercial qui a servi de base aux calculs de M. l'ingénieur Magis, pourra ne plus l'être pour celui que nous croyons devoir admettre.

Enfin, la formation d'une société anglo-belge, la mission des ingénieurs qu'elle a envoyés sur les lieux, pour vérifier les études du projet et les éléments des revenus présumés, et l'émission des actions, constituent des frais de premier établissement assez élevés.

Par ces motifs réunis, la somme de fr. 14,610,000 a reçu une majoration de fr. 390,000 ou d'environ 3 p. °/₀, ce qui a porté, en définitive, le capital social au chiffre de 15 millions.

La ligne ayant $94\frac{1}{2}$ kilomètres de longueur, tant en Belgique qu'en France, la dépense totale, y compris le matériel, sera moyennement, d'après ce qui précède, de $\frac{15,000,000 \text{ fr.}}{94,50} = 158,750$ fr. par kilomètre ou de fr. 793,650 par lieue, dont fr. 721,500 pour les dépenses effectives et 10 p. °/₀ en sus, ou fr. 72,150 pour le compte d'intérêts, pendant la moitié des quatre années de durée des travaux.

Les acquisitions de terrains, les terrassements et les ouvrages d'art, pour un chemin de fer, à simple voie, de 4 mèt. de largeur en crête, figurent dans cette somme de fr. 721,500, à raison d'environ fr. 400,000.

Si on lui donnait immédiatement les dimensions nécessaires pour recevoir éventuellement une seconde voie, par la suite, ainsi que cela a eu lieu pour toutes les lignes de l'État, encore à simple voie, les dépenses seraient majorées, de ce chef, des $\frac{3}{5}$ de ces fr. 400,000 ou de fr. 240,000 par lieue. La dépense effective moyenne, par lieue, serait donc portée alors de fr. 721,500 à 961,500. Pour le chemin de fer de l'État, cette dépense effective varie comme suit : (*voir* le tableau 52 *bis*, pag. 237 des annexes au mémoire de M. l'ingénieur en chef Desart, à l'appui du projet de chemin de fer de Tournay à Jurbise, avril 1844).

	Lieues.	Dépense par lieue [1].
Section de Gand à la frontière de France, longue de	11.70,	fr. 729,583
Id. de Gand à Ostende	13.30,	750,032
Id. de Landen à St-Trond	2.00,	831,540
Id. de Mouscron à Tournay	3.80,	895,959
Id. de Braine-le-Comte à Namur	16.30,	917,551
Id. de Bruxelles à Quiévrain	16.40,	1,260,244
ou, en moyenne, pour ces	63.50,	933,000

Établi comme ceux-ci, pour la double voie, le rail-way de l'Entre-Sambre-et-Meuse, malgré ses profondes tranchées dans le roc, ses quatre souterrains, longs ensemble d'environ 1,600 mètres, ses nombreux ouvrages d'art, ses gares d'évitement, au droit des établissements industriels, et ses 15 stations occasionnerait seulement une augmentation de dépense effective de

fr. 232,000,	par lieue,	comparativement aux sections de	Gand à la frontière;
211,500,	id.	id.	Gand à Ostende;
130,000,	id.	id.	Landen à St-Trond;
65,500,	id.	id.	Mouscron à Tournay.

L'excédant de dépense ne serait plus que de fr. 44,000 par lieue, comparativement à la ligne de Braine-le-Comte à Namur, avec laquelle celle de l'Entre-Sambre-et-Meuse aura le plus d'analogie, en ce qui concerne l'étendue et la difficulté des travaux.

Il s'en faudrait, au contraire, de fr. 299,000 par lieue, que la dépense y fût aussi élevée que sur la ligne de Quiévrain. Enfin, comparé au prix moyen

---

[1] Les sommes portées dans cette colonne ne comprennent point les intérêts des capitaux affectés aux dépenses.

de fr. 933,000 par lieue des six chemins de fer susmentionnés, celui de fr. 961,500 de l'Entre-Sambre-et-Meuse ne le dépasserait que de fr. 28,500 ou d'environ 3 p. °/₀.

Ainsi, quoique la ligne projetée soit placée dans des conditions de construction de nature à influer défavorablement sur le chiffre des dépenses, celles-ci seraient cependant, en moyenne, à peu près les mêmes que pour les chemins à simple voie du réseau national, si les terrassements y étaient également établis, dès l'origine, sur la largeur nécessaire pour la pose ultérieure d'une 2e voie.

Mais, comme la nouvelle communication de l'Entre-Sambre-et-Meuse doit servir principalement au mouvement des marchandises et qu'il sera pourvu d'un grand nombre de stations et de gares d'évitement, l'on est fondé à considérer la simple voie comme pouvant y suffire à la marche régulière des transports. Le but qu'on se propose serait donc convenablement atteint, au moyen d'une dépense effective de fr. 721,500 par lieue, sensiblement égale ou respectivement inférieure d'environ 4, 13, 20, 21 et 43 p. °/₀ à celle des sections précitées du chemin de fer de l'État et de 23 p. °/₀ à leur dépense effective moyenne de fr. 933,000.

Comparée au coût total de fr. 1,232,734 par lieue moyenne des 111,60 lieues, à simple ou à double voie de l'ensemble de notre rail-way (*voir* le tableau nº 52 *bis* précité), la somme de fr. 721,500 n'en forme que les 42 centièmes.

L'économie serait bien plus grande encore, en faveur du chemin de fer de l'Entre-Sambre-et-Meuse, si la comparaison s'établissait par rapport aux principales lignes de France ou d'Angleterre dont la dépense par lieue comporte généralement un chiffre beaucoup plus élevé que celui du réseau belge.

Le capital de 15 millions a été accepté, à forfait, par la Compagnie, comme celui auquel s'appliquerait éventuellement la garantie du *minimum* d'intérêt.

Tarif. Si ce n'est pour quelques transports qui, par leur nature, formeront une très faible partie du mouvement commercial de l'Entre-Sambre-et-Meuse, les péages proposés par M. Magis restent généralement au-dessous des prix du tarif du chemin de fer de l'État, auquel il a d'ailleurs emprunté, en les étendant à toute espèce de marchandises, les dispositions du livret réglementaire du 1er mai 1843, en vertu desquelles des remises étaient accordées aux convois complets et aux exportations. Pour les voyageurs, au contraire, ces péages seraient plus élevés.

D'après le tarif inséré à l'art. 26 du cahier des charges, joint au projet de convention, les prix *maximum* à percevoir seraient sensiblement les mêmes que sur le chemin de fer de l'État, en ce qui concerne les marchandises de diligence expédiées par colis de 50 kilog. au plus et sans remise à domicile, les bagages, les fonds et valeurs, les équipages, les chevaux et le bétail. Les péages *maximum* autorisés, pour le transport des voyageurs, dans les trois classes de voitures, seraient respectivement, comme M. l'ingénieur Magis l'avait proposé, de fr. 0-50, 0-35 et 0-25 par lieue, prix supérieurs d'un tiers à ceux du tarif du Gouvernement. Mais il ne faut pas perdre de vue que la destination principale du chemin de fer d'Entre Sambre-et-Meuse, étant industrielle, le transport des marchandises y primera celui des voyageurs, dont le produit, y compris celui des bagages et des voitures, n'atteindra pas, en effet, ainsi qu'on le verra plus loin, le dixième de la recette totale.

Les marchandises de roulage, transportées par charge complète, sont divisées en deux classes.

Pour la 1re classe, comprenant les grosses marchandises proprement dites, les prix *maximum* par tonneau et par lieue, sont ceux de fr. 0-425, 0-475, 0-525 et 0-575, qui, ayant subi, sans opposition, en 1835, l'épreuve de l'enquête, figurent à l'art. 48 du cahier des charges de la concession de 1837.

Pour la 2e classe, composée de toutes les autres marchandises, ces prix *maximum* sont, comme en 1837, augmentés de 5 p. %.

Une majoration de 5 p. % est autorisée pour les deux classes, lorsque le transport s'effectue à moins de 3 lieues.

Eu égard à la nature et à la marche des transports, le prix *maximum* moyen des charges complètes peut être considéré comme étant de fr. 0-475 pour la 1re classe et de fr. 0-50 pour la 2e. Les péages du livret réglementaire sont de fr. 0-50 pour la 1re classe et de fr. 0-70 et fr. 0-90 pour la 2e et la 3e.

Quant aux charges incomplètes de 50 à 500 kil. et de 500 à 4,000 kil., quelle que soit la classe, le prix *maximum* sera respectivement de fr. 0-12 et fr. 0-10 pour 100 kil. et par lieue. C'est le prix appliqué, sur le chemin de fer de l'État, aux marchandises de diligence, dont le poids varie entre les mêmes limites.

Il n'est accordé de remise ni pour les convois complets, ni pour les exportations.

Mouvement commercial.

M. l'ingénieur Magis a apporté la plus grande réserve dans l'appréciation du mouvement commercial. Puisant les renseignements qui lui étaient nécessaires, aux sources les plus sûres, il a adopté pour moyenne le mouvement de 1842 et années antérieures, en remontant, autant que possible, jusqu'en 1836. Cette moyenne a ordinairement reproduit, à fort peu de chose près, les chiffres de 1841 ou 1842, époque où l'industrie de l'Entre-Sambre-et-Meuse commençait à peine de sortir de l'état de souffrance auquel la crise financière de 1839 l'avait réduite.

Lorsque les documents statistiques lui ont manqué, M. Magis s'est attaché à déterminer approximativement, sur les lieux, quel avait été, en 1842, le mouvement des marchandises et celui des voyageurs et dans l'extension qu'il lui a assignée, comme conséquence de l'ouverture du chemin de fer projeté, il a continué à faire preuve d'une extrême réserve.

Dans son mémoire du 10 avril 1844, M. l'ingénieur Sopwith, se plaçant à un autre point de vue, a, au contraire, attribué au mouvement commercial de la nouvelle voie de communication, un degré d'activité que les transports y atteindront peut-être un jour, mais qu'il est impossible de prendre pour base d'une estimation modérée des revenus.

Utilisant les éléments des calculs des deux ingénieurs et notamment ceux que renferment les documents (*Annexes E et F*), dans lesquels M. Sauvage, ingénieur des mines des départements des Ardennes et de la Meuse, présente des considérations d'un haut intérêt sur la situation actuelle, les besoins et l'avenir de l'industrie dans ces deux départements et dans celui de la Marne, nous allons prendre à tâche de rétablir le mouvement commercial, sans aucune exagération, dans l'un comme dans l'autre sens.

L'article le plus important est celui de la houille exportée en France.

M. l'ingénieur Magis suppose que toutes les expéditions se feront désormais vers Vireux, par le chemin de fer, à l'exception de 1,000 tonneaux qui continueront à remonter la Meuse, pour être consommées à Givet et dans les environs. Adoptant d'ailleurs, pour l'avenir, le chiffre de 66,000 tonneaux auquel l'exportation par la Meuse s'est élevée en 1837, année beaucoup plus favorable, sous le rapport de ces expéditions, que celles qui l'ont précédée et qui l'ont suivie, il porte, par conséquent, en recette, le transport de 65,000 tonneaux de Marchienne à Vireux.

L'ingénieur de la société considère l'exportation de la houille comme acquise exclusivement au chemin de fer projeté et il la fait monter annuellement à 140,000 tonneaux.

Il est impossible d'admettre, avec MM. Magis et Sopwith, que l'établissement du chemin de fer de Marchienne à Vireux doive donner pour résultat de fermer le marché de la Meuse française aux houilles du pays de Liége.

Protecteur impartial de toutes les industries, le Gouvernement, d'accord avec les Chambres, fera, l'on n'en saurait douter, apporter à la Meuse, pendant les quatre années d'exécution du chemin de fer, les grandes améliorations qu'elle réclame entre Liége et la frontière française et qui, jointes à de faibles péages et aux qualités spéciales du charbon de cette province, lui permettront de venir soutenir la concurrence à Vireux, avec celui qui y arrivera du bassin de Charleroy par la voie ferrée.

La quantité de houille qui est entrée en France, par la Meuse, pour la consommation des usines et de la population d'une partie des départements des Ardennes, de la Meuse et de la Marne, s'est continuellement accrue, depuis 1831. De 57,000 tonneaux qu'elle comportait en 1839, l'exportation s'est élevée, en 1843, à 88,000 tonneaux (*Annexes E et F*). L'augmentation a donc été de 31,000 tonneaux.

La consommation de ce précieux combustible, employé à tant d'usages divers qui se multiplient chaque jour davantage, ne peut que continuer à augmenter, dans une progression rapide, par suite de la diminution de prix résultant, pour les transports, de l'amélioration successive du système des communications.

Nous supposerons, toutefois, que, du 1er janvier 1844 à la fin de 1848, terme présumé des quatre années de durée des travaux du rail-way, l'exportation par la Meuse ne s'accroîtra, en 5 ans, que de 31,000 tonneaux, ainsi que cela a eu lieu, pendant les 4 années antérieures de 1839 à 1843. Elle serait ainsi, en 1848, de 88,000 + 31,000 = 119,000, soit 120,000 tonneaux, chiffre modéré que nous proposerons d'admettre, à partir de 1849, première année d'exploitation du chemin de fer, et qui, réduit à moitié, à cause du partage des transports avec la Meuse, donnerait, pour celui-ci, un mouvement de 60,000 tonneaux de houille parcourant la ligne entière de Marchienne à Vireux.

Déjà aujourd'hui, malgré le prix élevé des transports sur les routes de Charleroy à Macon et au Bruly, l'on exporte de la houille par ces deux bureaux, pour la consommation des communes les plus rapprochées de la frontière, où le bois de chauffage coûte si cher. Elle pourra pénétrer moyennement de cinq lieues plus avant en France, d'une part, dans la direction de Trélon et Hirson, de l'autre, dans celle de Rocroy, Rimogne, Réthel, Maubert-Fontaine et Signy-le-Petit, lorsque, par suite de l'ouverture du chemin de fer, les frais de transport de Charleroy à Couvin seront diminués des deux tiers ou de près de fr. 10.

Nous croyons nous renfermer dans des limites fort étroites, en ne portant en compte, de ce chef, que 5,000 tonneaux pour chacun des deux bureaux, ensemble 10,000 tonneaux qui suivront la voie ferrée de Marchienne jusqu'à Couvin.

La consommation de charbon minéral dans les établissements métallurgiques de l'Entre-Sambre-et-Meuse est maintenue par M. l'ingénieur Magis, telle qu'elle se composait pendant les dernières années. Il suppose, toutefois, que les hauts-fourneaux de Thy-le-Château seront remis en activité.

La quantité de houille employée à la fabrication des tuiles et à la calcination de la chaux destinée aux constructions et à l'amendement d'une vaste étendue de territoire, n'est évaluée par M. Magis qu'à 3,000 tonneaux, et celle qui servirait aux usages domestiques de la population n'embrasserait qu'une zone de deux lieues de largeur moyenne, à raison de moins de 500 kilog. pour chaque habitant.

Ces estimations sont évidemment trop faibles pour l'avenir, et nous resterons sans doute encore au-dessous de la réalité, en ne les majorant que d'un cinquième, à dater de l'ouverture de la voie ferrée.

Par des motifs analogues et sans sortir de la réserve que nous nous sommes imposée, nous augmenterons également d'un cinquième le mouvement attribué par M. l'ingénieur Magis, au minerai de fer, à la castine, au charbon de bois, à la fonte et au fer ouvré consommés dans le pays, aux pierres et marbres, aux ardoises et aux tuiles.

Le département des Ardennes a tiré de la Belgique, en 1842, 1,043 tonneaux de fonte et, en 1843, 1,942 tonneaux, dont 1,419 y sont entrés par le bureau de Rocroy. Malgré cette progression rapide, nous nous bornerons à comprendre l'exportation de la fonte, dans nos calculs, pour un chiffre de 3,000 tonneaux.

Quant aux baliveaux et aux perches dont les houillères du Hainaut font une si grande consommation, au bois de charpente, aux écorces, aux cendres de mer et aux denrées coloniales, les chiffres de M. Magis pèchent tellement par leur insuffisance qu'en les majorant de 50 p. °/₀, ils seront certainement encore dépassés par le mouvement qui régnera sur le chemin de fer de l'Entre-Sambre-et-Meuse, aussitôt après sa mise en exploitation.

Quoique les évaluations de cet ingénieur, en ce qui concerne les transports de grains, vins et liquides, voyageurs, bagages, fonds et valeurs, voitures, chevaux et bétail, ne soient pas non plus suffisamment en rapport avec l'extension que la création d'une voie ferrée, à la fois économique, accélérée et toujours praticable, imprime partout à ce genre de transports, elles ne s'éloignent cependant pas assez du mouvement présumé, pour que nous ayons jugé nécessaire de les augmenter.

Celui des marchandises de diligence a été restreint au transport de 15,000 colis, au prix *minimum* de fr. 0-60, et de 1,000,000 kilog. de charges incomplètes de 5 à 50 kilog.

Recette annuelle. Après avoir préalablement modifié, d'après les indications qui précèdent, le mouvement commercial admis par M. Magis, nous lui avons appliqué les prix du tarif de l'art. 26 du projet de convention provisoire. Toutes les marchandises, en général, sauf celles de diligence, ont été taxées aux prix des deux classes de charges complètes; mais l'excédant de recette provenant de la différence de fr. 0-70 et fr. 0-50, entre le prix moyen de 0-50 de la 2e classe et le péage de fr. 1-20 et fr. 1-00 par tonneau et par lieue, des charges incomplètes de 50 à 500 kilog. et de 500 à 4,000 kilog., a été porté séparément en compte, pour les 4,000 et 12,000 tonneaux auxquels on peut respectivement évaluer le poids de ces charges incomplètes, formant ensemble à peu près le trentième des 481,500 tonneaux que comporte le mouvement total des marchandises, celles de diligence exceptées.

Ces calculs ont conduit aux résultats consignés dans le tableau suivant :

NATURE DES TRANSPORTS.	QUANTITÉS.	DISTANCES EN LIEUES DE 5,000 MÈTRES.	PRIX PAR LIEUE.	SOMMES.	Observations.
MARCHANDISES.					
CHARGES COMPLÈTES.					
Première classe.					
lle. — Consommation intérieure	94,000 tonneaux.	Variable-*maximum* 12.20	fr. 0.425, 0.475, 0.525, 0.575 par tonneau, avec majoration de 5 p. °/ₒ, lorsque la distance du transport est de moins de 5 lieues.	Fr. 258,000	
Exportation	60,000 id.	12.60 (a)	Id.	359,100	(a) De Marchienne-au-Pont à Vireux.
Idem	10,000 id.	10.40 (b)	Id.	49,400	(b) Id. à Couvin.
ral. — Consommation intérieure	173,000 id.	Variable-*maximum* 9.00	Id.	383,000	
ne. Idem	1,000 id.	Variable-*maximum* 1.50	Id.	400	
bon de bois. Idem	15,700 id.	Variable-*maximum* 4.00	Id.	21,800	
e et fer ouvré. Idem	27,000 id.	Variable *maximum* 10.40	Id.	60,400	
Exportation	3,000 id. (c).	Moyenne 6.00	Id.	8,100	(c) Fonte.
— Consommation intérieure	58,000 id.	Variable-*maximum* 10.40	Id.	193,000	
ces. Idem	4,500 id.	Variable-*maximum* 10.40	Id.	20,800	
res et marbres. Idem	12,000 id.	Moyenne 6.00	Id.	36,000	
Exportation	1,800 id.	Moyenne 6.40	Id.	5,800	
ises. — Consommation intérieure	1,800 id.	Variable-*maximum* 10.40	Id.	8,900	
Importation	3,500 id. (d).	12.60	Id.	20,900	(d) Ardoises de Fumay.
Transit	4,700 id. (e).	12.60	Id.	28,100	(e) Ardoises de Fumay rentrant en France, par la Sambre.
es. — Consommation intérieure	1,800 id.	Moyenne 4.70	Id.	4,400	
res de mer. Idem	2,100 id.	Moyenne 6.00	Id.	6,600	
	473,900 tonneaux (f).				
Deuxième classe.					
as. — Consommation intérieure	2,000 tonneaux.	Variable-*maximum* 12.20	fr. 0.425, 0.475, 0.525, 0.575 par tonneau, avec majoration de 5 p. °/ₒ, et une 2ᵉ majoration semblable, quand la distance du transport est de moins de 5 lieues.	10,400	
Importation	200 id.	Moyenne 6.40	Id.	600	
et liquides. — Consommation intérieure	2,000 id.	Moyenne 6.00	Id.	6,000	
Importations	1,000 id.	Moyenne 6.40	Id.	3,200	
ées coloniales. — Consommation intérieure	2,400 id.	Variable-*maximum* 12.20	Id.	8,400	
	7,600 tonneaux (g).				(f et g) Ensemble 481,500 tonneaux.
CHARGES INCOMPLÈTES.					
chandises de diligence. — Colis de 5 kil. et au-dessous, et tous autres au prix *minimum*.	15,000 colis.	»	0.60 par colis, à toute distance	9,000	
Charges de 5 à 50 kil.	1,000,000 kilog.	Moyenne 6.00	0.20 les 100 kilog.	12,000	
chandises de roulage. — Charges de 50 à 500 kil.	4,000 tonneaux.	Moyenne 6.00	Supplément de 0.70 par tonneau. (h)	16,800	(h) Ces 16,000 tonneaux de marchandises figurent déjà, à raison de fr. 0-50 environ, par tonneau et par lieue, parmi les 481,500 tonneaux transportés par charges complètes.
Charges de 500 à 4,000 kil.	12,000 id.	Moyenne 6.00	Supplément de 0.50 par tonneau. (h)	36,000	
VOYAGEURS.					
sse de voitures	4,500 voyageurs.	11.50	0.50	25,900	159,100 francs.
d. id.	14,500 id.	11.50	0.35	58,400	
d. id.	26,000 id.	11.50	0.25	74,800	
BAGAGES	156,000 kilog.	11.50	0.30 les 100 kil.	5,400	
FONDS ET VALEURS	»	»	»	3,500	Par approximation.
VOITURES.					
oues	190 voitures.	11.50	3.00	6,600	
oues	40 id.	11.50	2.00	900	
CHEVAUX ET BÉTAIL.					
aux. — Circulation intérieure	300 têtes.	Moyenne 6.00	1.25, prix moyen par tête.	2,300	
Exportation	350 id.	Moyenne 3.20 (i)	Id. id.	2,300	(i) Jusqu'à Couvin.
Transit	800 id.	10.40 (k)	Id. id.	10,400	
fs. — Circulation intérieure	200 id.	Moyenne 6.00	0.70 id.	800	
Exportation	50 id.	10.40 (l)	Id. id.	400	
s, veaux et moutons. — Circulation intérieure	500 id.	Moyenne 6.00	0.20 id.	600	
Exportation	1,240 id.	10.40 (m)	Id. id.	2,600	(k, l et m) De Marchienne à Couvin.
SPORTS SUR LES PLANS AUTOMOTEURS DE L'EMBRANCHE-NT DES MINIÈRES	150,000 tonneaux.	0.40	0.125 par tonneau.	7,500	
ÉVU	»	»	»	30,500	Moins de 2 p. °/ₒ des recettes prévues.
			Total	1,800,000	

Ainsi, d'après les bases modérées que nous avons adoptées, la recette annuelle serait de fr. 1,800,000, tandis que les hypothèses extrêmes, posées, en sens contraire, par M. l'ingénieur Magis et par l'ingénieur de la société, la restreignent à fr. 1,356,444 (¹) ou la font monter à fr. 2,413,182.

Dépense annuelle. M. Magis évalue la dépense totale annuelle à fr. 835,369 ou à environ 62 ½ centièmes de la recette brute de fr. 1,341,281. C'est, à 2 ½ p. °/ₒ près, le rapport de 60 centièmes qu'elles ont présenté, en 1843, sur le chemin de fer de l'État où elles se sont respectivement élevées à fr. 5,400,000 et 8,994,439-33 (pag. 5 et tableau IIᵃ du *Compte-rendu* du 6 février 1844).

La dépense n'est estimée par M. l'ingénieur Sopwith qu'aux 40 centièmes de la recette de fr. 2,413,182, ou à fr. 965,272-80.

Cette fraction est nécessairement subordonnée, à la fois, à l'influence de la nature et de la marche des transports, sur le chiffre des dépenses et à celle que le tarif doit exercer sur le montant des recettes.

Supposons un moment que le chemin de fer de l'Entre-Sambre-et-Meuse se trouve placé dans les mêmes conditions d'exploitation et de tarif que celui de l'État, en 1843.

La voie de la première ligne, comparée à celle de la seconde, sera plus prompte à se dégrader, à cause du passage de locomotives plus pesantes et de convois de marchandises beaucoup plus considérables et fréquemment au complet. Mais il y aura compensation dans la dépense d'entretien, par suite du moindre prix des fournitures et des travaux et, notamment, des cendres d'usine, des billes et des fers. Nous maintiendrons donc la somme de fr. 1,371,042-74, pour laquelle l'entretien des routes et stations entre dans celle de fr. 5,400,000, dont elle forme environ le quart.

Quant à la somme de fr. 4,028,957-26, ou aux trois autres quarts, représentant les dépenses d'administration générale, celles du service de locomotion et entretien du matériel et, enfin, celles du service des transports et frais de perception, il est incontestable qu'ils se prêtent à une forte réduction, par les motifs suivants :

Les convois devant servir presqu'exclusivement au transport des grosses marchandises, pourront généralement marcher à petite vitesse ;

Les rampes les plus rapides (versant de la Meuse) seront gravies en remonte, par le moindre mouvement commercial ;

La plupart des convois seront au complet, dans la direction de Marchienne

---

(¹) Estimation de la recette sur les 92 ½ kilomètres de Belgique, fr. 1,341,280 (*voir* le tableau, à la fin du rapport de M. Magis, *Annexe A*) augmentée de fr. 15,364 (*Annexe D*), pour le produit des mêmes péages appliqués aux marchandises, voyageurs, etc., parcourant les 2 kilomètres de France.

à Vireux, et ceux de retour seront également fort chargés, sur une grande partie de leur parcours;

Le tronc principal de 12,60 lieues de longueur et l'embranchement d'une lieue qui s'en détachera à Mariembourg, distant de trois lieues de Vireux, pour aboutir à Couvin, seront seuls exploités par locomotives.

Il résulte de ces circonstances réunies que le nombre de locomotives fonctionnant ou en réserve sera proportionnellement très faible pour l'exploitation de ces 13,60 lieues de rail-way et que leur puissance sera utilisée à un très haut dégré.

Les trois autres embranchements, longs de cinq lieues, seront exploités plus économiquement encore par chevaux, la presque totalité des charges y circulant en descente et l'inclinaison des pentes ne dépassant pas $5\frac{1}{2}$ millimètres par mètre (l'excédant de dépense du passage sur les plans automoteurs est couvert par un supplément spécial de péage).

Le bas prix relatif du coak que l'on pourra fabriquer à une extrémité de la ligne, à proximité des houillères du bassin de la Sambre, diminuera, d'ailleurs aussi, les frais d'exploitation, et le personnel des convois et des stations sera susceptible d'une réduction considérable.

En présence de ces sources assurées d'une notable économie, nous continuerons à faire preuve de modération, en ne l'estimant qu'au huitième de la dépense correspondante, montant, comme nous l'avons dit plus haut, aux $\frac{3}{4}$ du chiffre total de la dépense annuelle dont cette économie formera, par conséquent, les $\frac{3}{32}$, ce qui le fera descendre à la fraction $\frac{29}{32} = 0.90$.

Nous allons maintenant modifier la recette annuelle de fr. 1,800,000, par l'application des prix du tarif du chemin de fer de l'État, en 1843. Ces modifications se borneront aux marchandises, par charges complètes, et aux voyageurs, les autres prix étant sensiblement les mêmes.

Les 70,000 tonneaux de houille, exportés en France (*voir* le tableau des recettes), seront généralement expédiés par convois complets; admettons, toutefois, qu'un cinquième ne le soit que par convois incomplets, à charges complètes. La remise accordée, pour ces deux cas, par l'art. 53 du livret réglementaire, étant respectivement de 30 et 20 p. °/₀ du prix de fr. 0-50, par tonneau et par lieue, des charges incomplètes de la 1re classe, le péage ne sera plus que de fr. 0-35 et fr. 0-40. Le calcul sera, dès-lors, le suivant :

						Fr.
$\frac{4}{5}$ 60,000 tonneaux ou	48,000	×	12.60	× 0.35	=	211,680
$\frac{4}{5}$ 10,000 —	8,000	×	10.40	× 0.35	=	29,120
	56,000					
$\frac{1}{5}$ 60,000 —	12,000	×	12.60	× 0.40	=	60,480
$\frac{1}{5}$ 10,000 —	2,000	×	10.40	× 0.40	=	8,320
	14,000					309,600

L'exportation de ces 70,000 tonneaux de houille figurant dans le tableau, pour une somme de fr. 359,100 + 49,400 = 408,500, la diminution de recette serait de fr. 98,900.

Les autres exportations sont considérées comme ne remplissant pas les conditions exigées par le livret, pour avoir droit à la remise de 30 p. %.

Les marchandises de 1re classe, à charge complète, déduction faite de la houille exportée, comportent ensemble une recette de fr. 1,056,200. Nous supposerons que sur cette somme, les deux tiers, soit fr. 700,000, correspondent aux convois complets et fr. 320,000 aux convois incomplets, le reste ou fr. 36,200 étant compris dans les fr. 48,000 de taxe (6 lieues à fr. 0-50) des 16,000 tonneaux pour lesquels des suppléments de fr. 16,800 et 36,000 ont été portés à l'article *Charges incomplètes*.

Le prix moyen du tableau étant de fr. 0-475, tandis que ceux du livret sont de fr. 0-45 et fr. 0-50 pour les marchandises qui ont donné les recettes de fr. 700,000 et fr. 320,000, il y a, de ce chef, d'une part, fr. 0-025 de diminution et, de l'autre, fr. 0-025 d'augmentation, de manière que nous devons faire subir, en définitive, à la différence de fr. 700,000 — 320,000 = 380,000, une réduction de fr. 0-025 sur fr. 0-475; cette réduction est de $\frac{1}{19}$ ou de fr. 20,000.

Sur les fr. 28,600 de produit des waggons, à pleine charge, de 2e classe, fr. 11,800 complètent les fr. 48,000 susmentionnés; le reste ou fr. 16,800 doit être majoré au *maximum* de 40 p. % ou de fr. 6,720, soit fr. 6,700, pour être mis en rapport avec les prix de la 2e et de la 3e classe du livret réglementaire.

Enfin, les péages des voyageurs sur le chemin de fer de l'Entre-Sambre-et-Meuse dépassant d'un tiers les prix du tarif du rail-way national, il y a lieu, de ce chef, de diminuer d'un quart ou de fr. 39,775, soit fr. 39,800, la somme de fr. 159,100 reprise au tableau des recettes.

Les réductions étant, d'après ce qui précède, de fr. 98,900, 20,000 et 39,800, ensemble fr. 158,700, pour une seule majoration de fr. 6,700, qui en fait descendre le chiffre à fr. 152,000, la recette annuelle se trouve réduite de fr. 1,800,000 à fr. 1,648,000, lorsqu'on applique aux transports présumés de l'Entre-Sambre-et-Meuse, le tarif du chemin de fer de l'État, en 1843, ou, en d'autres termes, l'adoption des péages proposés en élève le chiffre de fr. 1,648,000 à fr. 1,800,000, dont le rapport est représenté par fr. 1-09.

Ainsi, tandis qu'en admettant ce mouvement commercial, la dépense annuelle est réduite aux 90 centièmes, l'application des péages du projet de convention provisoire porte le chiffre annuel de la recette aux 109 centièmes. La fraction de 60 centièmes trouvée pour le réseau belge, en 1843, devra donc être multipliée par $\frac{90}{109}$, ce qui donnera $\frac{60}{100} \times \frac{90}{109} = \frac{54}{109} = 0.496$, soit 0.50, c'est-à-dire que les dépenses absorberont 50 p. % des recettes, au lieu des 62 ½ et 40 p. °/₀ qui ont servi de base aux évaluations de MM. les ingénieurs Magis et Sopwith.

Produit net annuel.

Les dépenses devant diminuer de moitié la recette annuelle de fr. 1,800,000, le bénéfice net de l'entreprise sera de fr. 900,000 par an, ou de 6 p. °/₀ du capital de 15 millions.

La fraction de 50 p. °/₀ est sans doute destinée à décroître, à l'avenir, par suite des économies que l'on continuera à obtenir, dans l'alimentation des locomotives et de celles que la compagnie pourra successivement introduire dans les diverses branches de service, sans compromettre la marche régulière et sûre de l'exploitation. Si, les prévisions de M. Sopwith se réalisant, on parvenait à faire descendre cette fraction à 40 p. °/₀, le succès de l'opération financière serait mieux assuré encore, le revenu s'élevant alors à 7 ⅕ p. °/₀ du capital.

Garantie d'un *minimum* d'intérêt de 4 p. °/₀.

Les hypothèses modérées sur lesquelles nous avons établi nos calculs nous ayant conduit à un bénéfice annuel de 6 p. °/₀, estimé à 9 ⅜ p. °/₀ par l'ingénieur de la société, l'on est autorisé à considérer la garantie d'un *minimum* d'intérêt de 4 p. °/₀, stipulée à l'art. 4 du projet de convention provisoire, comme ne devant jamais se traduire, pour l'État, dans le paiement de la moindre partie de cet intérêt et comme n'ayant d'autre but que d'enhardir des capitaux devenus trop timides, afin de les engager, par la perspective de bénéfices assurés, sans chances possibles de perte, dans une entreprise éminemment utile à l'industrie charbonnière et métallurgique du bassin de Charleroy et de l'Entre-Sambre-et-Meuse.

Si ces considérations militent en faveur de la garantie sollicitée, il en est d'autres encore que l'on peut invoquer, en les puisant dans un ordre d'idées non moins élevé.

Le bas prix auquel la houille sera amenée à de nombreux gîtes de pierre calcaire procurera un moyen économique et prompt de fertiliser et même de rendre à l'agriculture une vaste étendue de territoire aujourd'hui peu productive ou encore inculte.

Les produits de plusieurs grandes et belles forêts, tels que bois d'étançonnage pour houillères, bois de charpente pour construction de bâtiments ou de navires, et écorces, sont aujourd'hui privés de débouchés, à cause de l'extrême difficulté des transports par les communications existantes. La voie économique du chemin de fer permettra de les livrer désormais aux principaux centres de consommation, à des prix modérés, avantageux à la fois aux propriétaires des forêts, au commerce et à l'industrie.

L'industrie de la houille et celle du fer, ces deux éléments si puissants de la prospérité publique, lui seront redevables, la première, d'une extension considérable dans la production, la seconde, du bienfait d'une fabrication beaucoup plus économique, par suite de la réduction de prix des matières premières, le minerai, la houille et le charbon de bois; cette économie, jointe à celle que l'on réalisera sur les frais de transport de la fonte et du fer, vers l'intérieur du pays ou vers la France, peut seule offrir aux établissements métallurgiques, le moyen de lutter avec avantage contre une concurrence redoutable, et de sortir enfin de l'état de souffrance auquel cette industrie se trouve réduite depuis plusieurs années.

De semblables résultats constituent, en définitive, un accroissement notable du capital de la richesse nationale, représenté par une augmentation équivalente des revenus du trésor.

Nous devons ajouter que la majeure partie des transports de marchandises et de voyageurs, qui se feront par le chemin de fer de l'Entre-Sambre-et-Meuse, auront d'abord parcouru ou continueront à suivre celui de l'État, souvent sur une très grande étendue, ce qui produira une forte majoration dans les recettes de celui-ci.

Prolongement éventuel de l'embranchement de Couvin, jusqu'à Charleville.

Le prolongement de l'embranchement de Couvin, jusqu'à Charleville-Mézières, est prévu par l'art. 60 du cahier des charges, en vertu duquel les concessionnaires seront tenus de l'effectuer, en Belgique, à leurs frais, risques et périls et sans garantie d'intérêt, lorsque son exécution sera décrétée et assurée en France.

Cette disposition démontre toute l'importance que le Département des Travaux Publics et la Société anglo-belge attachent au prolongement du chemin de fer de l'Entre-Sambre-et-Meuse, jusqu'au chef-lieu du département des Ardennes; elle prouve, à la fois, que la compagnie a su apprécier l'influence que ce prolongement exercerait sur les revenus du reste de la ligne concédée, auquel la garantie du *minimum* d'intérêt serait cependant exclusivement applicable.

Aussi longtemps que le rail-way s'arrêtera à Couvin, il sera essentiellement belge, par l'étendue du parcours, le chiffre de la dépense et le mouvement commercial, bien plus considérables, sur notre territoire, et par un caractère d'utilité beaucoup plus prononcé en Belgique qu'en France.

S'il est prolongé dans les deux pays, le chemin de fer partant de Marchienne-au-Pont ou plutôt de Charleroy, constituera désormais la ligne principale jusqu'à Charleville et la section de Mariembourg à Vireux ne sera plus qu'un embranchement d'un intérêt secondaire.

Les essais de tracé, appuyés de nivellements, que l'on a faits, tant en Belgique qu'en France, ont établi qu'au-delà de Couvin, le chemin de fer, après avoir remonté le vallon de l'Eau-Noire jusqu'aux forges de Nimelette, pourrait franchir la frontière, pour se diriger vers Maubert-Fontaine, d'où il descendrait à Charleville, par le vallon de la Sormonne, en passant à proximité des ardoisières de Rimogne. Il y serait placé, sous le double rapport de la construction et de l'exploitation, dans des conditions aussi favorables qu'entre Marchienne et Couvin.

La ligne de Charleroy à Charleville, longue d'environ 22 lieues, ne relierait pas seulement ces deux points importants des bassins de la Sambre et de la Meuse ; elle rattacherait encore au réseau des chemins de fer belges le chef-lieu d'un des départements français où l'industrie a pris le plus de développement.

Mais cette communication nouvelle n'est point destinée à s'arrêter à Charleville. L'intérêt des populations et, sans doute aussi, celui de la défense des frontières du nord-est de la France, exigera qu'elle soit prolongée, d'une part, sur une étendue de 4 lieues, en remontant la Meuse jusqu'à l'industrieuse ville de Sédan, place de guerre qu'un avenir peu éloigné peut-être verra rattacher, à son tour, par les mêmes motifs, à celle de Metz, et d'autre part, sur 20 lieues de longueur, par Réthel, jusqu'à Rheims, ville populeuse qu'un embranchement doit rattacher vers Épernay ou Châlons, chef-lieu du département de la Marne, au tracé de la ligne de Paris à Strasbourg, tel qu'il est décrit au projet de loi soumis, en ce moment, à la sanction des Chambres.

Prolongé jusqu'à Châlons, par Charleville, Réthel et Rheims, le chemin de fer de l'Entre-Sambre-et-Meuse réunira le réseau belge à la ligne française de Paris à Strasbourg, et présentera, à un haut degré, par sa jonction avec ces deux grandes lignes, le caractère d'une route internationale, tant pour les échanges commerciaux, que pour le transport des voyageurs. Le système de ces trois lignes de rail-way offrira la communication la plus directe et la plus économique entre la Belgique, les départements du Nord-Est de la France, l'Allemagne méridionale et la Suisse.

Dans l'hypothèse qui précède, le mouvement des marchandises et des voyageurs recevrait, entre Marchienne et Couvin, un accroissement très considérable.

Le prix du tonneau de houille est ordinairement à Rheims de fr. 50 à 60. Si cette ville était reliée à Charleroy, par une voie ferrée de 42 lieues de 5 kilomètres, sur laquelle le coût du transport ne serait, par lieue, que de fr. 0-475 fr. 0-025 de plus que sur le chemin de fer concédé de Paris à Orléans), la houille pourrait y être livrée à raison de fr. 30 à 35 le tonneau.

Une aussi grande réduction dans le prix de la houille, en augmenterait immédiatement la consommation dans une forte proportion et nous croyons rester au-dessous de la vérité, en ne majorant, de ce chef, le chiffre de l'exportation annuelle de la houille, dans la direction de Couvin, que de 40,000 tonneaux fournissant une recette de $40{,}000 \times 10.40 \times 0.475 =$ fr. 197,600.

Nous pouvons également admettre que le mouvement des voyageurs, bagages, fonds et valeurs, voitures, chevaux et bétail, exportés ou en transit, et celui des marchandises de diligence, seraient bientôt doublés, dans cette direction. Le nombre des voyageurs s'accroîtrait, entr'autres, de tous ceux qui, se rendant des provinces de Hainaut, Brabant, Anvers et des deux Flandres ou du département du Nord, à Arlon, Luxembourg et l'Allemagne méridionale, resteraient moins de temps en voyage, éprouveraient moins de fatigue et seraient astreints à une moindre dépense, si, au lieu de passer par Namur et Bastogne, ils suivaient le chemin de fer de l'Entre-Sambre-et-Meuse jusqu'au point extrême de l'embranchement de Sédan, pour prendre, à partir de cette ville, la route d'Arlon par Florenville, longue seulement de 14 lieues.

Voici quelles seraient les augmentations de recette qui en résulteraient :

			Fr.
Voyageurs. — 1re classe de voitures . . .	2,250×10.40×0.30	=	11,700
2e id. . . .	7,250×10.40×0.35	=	26,400
3e id. . . .	13,000×10.40×0.25	=	33,800
Bagages	78,000 k.×10.40×0.30 (les 100 k.)	=	2,400
Fonds et valeurs.			1,800
Voitures à 4 roues	95×10.40×3.00	=	3,000
Id. à 2 id.	20×10.40×2.00	=	400
Chevaux. — Exportation	350× 5.20×1.25	=	2,300
Id. Transit	800×10.40×1.25	=	10,400
Bœufs. — Exportation	50×10.40×0.70	=	400
Porcs, veaux et moutons — Exportation.	1,240×10.40×0.20	=	2,600
Marchandises de diligence :			
7,500 colis, au prix *minimum* de fr. 0-60		=	4,500
Charges de 3 à 50 kilog.	500,000 k.×6.00×0.20 (les 100 k.)	=	6,000
		Fr.	105.700

Ainsi, abstraction faite de tous autres chefs de majoration de recette, tels que l'exportation de la fonte, l'importation des vins, le transit des ardoises de Rimogne, etc., celle qui vient d'être calculée serait déjà de fr. 197,600+105,700 =303,300, produisant un bénéfice net annuel de moitié ou de fr. 151,650, c'est-à-dire d'un peu plus de 1 p. % du capital primitif de 15 millions, auquel la garantie du *minimum* d'intérêt serait restreinte, nonobstant la dépense supplémentaire de plus de 2 millions qu'exigerait le prolongement de la ligne, depuis Couvin jusqu'à la frontière française. Les intérêts de ce capital s'élèveraient donc de 6 p. % à plus de 7.

L'on pourrait objecter, avec raison, que si l'embranchement de Couvin atteignait Charleville, une partie des exportations et des importations prendrait cette direction, au lieu de suivre celle de Vireux.

Supposons qu'elle soit de la moitié de l'exportation de la houille, de la fonte et des pierres et marbres et également de la moitié de l'importation des vins (l'importation et le transit des ardoises de Fumay resteraient acquis à la direction de Vireux).

Le parcours de Mariembourg à Couvin n'étant que d'une lieue, tandis qu'il est de 3,20 lieues, jusqu'à Vireux, la réduction de la longueur du parcours serait de 2,20 lieues et celle de la recette, savoir :

	T.					Fr.
Houille (exportation).	30,000	× 2.20	× 0.475	=		31,400
Fonte (idem).	1,500	× 2.20	× 0.45	=		1,500
Pierres et marbres (idem) . .	900	× 2.20	× 0.50	=		1,000
Vins (importation)	500	× 2.20	× 0.50	=		500
					Fr.	34,400

La diminution correspondante du produit net annuel n'étant que de la moitié de fr. 34,400 ou de fr. 17,200, serait plus que couverte par les augmentations dues aux transports indiqués plus haut et dont nous n'avons point tenu compte. Le capital de 15 millions produirait donc toujours plus de 7 p. °/₀ d'intérêt.

Conclusions. Les considérations de toute nature que nous avons développées dans le présent rapport, nous donnent la conviction intime que le chemin de fer de l'Entre-Sambre-et-Meuse, réclamé par tant d'intérêts de premier ordre, peut être concédé, avec garantie d'un *minimum* d'intérêt, conformément aux dispositions du projet de convention provisoire et du cahier des charges à l'appui, sans imposer, à l'avenir, aucun sacrifice à l'État, et qu'il importe, à la fois, à la Belgique et à la France, qu'il soit prolongé au-delà de Couvin, jusqu'à Charleville d'où il se dirigerait, d'une part, sur Sédan, et, de l'autre, par Réthel, sur Rheims, point de départ d'un embranchement de la grande ligne de Paris à Strasbourg.

Bruxelles, le 5 juin 1844.

L'inspecteur divisionnaire des ponts et chaussées,
chargé de la direction supérieure des études,
DE MOOR.

Annexe *A.*

PROJET

DE

CHEMIN DE FER DE L'ENTRE-SAMBRE-ET-MEUSE.

MÉMOIRE DE L'INGÉNIEUR CHARGÉ DES ÉTUDES.

Aperçu géologique et industriel sur l'Entre-Sambre-et-Meuse.

Bassin houiller de Charleroy.

La partie des provinces de Namur et de Hainaut limitée au nord par la Sambre, à l'est par la Meuse et au sud-ouest par la France, connue sous le nom d'Entre-Sambre-et-Meuse, renferme des richesses minérales immenses : ainsi la houille et la castine s'y trouvent en abondance, le long du cours de la première de ces rivières, entre Fontaine-l'Évêque et Namur ; l'on y rencontre, à la fois, les plus belles verreries et fabriques de glaces, et les plus beaux établissements métallurgiques du pays ; mais, par une fatalité que l'on ne saurait trop déplorer, le sol houiller, contrairement à ce qui existe en Angleterre, s'y trouve entièrement dépourvu de la matière première la plus nécessaire à l'alimentation de ces derniers établissements, le minerai de fer. L'on rencontre

Partie centrale, terrain anthraxifère.

bien, à la vérité, dans le terrain anthraxifère qui touche au terrain houiller de Charleroy, des minières très rapprochées de ces usines ; mais la qualité du minerai ne permettant de l'employer que comme fondant du minerai réfractaire de fer fort qui forme la base du mélange, c'est au centre du terrain anthraxifère qui borde, au sud, le terrain houiller de la Sambre, à peu près parallèlement à son cours, sur une largeur de huit lieues environ, que l'on rencontre généralement, à la surface du sol, les minières de fer fort destinées à alimenter les usines des bords de la Sambre; elles se trouvent tellement répandues dans ce pays, la variété de leurs qualités et la facilité de les exploiter sont si bien reconnues, qu'il faut, sans doute, attribuer à la réunion de ces circonstances favorables les causes qui ont déterminé, dans ce pays, la création des nombreuses usines à fer qui bordent les rivières et ruisseaux qui le sillonnent, et, notamment, celles construites sur les bords de la Meuse, de l'Heure, de l'Eau-Noire, des ruisseaux d'Yves, du Thiria, d'Acoz, d'Oret, de Biesmerée, de Molignée, du Bocq, d'Annevoye et de Burnot.

Si la situation de ces établissements, à proximité des gîtes de minerai, leur est particulièrement favorable, et si l'on peut se procurer sur les lieux mêmes, à des distances très rapprochées, la castine et le charbon de bois; il n'en est pas de même de la houille, dont il n'existe aucun gisement au centre de l'Entre-Sambre-et-Meuse; et c'est au bassin houiller de la Sambre, qu'il faut aller emprunter, à grands frais, ce combustible indispensable à toutes les industries en général, et spécialement au traitement économique du fer.

Dans cette partie centrale du pays, l'on rencontre encore, vers Philippeville et Sautour, des gîtes inexploités de calamine, moins riches, à la vérité, que ceux des provinces de Liége et de Limbourg, et l'on exploite à Mazée, à Dourbes, à Vierves et à Dailly, le long du Viroin, des gîtes plombifères dont la galène est fort riche; enfin, l'on y trouve de belles carrières de marbres variés en pleine exploitation; et l'on extrait, dans plusieurs endroits, vers Mazée et Cour-sur-Heure, les roches de Poudingues servant à la confection des creusets des hauts-fourneaux.

Terrain ardoisier.

C'est à l'extrémité sud de cette bande du terrain anthraxifère, que commence la zone de terrain ardoisier, qui s'étend jusqu'au-delà de la frontière de France; si l'on n'y voit presque plus de minières, l'on y trouve, en revanche, un grand nombre d'ardoisières, et, notamment, celles de Cul-des-Sarts, du Bruly et d'Oignie, en Belgique, celles de Rimogne et de Fumay, en France.

Au-delà de la frontière, on reconnaît de nouveau, sur les rives de l'Artoise et de la Sormonne, les minières qui alimentent le groupe de forges du département des Ardennes; ce sont celles du Gland, de Wattigny, de Signy; et, enfin, l'on trouve vers Sédan, centre des principales manufactures de draps de la France, les usines à fer de Nouzon, de Goutelle, de Vrigne-au-Bois, de Flize, de Briaucourt, de Bautaucourt, de Quignicourt, d'Illy et de Givonne; puis enfin, celles des rives du Chiers, qui consomment, pour la fabrication et l'affinage de la fonte et du fer, pour l'alimentation des machines d'exhaure des ardoisières, et pour celle des fabriques de draps de Sédan, une grande quantité de combustible minéral que les fabricants doivent se procurer, à grands frais, en Belgique, cette partie de pays étant complétement privée de houille.

Besoin général de communications dans l'Entre-Sambre-et-Meuse.

Il résulte de l'exposé qui précède, des produits particuliers de chaque subdivision du pays d'Entre-Sambre-et-Meuse et de la frontière nord-est de la France qui le borde, que chacune des zones possédant les matières premières qui manquent à l'autre, il ne s'agirait que de rechercher les moyens de les mettre en rapport plus direct, en remplaçant les voies actuelles de communication, qui consistent en quelques routes empierrées d'un parcours coûteux et difficile [1] et en mauvais chemins de terre, impraticables pendant huit mois de l'année, insuffisants, du reste, les uns et les autres, aux besoins du pays, par un système général de communications rapides et économiques, en rapport avec les exigences actuelles de l'industrie.

Besoins particuliers de l'arrondissement de Charleroy.

Pour satisfaire à ces besoins, en ce qui concerne particulièrement l'industrie houillère du bassin de Charleroy, on doit remarquer que l'extraction s'y est considérablement accrue depuis 1836 (*voir l'Annexe nº 23*), tandis que ses débouchés sur les marchés intérieurs, au nord du pays, ont diminué dans une proportion inverse, par suite de la construction du chemin de fer de Liége vers les Flandres, qui a donné l'avantage aux houillères du bassin de Liége, sur les marchés de Louvain et de Malines, et que ces débouchés sont menacés de décroître encore, depuis l'achèvement du chemin de fer de Charleroy à Bruxelles, sur lequel le parcours vers la capitale est moindre de 6 lieues pour les houillères du centre. Ne serait-il point, dès-lors, équitable d'assurer au bassin de Charleroy, en compensation de tous ces désavantages, l'approvisionnement du marché intérieur de l'Entre-Sambre-et-Meuse et celui des départements français du Nord-Est, auxquels la situation de ce bassin, plus rapproché de la France au moins de 13 lieues que les houillères du pays de Liége, semble donner un droit exclusif, et qu'il partage néanmoins, dans l'état actuel des choses, avec ces dernières exploitations, à cause de l'imperfection du système des communications directes, par terre, de Charleroy vers la France, comparé à celui de la voie navigable de Liége à Givet, Charleville et Sédan?

Il faudrait, dans l'intérêt des établissements métallurgiques des environs de Charleroy, que ce système de communications fût en même temps dirigé, par la voie la plus courte, vers les minières de fer fort que renferme le centre de l'Entre-Sambre-et-Meuse, afin de permettre aux propriétaires de hauts-fourneaux de la Sambre de réduire le prix du transport des minerais et, par conséquent, celui de la fabrication de leurs fontes, dans une proportion qui les mît à même de résister avantageusement, sur le marché intérieur, à la concurrence qui s'y est établie, entre leurs produits et ceux de l'Angleterre, qui soutiennent encore aujourd'hui la lutte jusqu'au centre de notre fabrication, puisqu'à Charleroy même, l'on emploie les fontes anglaises de moulage, dans plusieurs fonderies.

L'ouverture d'une communication perfectionnée dans l'Entre-Sambre-et-Meuse permettrait également aux fabriques de glaces ou verres à vitre, de Dampremy, de Couillet, de Montigny, de se procurer, à peu de frais, dans les environs de Pry, le carbonate de chaux par lequel elles pourraient avantageusement remplacer le spath calcaire dont elles font usage aujourd'hui, pour la

---

[1] Il résulte, en effet, des renseignements recueillis, que le transport moyen sur les routes empierrées de l'Entre-Sambre-et-Meuse s'élève à fr. 1-50 par tonneau transporté à une lieue et souvent au double sur les chemins de terre.

fabrication du verre, bien que les produits n'en soient pas d'aussi belle qualité que ceux obtenus par le carbonate de chaux.

Besoins de la partie centrale du pays (terrain anthraxifère).

Pour ce qui concerne la partie centrale de l'Entre-Sambre-et-Meuse, après avoir facilité le transport de ses minerais vers les usines qui s'y trouvent et vers celles des bassins de la Sambre et de la Meuse, il faut y conduire, à bas prix, la houille nécessaire pour la consommation domestique et pour alimenter, à la fois, les hauts-fourneaux au bois, auxquels leur position rapprochée des houillères permettrait de remplacer économiquement, par du coak, le charbon de bois dont ils font usage aujourd'hui pour la production de la fonte; et celles des forges, vers Couvin, qui emploient encore le bois pour l'affinage; afin qu'elles puissent traiter aussi leurs fontes de forge avec économie, par la méthode champenoise, introduite récemment, avec tant de succès, en Belgique, aux usines d'Arquennes par M. Dupont, à celles de Virelles par M. Desprez, à celles de Solre-St-Géry par M. De Paul de Barchifontaine, et, depuis plus longtemps encore, dans quelques-unes de celles des départements français des Ardennes, de la Meuse, etc. (*Voir*, pag. 96, *De l'état de la fabrication du fer, par Gueniveau.*)

Enfin, il faut procurer aux belles carrières de marbre de tout genre, répandues sur la surface centrale de l'Entre-Sambre-et-Meuse, et dont les variétés sont si recherchées en France et particulièrement à Paris, les moyens de faire connaître plus généralement encore et d'écouler économiquement leurs produits.

Besoins particuliers du terrain ardoisier.

Les principales exploitations de la partie du pays au sud-est du précédent sont les ardoisières : l'extraction y est, actuellement, en quelque sorte, insignifiante, parce que les prix du transport des produits, à l'intérieur du pays, de même que celui de la houille nécessaire à l'alimentation des machines d'exhaure ou d'épuisement, sont exorbitants; mais la qualité et la puissance des bancs, constatées dans le rapport rédigé par la commission des matériaux indigènes, le 10 avril 1841, permettent d'affirmer que ces exploitations sont appelées à jouer un grand rôle dans l'approvisionnement intérieur du pays, si, ce dont il n'est pas permis de douter, les nouvelles communications à créer, dans l'Entre-Sambre-et-Meuse, leur permettent de soutenir avantageusement la concurrence, si redoutable, des ardoisières de Fumay et de Rimogne, en France, qui ont, en quelque sorte, aujourd'hui, le monopole de notre marché intérieur.

L'exploitation des belles forêts qui recouvrent toute cette partie de notre territoire, actuellement assez restreinte, à cause du manque de débouchés, prendrait également bientôt un développement considérable; car si déjà, dans l'état d'imperfection des communications actuelles, la supériorité de qualité et les belles dimensions des bois de chêne de l'Entre-Sambre-et-Meuse leur permettent d'arriver en concurrence avec ceux provenant des forêts de l'intérieur, sur les marchés de Bruxelles et de Louvain, centres principaux de la consommation intérieure et de l'exportation vers l'Angleterre et la Hollande, quelle est la limite que l'on peut assigner à cette exploitation, lorsque l'exécution d'une communication économique lui donnera les moyens de s'emparer de la fourniture de l'énorme quantité de bois employée dans les houillères du Borinage, du Centre et de Charleroy [1], et dont la valeur seule s'élevait, en 1842, à 921,056 francs, et d'arriver sans concurrence jusqu'à Anvers, entrepôt du commerce colonial de la Belgique, et chantier où s'exécutent généralement, avec ces matériaux de qualité supérieure, les constructions navales de la marine marchande, source de la richesse commerciale de la Belgique.

Avantages résultant de l'exécution du rail-way.

Le prolongement du rail-way belge, au-delà de la frontière, aurait pour résultat inévitable, de provoquer, par la diminution de prix du combustible minéral, employé à l'alimentation des nombreuses machines à vapeur servant à l'épuisement des eaux, à l'extraction des matériaux, ou à la fabrication, dans les ardoisières de Fumay, Rimogne, etc., et dans les manufactures de draps de Sédan, une réduction considérable du prix de la main-d'œuvre et, par suite, un accroissement de production. Cet abaissement du prix des houilles permettrait, d'ailleurs, de mettre en usage, dans quelques-unes des nombreuses usines des départements de la Meuse et des Ardennes, les procédés perfectionnés et économiques des Anglais, pour la production de la fonte au coak, et la méthode champenoise, pour l'affinage des fontes de forges, au bois, de médiocre qualité; enfin, l'exécution économique du rail-way partant de Charleroy et aboutissant à Sédan, sur des dimensions restreintes, mais néanmoins en pentes et en courbes convenables au parcours des convois à grande vitesse, donnerait le moyen de mettre en communication rapide la population des diverses localités de l'Entre-Sambre-et-Meuse entr'elles, avec l'intérieur du pays, et avec le nord-est de la France; et son prolongement ultérieur, probable, de Sédan jusqu'au rail-way en exécution de Paris à Strasbourg, établirait, par la jonction des réseaux de chemins de fer belge et français, une nouvelle voie directe de la Belgique vers Paris, les États du nord-est de l'Allemagne, la Suisse et les départements méridionaux de la France, par le rail-way, déjà exécuté, de Strasbourg à Bâle, et par ceux de Metz à Sarrebruck et de Sarrebruck à Manheim, dont la concession est demandée.

Envisagée sous le rapport stratégique, la construction du rail-way projeté présente, pour la défense de notre pays, liée intimement à celle de la France, des avantages considérables que nous croyons devoir nous dispenser d'énumérer.

Tentatives faites pour créer de nouvelles communications.

Projets de canaux ou rail-way présentés en 1825 par une société anglaise.

La richesse et les qualités des minerais de l'Entre-Sambre-et-Meuse sont si bien connues en Belgique et à l'étranger que déjà, en 1825, une société anglaise pressentant les bénéfices qu'elle pourrait retirer de l'extraction simultanée du minerai et de son traitement économique, suivant les procédés les plus perfectionnés, dans des usines à fer, à ériger à proximité des lavoirs, et le long de cours d'eau dont les chutes seraient utilisées comme force motrice, établissements qui devaient, en outre, être reliés entre eux, au bassin houiller de Charleroy, et à tout le centre du pays, par des routes, canaux ou chemins de

[1] *Voir Annexes* n° 18 et 20.

fer en communication avec la Sambre et la Meuse, et dont l'exécution devait immanquablement lui assurer le monopole de la fabrication du fer en Belgique; que cette société anglaise, disons-nous, proposa au roi des Pays-Bas de se charger de l'entreprise de ces communications perfectionnées, par les vallées principales de l'Heure, du Viroin, de l'Eau-Blanche, et par des embranchements secondaires, jusqu'à concurrence d'une valeur de fr. 25,000,000, à la seule condition qu'il lui serait fait concession de l'exploitation de tous les minerais de l'Entre-Sambre-et-Meuse; condition qui fut rejetée comme contraire aux intérêts des propriétaires du sol; dont les droits, garantis par cet acte de prudence, furent depuis reconnus dans un article de la loi de 1837 sur les mines.

Projet de canal étudié par M. De Puydt.

Une autre société, qui se présenta en 1829, fit étudier un projet de canal par les vallées de l'Heure et de l'Eau-Blanche; mais la révolution de 1830 vint en suspendre les opérations qui n'ont pas été reprises depuis.

Projet de railway présenté par MM. De Puydt, Perwez et Lebon.

En 1834, M. De Puydt et consorts firent les études du projet d'un chemin de fer dont le tronc principal se dirigeait par les vallées de l'Heure et du Viroin vers celle de la Meuse qu'il atteignait à Vireux, avec embranchements industriels sur Morialmé et sur Florennes. Un embranchement du même genre, partant de Mariembourg et se dirigeant vers les usines de Couvin, devait former la branche principale, en remplacement de celle de Mariembourg à Vireux, dans le cas où la concession d'un chemin de fer direct de Couvin à Charleville, dans le prolongement de celui qui serait concédé à M. De Puydt et consorts, par la vallée de l'Heure, serait accordée, en France, aux sieurs Mouchy et Ce qui en avaient soumis le projet à la sanction du gouvernement français.

Concession accordée à M. De Puydt et consorts.

En 1837, la concession fut accordée, en Belgique, à M. De Puydt et consorts, aux clauses et conditions du cahier des charges du 10 mars 1837 et de ses annexes, et l'exécution commencée, en 1838, par une société anonyme, fut continuée avec quelqu'activité jusqu'à l'époque où la dissolution de cette société, occasionnée par la crise industrielle de 1839, fit définitivement abandonner les travaux.

Au mois d'avril 1840, les anciens concessionnaires firent parvenir au Roi et aux Chambres une pétition tendant à obtenir l'appui du Gouvernement, en faveur d'une nouvelle société à former pour l'exécution du rail-way précité, au moyen de la garantie d'un *minimum* d'intérêt, qui serait accordée par l'État à cette compagnie. C'est à la suite de cette demande qu'une proposition, dans le même sens, fut déposée à la Chambre des Représentants, par MM. Seron, Zoude et Puissant, trois de ses membres, et donna lieu, de la part du Département des Travaux Publics, aux nouvelles études qu'il a ordonnées dans l'Entre-Sambre-et-Meuse, pour s'assurer du chiffre réel de la dépense et des produits présumés d'un réseau de chemins de fer à créer dans cette contrée.

Projet de railway présenté par M. Splingard.

Dans le courant de 1836, M. Splingard avait présenté un autre projet de rail-way, partant de la Sambre, à Couillet, et se dirigeant, par le vallon d'Acoz, vers le centre des minières de Morialmé et de Florennes; cette nouvelle ligne devait être reliée à la Meuse, soit par une branche dirigée par le vallon de l'Hermeton, jusqu'au village de Heer, à la frontière de France, soit par un embranchement le long de la Molignée, aboutissant au village de Moulin.

L'utilité publique de ce projet fut d'abord contestée par une première commission d'enquête, parce que la partie comprise entre Oret et Heer lui sembla pouvoir être considérée comme faisant concurrence au projet de M. De Puydt et consorts, par la vallée de l'Heure, auquel la priorité était acquise; elle fut néanmoins reconnue par suite d'une nouvelle enquête qui eut lieu, à la fois, dans les provinces de Namur et de Hainaut, l'auteur du projet ayant consenti au retranchement de la branche par la vallée de l'Hermeton. Un projet de cahier des charges fut, en conséquence, transmis, en janvier 1858, au Département des Travaux Publics, par la commission d'ingénieurs remplaçant le conseil des ponts et chaussées, pour la mise en adjudication de la concession du chemin de fer de Florennes à la Meuse, par la Molignée, et d'Oret à la Sambre, par la vallée d'Acoz. La dépense était évaluée à fr. 6,200,000; mais M. le Ministre, qui désirait être éclairé, sous le rapport de la concurrence que ce chemin de fer pourrait faire à celui déjà concédé à M. De Puydt et consorts, ayant invité la commission à lui faire connaître son opinion à cet égard, il lui fut répondu, au mois de mai suivant, que si, par la renonciation volontaire de M. Splingard à la partie de son projet dirigée par l'Hermeton, tout caractère de concurrence entre les deux projets semblait devoir être écarté, en ce qui concerne le but avoué par leurs auteurs de le faire servir au transport des houilles de la Sambre vers la France, cette concurrence n'en subsisterait pas moins, pour le transport des minerais de Morialmé et de Florennes, vers la Sambre, sur lequel ils avaient compté, l'un et l'autre, dans l'évaluation des produits du rail-way; la commission reconnut, néanmoins, que le projet de M. Splingard, ainsi réduit, pourrait être considéré comme présentant un caractère tout spécial et incontestable d'utilité, pour les usines situées dans les vallées d'Acoz, de la Molignée et de la Meuse. Aucune suite ultérieure ne fut donnée à cette affaire.

Il résulte de ce qui précède, que toutes les tentatives qui ont été faites pour la création de nouvelles communications dans l'Entre-Sambre-et-Meuse, ont toujours eu pour but la formation d'un réseau général destiné à faciliter tout à la fois le commerce intérieur et les relations internationales. Des deux projets, aujourd'hui en présence, celui de M. De Puydt et consorts présente incontestablement ce caractère; et si celui de M. Splingard, conçu dans le même but, a été réduit par son auteur aux proportions d'une communication locale, c'est par suite de l'opposition que lui a suscitée sa concurrence avec le premier.

Examen des projets :

1° De M. Splingard.

Examinons maintenant si l'exécution de l'un ou l'autre de ces projets peut satisfaire aux conditions que nous avons indiquées plus haut. Pour ce qui concerne le projet de M. Splingard, réduit à la partie de Châtelet à Florennes et Moulins, évidemment non, son auteur le reconnaît lui-même; aussi a-t-il fini par n'avoir d'autres prétentions, que de l'utiliser pour le transport du minerai de fer destiné au groupe d'usines en aval de Charleroy et à celles de la Meuse; ce n'est donc qu'une seule maille du réseau général.

2° De M. De Puydt et consorts.

Le projet de M. De Puydt et consorts satisfait-il lui-même complétement à tous les besoins de l'Entre-Sambre-et-Meuse? Nous ne le pensons pas; en effet, en jetant les yeux sur la carte, l'on reconnaît que le point de départ de l'artère principale dirigée par la vallée de l'Heure, est trop écartée, à l'ouest, du point central des usines à fer de la Sambre, qui se trouve sensiblement à Charleroy, et que sa direction générale est également trop éloignée, à l'ouest, du centre de l'Entre-Sambre-et-Meuse, qui renferme, vers Fraire et Morialmé, les mines de fer fort dont il faut surtout chercher à favoriser le transport économique, vers les usines de la Sambre. Le projet des deux embranchements vers Morialmé et Florennes, a pour but de remédier particulièrement à cette imperfection du tronc principal; mais ce but a-t-il été atteint au même degré pour toutes les usines à fer de la Sambre? Non, sans doute; car le groupe d'usines de Marchienne-au-Pont profite seul de l'adoption de la direction principale, au détriment des établissements à l'est de Charleroy, et, notamment, de ceux de Couillet, de Châtelineau et d'Acoz, qui sont cependant plus rapprochés des gîtes de minerai, faut-il donc sacrifier au premier groupe, ce dernier, le plus important des deux? Ne serait-ce pas renier le principe même qui a présidé aux études du projet de rail-way de l'Entre-Sambre-et-Meuse, celui de restituer à chaque localité les avantages auxquels elle a droit, par sa position topographique?

Pour concevoir combien le groupe d'usines vers Châtelineau se trouverait lésé, il faut remarquer que, dans l'état présent des choses, le transport des minerais de Morialmé à Châtelineau, Couillet et Marchienne-au-Pont, par les communications existantes, revient à fr. 5-92 par tonneau rendu à Châtelineau, fr. 5-18 à Couillet et à fr. 5-95 à Marchienne-au-Pont; tandis qu'après l'exécution du rail-way de l'Heure, ces prix deviendront respectivement, pour Marchienne-au-Pont, fr. 2-64, pour Couillet fr. 5-14, pour Châtelineau fr. 5-40, en les comptant d'après le tarif joint au cahier des charges adopté pour la concession du chemin de fer précité à fr. 0-425 par lieue et par tonneau et pour une distance de $6\frac{3}{5}$ lieues de Morialmé à Marchienne-au-Pont, de $7\frac{2}{3}$ lieues de Morialmé à Couillet et 8 lieues de Morialmé à Châtelineau. Ce serait donc, sur ce dernier point, actuellement le plus rapproché en ligne directe des minières, que le prix du transport serait alors le plus coûteux.

Il nous semble que l'état d'infériorité dans lequel se trouveraient les usines du groupe de Châtelineau, relativement à celles de Marchienne-au-Pont et de Couillet, après l'exécution du rail-way de l'Heure, ne peut être toléré, et qu'il faudra chercher à leur conserver les avantages de leur situation respective, soit en favorisant, autant que possible, l'exécution de la branche du projet de M. Splingard, comprise entre Châtelet et Morialmé, et sa jonction, avec les embranchements du projet de M. De Puydt et consorts, soit en leur accordant ultérieurement une réduction de droits, proportionnée au détour qu'ils auront à faire par le rail-way projeté.

Pour ce qui concerne la direction générale du tronc principal par le vallon de l'Heure, elle a été bien étudiée comme voie industrielle; la plus grande économie y a présidé, et certes, sous ce rapport, il serait difficile de faire mieux. Cependant, de nouvelles études pour le passage de la crête de Cerfontaine, nous ayant convaincu de la possibilité de supprimer les plans inclinés, au moyen desquels on devait la traverser, et de les remplacer par des rampes susceptibles d'être franchies par des convois remorqués par des locomotives marchant même à grande vitesse; la comparaison qui sera faite plus loin des dépenses d'exécution des tracés, et de leur exploitation par machines fixes, ou par locomotives, pourra seule motiver la préférence à accorder à l'un ou l'autre projet. L'examen des détails du tracé de la section comprise entre Mariembourg et Vireux n'a donné lieu qu'à des modifications à peu près insignifiantes. Mais, il n'en est pas de même de la direction générale, et de son point d'arrivée à Vireux, sur le territoire français, qui ne nous paraissent susceptibles d'être adoptés que dans le cas où un chemin de fer plus direct ne serait pas construit en France dans la direction de Mariembourg et Couvin, vers Charleville et Sédan. Cette direction nous paraissant bien préférable, d'abord, parce qu'elle est beaucoup plus courte, puis, parce qu'elle permettrait d'éviter, à Vireux, un transbordement des marchandises, qui arriveraient ainsi, sans détérioration, à Charleville et Sédan même, au centre de la consommation des manufactures et des usines à fer, et au milieu de la population nombreuse du département des Ardennes, appelée aussi à jouir des bénéfices de la création de cette communication vers la Belgique, tandis qu'il existe des difficultés presqu'insurmontables au prolongement de la branche de Vireux vers Sédan.

Inefficacité des deux projets.

Les détails qui précèdent, suffisent pour démontrer l'inefficacité des projets de MM. De Puydt et Splingard tels qu'ils ont été présentés; en effet, les besoins auxquels doit satisfaire la création du rail-way de l'Entre-Sambre-et-Meuse, se résument comme suit :

Donner, d'abord, aux produits du bassin houiller de Charleroy, de nouveaux débouchés vers la France, en remplacement de ceux qu'il a perdus et de ceux qu'il doit perdre encore, permettre ensuite aux usines à fer belges de lutter avantageusement, sur notre marché intérieur, avec les produits similaires de l'Angleterre, en réduisant le taux de leur fabrication, au moyen d'une diminution de prix de transport des minerais pour les unes, et du coak pour les autres; faciliter le transport des houilles vers les ardoisières belges, et celui de leurs produits vers l'intérieur, pour leur en assurer le marché presque monopolisé aujourd'hui par les ardoisières de Fumay; favoriser l'exploitation des carrières de marbres, et celle des vastes forêts qui couvrent le pays, en leur permettant de diriger à volonté leurs produits vers l'intérieur de la Belgique et à l'étranger; enfin, faciliter les communications des habitants du pays à l'intérieur et à l'extérieur, par la création d'une communication susceptible d'être parcourue à grande vitesse, reliée au réseau des chemins de fer belges, et pouvant se rattacher plus tard au système général de communications de même nature que l'on s'occupe à créer en France.

Étude d'un nouveau projet.

C'est donc vers la recherche de la branche principale du réseau, capable de satisfaire à tous ces besoins, que les études ont d'abord été dirigées; or, la position centrale des usines à fer et des exploitations de houille de la Sambre se trouvant à Charleroy; celle des minières de fer fort, vers Fraire et Morialmé;

et celle des usines à fer de l'intérieur, à Couvin ; il est évident que le rail-way réunissant par la ligne la plus courte ces divers centres de l'industrie, serait le plus favorable, si le système des pentes pouvait y être réglé de manière à rendre possible la traction par locomotives.

La reconnaissance des vallons affluant à la Sambre, dans une direction rapprochée et sensiblement parallèle à la route de Charleroy à Philippeville, les seuls qui se trouvent à peu près dans la direction centrale indiquée plus haut, a démontré l'impossibilité de s'élever, en pente continue, jusqu'au sommet de la crête de l'Entre-Sambre-et-Meuse qui les couronne à 8,000 mètres de distance seulement, et à plus de 150 mètres de hauteur au-dessus de la Sambre ; car la pente moyenne du rail-way, dans cette direction, devant être de $0^{m},019$, il ne serait susceptible d'être exploité que par machines fixes.

L'impossibilité d'exécution d'une ligne centrale démontrée, il restait à étudier le projet par les vallons latéraux les plus rapprochés de cette direction ; des explorations ont, en conséquence, été faites, d'abord en suivant les vallons d'Acoz et d'Oret, et ensuite par celui de l'Heure.

Il résulte de la reconnaissance du vallon d'Acoz et de l'examen des plans et nivellements produits par M. Splingard à l'appui de la demande en concession qu'il a faite, en 1836, d'un rail-way industriel partant de Couillet et se dirigeant vers Morialmé par le même vallon, que le tracé d'un chemin de fer à grande vitesse, le long du cours du ruisseau d'Acoz, présenterait des difficultés, pour ainsi dire insurmontables, soit à cause du peu de largeur entre les contre-forts, qui ne permettrait pas de donner aux courbes un rayon suffisant, soit à cause de l'excès de l'inclinaison du profil longitudinal qui rendrait le parcours des convois fort difficile ; la pente moyenne ne pouvant en être réduite, malgré l'exécution d'un souterrain de 900 mètres de longueur, à moins de $0^{m},008$ par mètre, et devant même s'élever, en quelques endroits, jusqu'à plus de $0^{m},01$.

La construction d'un rail-way (en pente continue) étant reconnue inexécutable par le fond de la vallée, l'on a cherché s'il n'y avait pas possibilité de l'établir au sommet de l'un des contreforts, en rachetant immédiatement la plus grande partie de la pente, au moyen d'un plan incliné, placé à la jonction du rail-way de l'État, à Châtelet.

Le contrefort de la rive gauche, le plus favorable à cause de son rapprochement des minières de fer, a d'abord été visité, et l'étude du terrain a démontré bientôt l'impossibilité d'y établir le rail-way, sans des dépenses énormes, occasionnées par le passage obligatoire de la ligne, à travers les ravins si encaissés qui se dirigent de Loverval, Roumont, Joncret et Tarciennes, vers la vallée d'Acoz, et les études en ont, en conséquence, été abandonnées, pour être reportées sur le contrefort de droite.

Bien que le sol de ce versant soit beaucoup plus uni et que l'inspection qui en a été faite n'ait permis de reconnaître aucune difficulté sérieuse à l'établissement sur le sommet du contrefort, d'un chemin de fer dirigé par Villers, Oret, le bois de Florennes, Villers-Gambon et Roly, vers Mariembourg, cependant son éloignement des minières de fer fort de Fraire et Morialmé, et des usines métallurgiques formant le groupe de Marchienne-au-Pont, a semblé un motif suffisant pour rejeter ce tracé.

L'étude faite par le vallon d'Oret n'a pas offert de meilleurs résultats et l'on a cru devoir renoncer à l'essai d'un tracé dans cette direction, parce que les documents remis par M. Splingard ont démontré que sa pente, moyenne qui ne peut être réduite à moins de 0m,007, devrait nécessairement s'élever, en quelques endroits, à 0m,008 ou 0m,009 et que, de plus, le point culminant de la ligne à Oret se trouverait trop éloigné des minières de Morialmé, et son point d'arrivée au rail-way de l'État, à Oignie sur la Sambre, trop écarté des usines à fer de cette rivière, et qu'ainsi le but principal que l'on se propose ne pourrait être atteint.

Les explorations ont, en conséquence, été dirigées dans la vallée de l'Heure, et à l'aide du projet industriel déjà si bien étudié par l'ancienne société concessionnaire, et des reconnaissances de terrain qui ont été faites ultérieurement, il a été facile de s'assurer de la possibilité de rendre la partie du tracé, comprise entre Charleroy et Mariembourg, susceptible d'être parcourue par des convois de vitesse, en lui faisant subir quelques modifications.

Modifications proposées au tracé projeté par M. De Puydt et consorts. — Artère principale.

La première modification consiste dans le changement du point de départ du tracé qui doit nécessairement être reporté de Châtelet à un point compris entre les stations de Charleroy et de Marchienne-au-Pont, pour lui ôter tout caractère de concurrence avec le rail-way de l'État, déjà établi dans ces localités; la seconde a pour but l'augmentation du rayon des parties courbes du tracé, comprises entre Marchienne-au-Pont et Mariembourg, afin de faciliter le parcours de cette section aux convois de voyageurs.

Les rayons des courbes de Jamioulx, de Pry, qui, d'après le projet définitif, et ceux de celles de Cerfontaine, d'après l'avant-projet, ne sont que de trois cents et quelques mètres, devraient, dans ce cas, être portés au moins à 400 mètres, résultat que l'on peut obtenir sans travaux souterrains, ni déblais en dehors des limites ordinaires; enfin, la modification principale aurait pour but de substituer à l'avant-projet présenté par les anciens concessionnaires, pour traverser, au moyen de deux plans inclinés adossés, la crête de partage de Cerfontaine, un tracé en rampe continue qu'il y aurait d'autant plus lieu de préférer, dans le cas particulier qui nous occupe, que le parcours des sections qui précèdent Cerfontaine, offre déjà, dans l'avant-projet de M. De Puydt, des rampes de 0m,006 et 0m,064 qui nécessitent l'emploi de locomotives de 14 pouces de cylindre, à course de 18 à 22 pouces et à roues couplées de 4½ à 5 pieds; et que ces machines suffiront largement pour remorquer, en temps ordinaire, des convois de 70 tonneaux avec une vitesse de 6 lieues à l'heure, sur une route en pente continue qui ne dépasserait nulle part un cent-cinquantième, ainsi que l'on peut s'en assurer par la lecture du rapport de la commission chargée de répondre à diverses questions sur les fortes pentes des rails-ways anglais, aux pag. 194, 197, 199, 203, 209, 210, 211 et 212 du compte-rendu des opérations du chemin de fer, pendant l'exercice 1841. L'on voit, du reste, par la lettre ci-annexée sous le n° 27, de M. l'ingénieur en chef mécanicien Cabry, que le poids à remorquer pourrait être porté à 110 tonneaux en bonne saison, sur une rampe de 0m,007 et qu'avec des locomotives de 16 pouces, ce poids pourrait être porté à 160 tonneaux.

Pour la partie de l'avant-projet au-delà de Mariembourg, l'étude du tracé principal soulève des questions d'un ordre plus élevé, qu'il est indispensable de résoudre avant de s'occuper des détails; et d'abord il faut décider si la branche principale doit être dirigée sur la Meuse à Vireux, ou bien sur la frontière de France vers Charleville et Sédan ; et, dans ce dernier cas, examiner si l'on doit suivre nécessairement le tracé indiqué par la compagnie Monchy, dans la brochure publiée en son nom, dans le courant de 1839, par MM. les ingénieurs Flachat et Petiet, pour prolonger, le long du ruisseau de la Tominerie jusqu'à Charleville, l'embranchement projeté par M. De Puydt et consorts entre Mariembourg et Couvin, lequel appartiendrait alors au tronc principal vers la France.

Pour répondre à ces questions il faut bien se rendre compte du double but que l'on doit se proposer d'atteindre, par la construction du rail-way de l'Entre-Sambre-et-Meuse ; réduire le prix du transport des marchandises, et faciliter les relations des voyageurs, en leur procurant, à la fois, économie de temps et d'argent.

La branche de Vireux ne satisfait pas suffisamment à ces deux conditions ; car il n'existe, le long du Viroin, aucune usine à fer ou autre susceptible de recevoir ou d'expédier des produits encombrants, et l'on n'y rencontre ni carrières, ni minières considérables. Le transport dês produits de la localité se réduirait donc à fort peu de chose, et, quant à celui des voyageurs, il se bornerait à la population très minime des villages environnants, puisque ceux qui se rendraient de Belgique en France, abandonneraient nécessairement le chemin de fer à Couvin, qui est plus rapproché que Vireux, de Rocroy, point de réunion des deux routes de Givet et de Mariembourg à Charleville.

Cette section serait donc uniquement alimentée par les transports du commerce international, particulièrement par celui des houilles de Charleroy vers la France, et par celui des ardoises de ce pays vers l'intérieur de la Belgique ; or, le transport des houilles serait acquis à tout autre chemin de fer dirigé vers la France, et il n'y a aucun intérêt, pour la Belgique, à faciliter celui des ardoises de Fumay, au détriment des nôtres, dont on doit, au contraire, chercher à favoriser l'extraction, en rapprochant le rail-way de nos exploitations actuelles.

Ce but serait évidemment atteint, si le chemin de fer à construire était dirigé vers Charleville et rattaché, à la frontière, au rail-way projeté par la compagnie Monchy, dans la direction de Charleville et de Sédan ; le produit du transport des voyageurs de la Belgique vers la France, l'Allemagne méridionale, la Suisse et réciproquement, serait d'ailleurs également acquis à cette ligne, si les pentes en étaient rendues praticables aux convois de vitesse.

Il faut observer, cependant, que ce double résultat ne pourrait être obtenu par le tracé proposé par la compagnie Monchy, le long des cours du ruisseau de la Tominerie qui présente des rampes de $0^{m},014$ inexploitables, vu leur excès de longueur et d'inclinaison, par des machines locomotives ; mais on peut remédier à ce vice du projet, en contournant le plateau de Rocroy, depuis Couvin jusqu'à la frontière, auprès de Rigniowez, par le vallon de l'Eau-Noire, qui offre un développement double de celui de la Tominerie, arrive à un point de la crête beaucoup moins élevé, et permet de réduire ainsi l'inclinaison générale du tracé à $0^{m},007$ ou $0^{m},008$ tout en se rapprochant des immenses forêts du pays de Chimay, des forges de l'Eau-Noire, et des ardoisières qui bordent la partie supérieure de ce cours d'eau et de ses affluents, vers l'Écaillère, le Cul-des-Sarts, le Bruly et Regniowez. Le développement de la ligne entre Couvin et Regniowez, comparé à celui de la branche de l'avant-projet, de Mariembourg à Vireux, présente, à la vérité, un excédant de longueur de 5,000 mètres environ ; mais l'on est d'autant plus fondé à affirmer que la dépense ne croîtrait pas dans la même proportion, que la comparaison des travaux à exécuter dans chaque direction est tout à l'avantage du tracé par l'Eau-Noire ; lorsqu'on considère, surtout, que ce dernier n'entraînera la construction d'aucun ouvrage d'art important, si ce n'est celle d'un souterrain de 230 mètres de longueur, tandis que, par celui de Vireux, il faudrait, de toute nécessité, exécuter deux souterrains d'une longueur totale de 641 mètres, 11 ponts de 8 à 24 mètres d'ouverture, et creuser contre la Meuse un bassin avec quais d'abordage, estacades, et trois écluses de prise d'eau, de chasse et de navigation.

C'est donc, à notre avis, par le vallon de l'Eau-Noire qu'il y aurait lieu de diriger, de préférence, le rail-way de l'Entre-Sambre-et-Meuse, pour atteindre la Meuse à Charleville. Si l'on était réduit à le diriger sur Vireux et qu'il dût, dès-lors, servir principalement au transport des marchandises, il paraîtrait préférable de le terminer à la frontière, où l'on établirait, sur notre territoire, de vastes magasins, pour y entreposer les produits belges destinés à entrer ultérieurement en consommation en France ; ce qui permettrait d'éviter les formalités désagréables et les dépenses onéreuses qu'occasionneraient, au commerce, le paiement des droits d'entrée, en France, de marchandises invendues et leur mise en entrepôt sur le sol étranger : de ce point, les marchandises pourraient ensuite être dirigées sur Vireux, par un canal de navigation, ayant son origine en un bassin à creuser sur le territoire belge, contre les magasins de l'entrepôt, et prolongé jusqu'à la Meuse, à Vireux, par la vallée du Viroin, dont les eaux seraient utilisées pour l'alimentation de ce canal, à creuser sur les dimensions adoptées pour la canalisation de la Meuse, par les ingénieurs français : par ce moyen, les marbres, le charbon de bois, les ardoises, les minerais de fer et de plomb, provenant de Chimay, d'Oignie, de Nismes, de Mazée, etc., et se dirigeant, en transit par la France, vers Liége ou la Hollande, pourraient être embarqués, en Belgique même, et l'on éviterait, au moyen des simples formalités du plombage et du convoyage, toutes les difficultés de douanes auxquelles exposerait le transbordement des marchandises en France. Peut-être même qu'il serait encore plus avantageux à la Belgique que le point de départ du canal et l'entrepôt fussent placés à Mariembourg, sur l'Eau-Blanche.

Modifications proposées aux embranchements.

L'exécution du rail-way projeté ayant, entr'autres, pour but de faciliter, d'une part, le transport des minerais depuis leurs gîtes jusqu'aux usines à fer, et, d'autre part, celui des houilles de la Sambre vers les hauts-fourneaux de l'intérieur de l'Entre-Sambre-et-Meuse ; et la direction de sa branche principale, par la vallée de l'Heure, ne pouvant, comme il a déjà été dit, se prêter à ce double but, à cause de son trop grand éloignement des minières de fer fort de Fraire, de Morialmé et de Florennes, les plus importantes de l'Entre-Sambre-et-Meuse, puisqu'elles forment, en quelque sorte, la base du mélange

d

des minerais nécessaires à la fabrication du fer, dans la composition duquel elles entrent pour deux tiers environ, M. De Puydt et consorts avaient cherché à remédier à ce vice du tronc principal, en dirigeant par les vallées de Thyria et d'Yves, qui renferment les principales usines à fer de l'intérieur, deux embranchements qui se rapprochent, sans les atteindre, des minières de Morialmé et de Florennes, mais qui ne pourraient évidemment desservir celles de Fraire, qui sont les plus importantes de ces exploitations, par l'étendue et la puissance des gîtes : en effet, ces minières, qui dominent l'un et l'autre tracé de plus de 150 mètres, en étant généralement éloignées d'au moins 3,000 mètres et ne pouvant, en conséquence, être réunies qu'à grands frais, à ces embranchements, il faudrait en transporter les produits, par colliers, jusqu'au chemin de fer, par lequel ils pourraient être rendus ensuite à destination ; mais les dépenses qui résulteraient de ce transport par chemin ordinaire et du double chargement et déchargement qu'il occasionnerait, absorberaient, en grande partie, l'économie résultant du parcours sur le rail-way.

C'est donc pour assurer au chemin de fer le transport des produits des trois dépôts principaux de minerais de fer fort, qu'après avoir reconnu les gîtes, l'on a cherché à s'assurer s'il n'y aurait point possibilité de s'élever immédiatement sur la croupe du terrain minier de Fraire, en se dirigeant le long des exploitations de cette commune, vers celles de Morialmé et de Florennes, par le plateau qui leur est commun ; la reconnaissance du terrain a fait voir, de prime abord, que, s'il était impossible d'atteindre les minières de Fraire par un tracé en pente continue, à cause de l'excès d'élévation du plateau au-dessus du tronc principal, comparé à la distance horizontale qui les sépare, il serait néanmoins facile d'y arriver, par un double plan incliné automoteur, ouvrage dont la construction et l'entretien sont peu dispendieux, sur lequel les frais de traction se trouvent réduits à leur *minimum,* et dont l'établissement semble suffisamment motivé par cette considération, que la presque totalité des transports aura lieu en descente.

On objectera peut-être que, par le tracé sur les hauteurs, les minerais, vu le manque d'eau, devraient être conduits non lavés vers les usines, ce qui doublerait l'étendue des transports, parce qu'étant aujourd'hui conduits tout lavés à ces usines, ils perdent ainsi une moitié de leur poids, par le lavage ; mais cette objection ne peut être sérieuse, pour les personnes qui ont parcouru ces localités où l'on voit les ouvriers suppléer à cet inconvénient, par leur industrie, en établissant, à proximité de chaque exploitation, si minime qu'elle soit, des réservoirs factices, alimentés par les eaux pluviales, et dans lesquels ils opèrent le lavage des minerais ; il faut observer, du reste, que ce faible inconvénient, auquel l'intelligence des ouvriers a déjà obvié, disparaîtrait complétement dans les grandes exploitations de minerais, qui toutes, et notamment celles de Fraire, de Morialmé, de Florennes et de Jamiolle, sont munies de machines à vapeur pour l'épuisement des minières, et que les eaux qui en proviennent suffiraient largement pour le lavage.

L'adoption de ce tracé qui aurait son origine en un point de l'embranchement de Walcourt à Florennes, et serait dirigé sur les gîtes de minerais les plus rapprochés vers l'ouest de la première de ces localités, permettrait, en outre, d'obtenir une économie notable sur les travaux, au moyen de la suppression d'une partie de l'embranchement de Morialmé, et également d'une partie de celui de Florennes, qui se terminerait, vers le fourneau de Froidmont; la longueur des parties supprimées étant ainsi d'environ 8,000 mètres. Il est vrai que, par cette suppression, la plupart des usines situées le long du cours des ruisseaux d'Yves et de Thyria ne seront plus desservies par le rail-way; mais il faut observer, pour ce qui concerne les établissements latéraux au Thyria :

1° Que le produit des forges de Thy-le-Baudhuin est trop minime pour mériter l'exécution d'un embranchement;

2° Que le haut-fourneau de Hanzinelle étant hors d'activité depuis 30 ans, il n'y a pas lieu de s'en occuper pour le moment;

3° Et enfin, que celui de Morialmé, inactif depuis 3 ans, et celui nommé le Poucet, dans la même commune, pourront, au besoin, être facilement reliés au rail-way du plateau de Fraire, par une branche de 1,000 à 1,500 mètres de longueur.

Pour ce qui concerne la partie abandonnée de l'embranchement de Florennes, à partir du fourneau de Froidmont, on peut remarquer que le fourneau de St-Aubin pourra ultérieurement être rattaché au rail-way, s'il y a lieu, par une branche de 1,000 mètres environ de longueur.

Résumé des modifications proposées.

En résumé, les modifications apportées au projet de M. De Puydt et consorts, dans le but de rendre ce rail-way plus productif, et de l'approprier au transport des voyageurs, sont les suivantes :

1° Suppression de la section de Châtelineau à Marchienne-au-Pont, par suite de l'exécution du rail-way de Braine-le-Comte à Namur;

2° Modification du tracé entre Marchienne-au-Pont et Montigny-le-Tilleul, pour le raccorder, à la station de Marchienne-au-Pont, au rail-way de l'État;

3° Augmentation du rayon des courbes à Jamioulx et à Pry, pour les rendre susceptibles d'être parcourues par des convois de vitesse;

4° Suppression des plans inclinés projetés à la crête de partage à Cerfontaine, et substitution d'un tracé en rampes et pentes continues;

5° Suppression de la branche de Mariembourg à Vireux et son remplacement par l'embranchement vers Couvin, qui deviendrait ligne principale, et serait prolongé, par les vallons de l'Eau-Noire et de la Sormonne, jusqu'à Charleville, en traversant la frontière de France, vers Regniowez.

Si, toutefois, cette dernière proposition n'était pas accueillie, et que l'on voulût conserver la direction de Mariembourg à Vireux, la partie située en France, entre Vireux et la frontière belge, pourrait être remplacée par un canal latéral au Viroin, susceptible d'être prolongé jusqu'à Mariembourg, et un embranchement serait, en tous cas, exécuté de Mariembourg à Couvin.

6° Remplacement partiel des embranchements projetés le long des vallons vers Morialmé et Florennes, par une branche dirigée sur le plateau de Fraire vers les mêmes localités.

Description du nouveau tracé.

En conséquence, le tracé proposé aurait son origine à Marchienne-au-Pont, où son premier alignement serait relié au rail-way de l'État, par deux courbes dirigées, l'une vers la station de Marchienne-au-Pont et l'autre vers celle de Charleroy. Le chemin serait ensuite continué par le vallon de l'Heure, jusqu'en amont de Cerfontaine, où il suivrait la direction du ruisseau des Veaux, pour traverser, en pente continue, la crête de partage entre les bassins de la Sambre et de la Meuse; de ce point, le rail-way serait dirigé par Neuville, la barrière de Grammont et Roly, sur Mariembourg, pour aboutir à la frontière de France, vers Regniowez, en passant par Frasnes, Couvin et le vallon de l'Eau-Noire; cette ligne serait exploitée par locomotives. Un embranchement, ayant son origine à Thy-le-Château, serait construit jusqu'à Laneffe. Une seconde branche, partant de Walcourt, serait, en outre, poussée le long du cours du ruisseau d'Yves, jusqu'à la rencontre du fourneau de Froidmont, pour relier les usines à fer de ces localités à la ligne principale; et une troisième branche, ayant son origine sur la seconde, aux environs de Fairoul, s'élèverait, au moyen de deux plans automoteurs, jusque sur le plateau commun aux minières de Fraire, de Morialmé et de Florennes, en traversant les gîtes principaux de minerai de fer fort de ces deux localités; ces trois branches seraient exploitées par chevaux.

Système général de nouvelles communications dans l'Entre-Sambre-et-Meuse.

Pour compléter le système général des communications de l'Entre-Sambre-et-Meuse, et pour augmenter encore, dans l'avenir, les produits du rail-way projeté, il serait bien désirable que l'on pût faire décréter et construire, soit par l'État, soit par les provinces ou communes intéressées, au moyen de subsides à leur allouer sur l'excédant du produit des barrières, les routes ci-après désignées dont l'utilité a été reconnue, soit par les rapports des ingénieurs en chef des provinces où elles sont situées, soit par les conseils provinciaux ou ceux des communes intéressées, et dont quelques-uns ont voté des fonds pour l'exécution, ou même commencé la construction de la plupart d'entr'elles, ce sont :

1° Celle de Bourlers ou Baileux vers Rocroy, sur une longueur de $2\frac{1}{2}$ lieues.
2° De Couvin, par Oignie, vers Fumay, sur . . . . 3 »
3° De Rance, par Froidchapelle, Cerfontaine et Senzeille, à Philippeville (en exécution par les communes) . . . . $3\frac{1}{2}$ »
4° De Rance, par le bois de Hartant, le Brouffe et Mariembourg, à Vireux, sur . . . . $5\frac{1}{2}$ »
5° De Thuin, par Ragnée et Pry, vers Fraire, sur . . . . . 4 »
6° De Nalines, par Ham-sur-Heure, à Gozée (en exécution par les communes). . . . . $\frac{1}{2}$ »

En tout . . . . 19 lieues.

Modifications de détails. — Largeur du rail-way.

Les modifications à apporter au profil transversal du rail-way projeté par M. De Puydt et consorts ont seulement pour but de le rendre susceptible d'être parcouru, au besoin, par le matériel employé actuellement sur le chemin de fer de l'État. On conçoit, en effet, fort bien que, lors de l'adoption du projet de rail-way de l'Entre-Sambre-et-Meuse, lorsqu'il n'était pas encore question de l'exécution de celui de Braine-le-Comte à Namur, par Charleroy, la largeur en crête de $3^{m},80$, proposée par les concessionnaires, ait pu paraître suffisante au conseil des ponts et chaussées, parce que cette communication se trouvait, alors, totalement isolée de toutes celles du même genre exécutées par l'État; mais aujourd'hui que le chemin de fer de l'Entre-Sambre-et-Meuse doit être relié à celui de Braine-le-Comte à Namur, il est indispensable qu'on l'exécute par concession, ou aux frais de l'État, que le matériel de chacun des rails-way puisse être employé indifféremment sur l'une ou l'autre de ces deux communications, afin d'éviter, d'une part, les dépenses qu'occasionneraient, au commerce, le transbordement obligé des marchandises chargées sur le rail-way de l'État, en destination pour celui de l'Entre-Sambre-et-Meuse, et réciproquement, et, d'autre part, la gêne qu'éprouveraient les voyageurs obligés de changer de voiture, pour passer de l'une à l'autre de ces lignes. Il est donc nécessaire que la largeur en crête du rail-way soit portée à 4 mètres, pour la voie simple, afin de conserver libre, une banquette de 1 mètre, pour la circulation des ouvriers et employés; car la largeur d'une diligence étant de 3 mètres et celle de la banquette de service ne pouvant être de moins de 1 mètre, l'on voit que, malgré cet élargissement, l'une des parois latérales de la voiture se trouvera encore à l'aplomb de la crête du rail-way; la voie double devant permettre le croisement des convois de voyageurs, sa largeur en crête ne peut être réduite, sans inconvénient, à moins de $8^m,40$; car la largeur des diligences employées actuellement est de 3 mètres; donc, pour deux . . . . $6^m,00$

Les lanternes débordent de $0^m,15$ chacune sur l'entre-voie; donc, pour deux. $0^m,30$

L'on doit laisser, au moins, $0^m,10$ de jeu entre les lanternes. . . $0^m,10$

Les deux banquettes de service doivent avoir ensemble . . . . $2^m,00$

Donc, la largeur totale de la double voie doit être fixée, au *minimum*, à . . . . $8^m,40$

Dimensions des principaux ouvrages d'art.

Les modifications à apporter aux dimensions prescrites pour les ouvrages d'art au cahier des charges de la concession du rail-way de l'Entre-Sambre-et-Meuse, se bornent, presqu'uniquement, à l'élargissement des tunnels et des viaducs-tunnels, dont la largeur, fixée à $3^m,23$, ne pouvant donner passage au matériel circulant sur le rail-way de l'État, devrait être portée à celle de $4^m,20$, mesurée à $1^m,60$ au-dessus des rails, afin d'y ménager, d'un côté, un trottoir de $0^m,80$ qui permît aux ouvriers ou employés, surpris sous les tunnels, de s'y garer, pendant le passage des convois; et, de l'autre, un espace de $0^m,40$ de largeur, mesurée à la hauteur des vitrages des voitures, indispensable pour préserver, d'une mort certaine, les voyageurs qui, par curiosité, auraient l'imprudence d'y passer la tête, pendant le parcours du souterrain. La hauteur sous clef des tunnels doit également être portée à 5 mètres, parce que les locomotives atteignent jusqu'à $4^m,60$ au-dessus des rails.

Suppression d'une partie des redoublements de voie.

D'autre part, l'on propose, par mesure d'économie, d'exécuter les ouvrages d'art, pour une simple voie, et c'est également, dans le même but, que l'on croit nécessaire de supprimer une grande partie des redoublements à exécuter, d'après le cahier des charges précité; en les restreignant à la construction pure et simple de gares principales d'évitement, à établir aux points de croisement obligés des convois; les évitements des stations et ceux à placer, en petit nombre, vis-à-vis des principaux établissements industriels, pouvant suffire, pour établir les croisements, d'une manière satisfaisante, sur un rail-way où les départs principaux doivent nécessairement avoir lieu régulièrement.

Réduction de portée des rails.

Pour remédier, autant que possible, au mouvement de lacet qu'imprime presque toujours aux waggons en marche l'affaissement plus prononcé de la voie, que l'on remarque à la jonction des abouts des rails, on croit devoir proposer l'adoption d'une mesure dont les bons résultats ont été constatés par l'expérience et qui consiste à n'admettre, dans la voie, que des rails de $5^m,90$ de long, au *minimum,* mais en les faisant supporter par dix points d'appui dont les deux d'abouts seraient espacés à $0^m,50$ et ceux intermédiaires à $0^m,70$, d'axe en axe; par ce moyen, on croit pouvoir assurer que l'on parviendra facilement à supprimer le mouvement latéral des voitures, si désagréable aux voyageurs qui parcourent les rails-way, tout en réduisant considérablement l'usure des roues. Les rails dont le poids avait été fixé à 18 kilog. par mètre courant au cahier des charges de la concession du chemin de fer de l'Entre-Sambre-et-Meuse, seront, en outre, par ce raccourcissement de portée, rendus capables de supporter le même poids que ceux de 25 kilog., par mètre, employés sur la section de Braine-le-Comte à Charleroy.

On objectera, peut-être, que l'adoption de cette mesure entraîne à un excédant de dépense, résultant de l'augmentation du nombre des coussinets, des chevilles, des clavettes et des billes; mais cette augmentation, qui n'est que de fr. 1-59 par mètre courant, pourra, en quelque sorte, être compensée par l'économie que l'on obtiendra sur le prix des billes, en réduisant, comme cela a eu lieu au chemin de fer en exploitation, la longueur de celles intermédiaires à $2^m,20$ et leur largeur à $0^m,24$, tout en conservant $0^m,50$ de largeur à celles d'abouts, et en donnant, en outre, à ces dernières un excédant de longueur de $0^m,50$; on croit pouvoir affirmer que la facilité que procure aux marchands de bois cette réduction de largeur, leur permettra de diminuer considérablement le prix des billes, ainsi que cela eut lieu aux dernières adjudications pour la nouvelle station du Nord à Bruxelles. Remarquons, en passant, que la surface des billes en contact avec le sol étant, d'après le système proposé, supérieure de $0^{m2},16$, par mètre courant, à celle de l'ancien, et son poids surpassant celui-ci de $14^k,56$ par mètre de voie, le système proposé offre, de ce chef, une stabilité beaucoup plus grande que l'autre, et permettra certainement de diminuer la dépense d'entretien du rail-way; et que, de plus, le raccourcissement de portée des rails donnera la possibilité d'augmenter le chargement utile des waggons et la pesanteur des locomotives, dont la force se trouvera considérablement augmentée par cette addition de poids.

Étude de sept projets.

Telles sont les bases principales des sept projets de rail-way que l'on a étudiés dans l'Entre-Sambre-et-Meuse, quatre dans la direction vers Vireux et trois dans celle de Charleville, et qui semblent, par leur disposition générale, présenter, à un haut degré, le caractère spécial de l'utilité publique, et, en même temps, les chances les plus favorables de revenus, à tel point que la garantie d'un *minimum* d'intérêt de 5 et même 4 p. %, si elle était accordée à une compagnie, serait, sans doute, purement nominale.

Disposition générale et longueur du tronc principal et des embranchements de chacun des sept projets.

Les sept projets étudiés sont les suivants :

1° La ligne de Marchienne-au-Pont vers Charleville, en pentes *maximum* de $0^m,005$ et $0^m,006$ sur les deux versants de la crête de partage de l'Entre-

Sambre-et-Meuse, avec embranchements de Thy-le-Château à Laneffe, de Walcourt à Morialmé et de Fairoul à Froidmont.

Longueur du tronc principal . . . . . . 83 kilomètres [1].
Id. des 3 embranchements . . . . 25 ½ id.

2° Ligne de Marchienne vers Vireux, avec les mêmes pentes *maximum* et les mêmes embranchements qu'au projet précédent, et, en outre, l'embranchement de Mariembourg à Couvin.

Longueur du tronc principal . . . . . . 70 kilomètres.
Id. des 4 embranchements . . . . 30 ½ id.

3° Ligne de Marchienne vers Vireux, par plans inclinés, avec les mêmes embranchements qu'au projet précédent.

Longueur du tronc principal . . . . . . 64 kilomètres.
Id. des 4 embranchements . . . . 30 ½ id.

4° Ligne de Marchienne vers Charleville, en pentes *maximum* de 0m,007 sur les deux versants de la crête de partage, avec les mêmes embranchements qu'au 1er projet.

Longueur du tronc principal . . . . . . 81 kilomètres.
Id. des 3 embranchements . . . . 25 ½ id.

5° Ligne de Marchienne vers Vireux, avec les mêmes pentes *maximum* qu'au projet précédent, et les mêmes embranchements qu'au 2e.

Longueur du tronc principal . . . . . . 68 kilomètres.
Id. des 4 embranchements . . . . 30 ½ id.

6° Ligne de Marchienne vers Charleville, en pentes *maximum* de 0m,0055 et 0m,008 sur les deux versants, et les mêmes embranchements qu'au 1er projet.

Longueur du tronc principal . . . . . . 75 kilomètres.
Id. des 3 embranchements . . . . 25 ½ id.

7° Ligne de Marchienne vers Vireux, avec les mêmes pentes *maximum* qu'au projet précédent, et les mêmes embranchements qu'au 2e.

Longueur du tronc principal . . . . . . 62 kilomètres.
id. des 4 embranchements . . . . 30 ½ id.

Comparaison des prix de transport par les différentes voies.

La création du rail-way de l'Entre-Sambre-et-Meuse ayant pour but principal, ainsi qu'il a été dit précédemment, de réduire le prix des transports : 1° de la houille de Charleroy vers la France et les usines du pays ; 2° des minerais de fer, vers les hauts-fourneaux de la Sambre et de Couvin ; 3° des bois

(1) Dans les 83 kilomètres de longueur du tronc principal se trouvent compris 1,065 mèt., soit un kilomètre, pour la branche de raccordement vers Charleroy ; de sorte que la distance à parcourir y est moindre de un kilomètre. Il en est de même pour les six autres projets.

et des écorces, vers l'intérieur et vers la France ; et 4° des ardoises de Cul-des-Sarts, vers Charleroy, il est indispensable de faire connaître, par la comparaison du prix des transports, sur les voies actuelles et sur le rail-way projeté, quelle est l'économie qui résultera, pour le commerce, de l'exécution de cette communication nouvelle, en suposant, pour un moment, que le prix du transport sur le rail-way projeté sera sensiblement celui perçu actuellement au chemin de fer de l'État.

Or, il conste des renseignements recueillis aux sources les plus authentiques :

1° Que le transport d'un tonneau de houille de Charleroy à Vireux, par la Sambre canalisée et par la Meuse, peut être évaluée, en temps de bonnes eaux, et pour un parcours de 25 lieues, à . . . . fr. 10-00

Savoir : pour le trajet de 10 $\frac{3}{4}$ lieues sur la Sambre, à raison de fr. 0.37 par tonneau et par lieue 4-00

Et pour celui de la Meuse, sur un parcours de 14 $\frac{1}{2}$ lieues, à raison de fr. 0.413, moyenne par tonneau et par lieue 6-00

Total égal . . . . . . fr. 10-00

2° Que le transport d'un tonneau de houille de Charleroy à Charleville, par les mêmes rivières, et sur un parcours de 40 lieues, pendant les bonnes eaux, est de . . . . fr. 14-00

Dont, pour le trajet de 10 $\frac{3}{4}$ lieues par la Sambre 4-00

et pour celui de 29 $\frac{1}{4}$ lieues par la Meuse, à raison de fr. 0.342 (¹), moyennement, par tonneau et par lieue, ... 10-00

Total égal . . . . . fr. 14-00

La longueur du parcours par le rail-way, dans la direction de Vireux, projet n° 7, si elle était adoptée, devant être réduite à 13 lieues, il est donc bien certain que, même en adoptant pour le taux du transport d'un tonneau à une lieue un droit de péage de fr. 0-36, sensiblement égal à celui perçu aux chemins de fer en exploitation, pour les marchandises de roulage, destinées à l'exportation, la préférence serait évidemment accordée au rail-way ; puisque le droit perçu en cette direction, sur 13 lieues, à raison de fr. 0-36 par lieue, n'étant que de . . . . fr. 4-68
tandis que le prix du transport par les voies navigables est de. . . 10-00

il y aurait, de ce chef, une réduction de . . . . fr. 5-32

(¹) La différence de fr. 0-071 que l'on remarque entre le prix de transport d'un tonneau, de Namur à Vireux, qui est de fr. 0-413 par lieue, et celui de Namur à Charleville qui n'est que de fr. 0-342, provient de la réduction qui s'est opérée sur le fret, par suite des améliorations exécutées récemment à la Meuse, en France, et, d'autre part, de l'infériorité du droit de navigation perçu dans ce pays, comparativement à celui prélevé en Belgique.

Le prix du transport, sur le rail-way, d'un tonneau de marchandises, de Charleroy à Vireux, étant de . . . . fr.	4-68
Si l'on y ajoute celui du transport par eau de Vireux à Charleville, fr. 14-00 — 10-00 = ...	4-00
celui du transbordement à Vireux, estimé	»-50
le coût total du transport d'un tonneau de Charleroy à Charleville, par Vireux, sera de . . . . fr.	9-18
Le coût actuel, par eau, est de	14-00
Par conséquent, l'économie sera de . . . . fr.	4-82

Si la direction du projet n° 6, vers Charleville, obtenait la préférence, la distance, par rail-way, de Charleroy à Charleville, serait réduite à 24,80 lieues, dont 14,80 en Belgique et 10 en France, et il y serait perçu, pour le parcours de 24,80 lieues, à raison de fr. 0-36, fr.	8-92
Or, le prix actuel du transport, par eau, est de	14-00
Il y aurait donc économie, par le rail-way, de . . . . . . fr.	5-08

On objectera peut-être que les travaux d'amélioration à la navigation de la Meuse, en cours d'exécution sur les territoires belge et français, devant avoir pour résultat une diminution considérable des frais de transport par eau, entre Charleroy et Charleville ou entre Charleroy et Vireux, il serait peut-être imprudent de compter sur le transport des houilles, par la communication projetée; mais cette objection, bien que sérieuse au premier coup-d'œil, peut être aisément réfutée : en effet, que l'on adopte, pour cette amélioration en Belgique, le système des passes artificielles proposé par M. l'ingénieur Guillery, ou le système mixte des barrages combinés avec les mêmes passes, préconisé par M. l'inspecteur Vifquain, dans son rapport de 1842, sur l'amélioration des voies navigables en Belgique, il est constant que les frais de traction en remonte sur cette rivière, seront beaucoup plus considérables que sur une rivière canalisée par barrages, comme la Sambre, où le fret s'élève, d'après le rapport précité de M. l'inspecteur Vifquain, à fr. 0-12 environ, par lieue et par tonneau, et que ce fret sera encore, au moins, de fr. 0-16, après l'amélioration de la Meuse, et comme la valeur des travaux à effectuer pour ces améliorations, estimées par M. l'inspecteur Vifquain à 8 millions, diffère très peu de la somme dépensée pour canaliser la Sambre, on peut, sans crainte d'être taxé d'exagération, supposer que le nouveau droit à percevoir sur la Meuse, après le perfectionnement de sa navigation, ne pourra être inférieur à celui perçu aujourd'hui sur la basse Sambre, qui est de fr. 0-14, et qu'ainsi le prix de transport, par la Meuse, pourra être réduit, au *minimum,* à fr. 0-30 par tonneau et par lieue. Supposons également que le prix du transport, par la Sambre, sera réduit au même taux, et examinons maintenant si cette réduction énorme dans le prix des transports peut exercer quelqu'influence contraire au parcours des houilles sur le rail-way projeté. Nous avons vu plus haut que la distance de Charleroy à Charleville, par la Sambre et la Meuse, est de 40 lieues, dont 10 $\frac{3}{4}$ lieues par la Sambre et 29 $\frac{1}{4}$ lieues par la Meuse, qui, au prix de fr. 0-30, reviendront à . . . . fr. 12-00

Or, le prix du transport, par le rail-way et par la Meuse, est seulement de 9-18

Donc, l'économie serait de . . . . fr. 2-82

Si la direction du projet n° 6 vers Charleville était adoptée, le parcours de la distance, par eau, de Charleroy à Charleville, qui est de 40 lieues, coûterait, à raison de fr. 0-30 par lieu et par tonneau, fr. 12-00
et serait, par conséquent, supérieur au prix par rail-way, qui est de . 8-92
de toute la différence ou de . . . . fr. 3-08

Il résulte donc de ce qui précède, que le rail-way de l'Entre-Sambre-et-Meuse ne peut redouter, en aucune façon, la concurrence de la Meuse améliorée, puisqu'en admettant une réduction de fret, en quelque sorte irréalisable, l'on vient de démontrer la supériorité de la première de ces communications, et cette conviction s'établira plus facilement encore, lorsque l'on viendra comparer les avantages particuliers résultant, pour le commerce, des arrivages réguliers par le chemin de fer, qui permettront aux négociants d'obtenir, en tout temps, des houilles fraîches, au fur et à mesure de leurs besoins, et, par conséquent, en leur épargnant les frais de construction, ou de location de magasins d'approvisionnement et sans redouter l'intermittence des arrivages par la Meuse, dont la navigation se trouve fréquemment interrompue, par les hautes comme par les basses eaux et par les gelées.

On estime que le transport des minerais de fer fort de Jamiolle, Fraire, Florennes et Morialmé, qui s'est effectué jusqu'aujourd'hui par Colliers, peut être évalué au prix moyen de fr. 1-50 par lieue et par tonneau, conduit depuis les minières jusqu'au groupe d'usines à fer de la Sambre, en suivant les routes empierrées de Charleroy à Philippeville et de Florennes, par Morialmé, à Châtelet; cependant, l'on comprend qu'il serait fort difficile d'établir exactement le prix moyen de ces transports, parce qu'il s'abaisse ou s'élève suivant l'état de viabilité des chemins qui conduisent de la route aux minières et suivant l'état de prospérité ou de décadence des hauts-fourneaux : ainsi, il a été constaté que le prix du transport du minerai de Morialmé à Châtelineau, qui s'élevait, en 1838, à fr. 0-85 par brouette de 150 kilog., est tombé, en 1843, à fr. 0-50; la distance de Morialmé à Châtelineau étant de 3 $\frac{1}{4}$ lieues, le prix du transport d'un tonneau à 1 lieue qui était, en 1838, de fr. 2-010
n'est plus actuellement que de 1-181

Total. . . . . . fr. 3-191

Moyenne . . . . fr. 1-595

Il faut donc admettre que la remise à feu d'un plus grand nombre de hauts-fourneaux occasionnerait une hausse considérable dans le prix du transport, et l'on croit que la moyenne sera toujours, au *minimum*, de fr. 1-50 par lieue et par tonneau.

Les usines du groupe de la Sambre les plus favorablement placées aujourd'hui, sous le rapport des transports, sont celles de Châtelineau qui ne sont séparées de Morialmé que par une distance d'environ 3 $\frac{1}{4}$ lieues.

Nous avons vu plus haut que le prix du transport d'un tonneau à 1 lieue revient aujourd'hui à fr. 1-181 entre Châtelineau et Morialmé ; donc le transport par la route, à la distance de 3 ¼ lieues, coûte . . . . . fr. 3-85

Après l'achèvement du chemin de fer, la longueur du parcours sur le rail-way de l'Entre-Sambre-et-Meuse sera d'environ 7 lieues, et si l'on suppose qu'il y sera perçu un droit de fr. 0-45, réduit à fr. 0-405, puisque la charge des waggons pourra toujours être complétée, le transport de Morialmé à Marchienne coûtera . . . . . fr. 2-83

Celui sur le rail-way de l'État coûtera pour 1,80 lieue, à fr. 0-40. . . . . »-72

Le total ou. . . . . . . fr. 3-55 | 3-55

se trouvera donc encore inférieur au prix *minimum* par Collier de . »-30

et inférieur au prix moyen qui, à raison de fr. 1-50 par lieue et par tonneau, est de 4-87

de la somme de . . . . fr. 1-32

Cette réduction de fr. 0-30 paraîtra, sans doute, bien minime ; mais si l'on considère que le prix du transport, par terre, serait nécessairement ramené à la moyenne de fr. 1-50 par lieue et par tonneau, lorsque des circonstances favorables permettraient aux usines de la Sambre d'augmenter leur production, l'on trouve que, dans le cas le plus défavorable, les prix seraient encore réduits d'environ 8 p. °/₀ et de 27 p. °/₀ lorsqu'ils auraient atteint la moyenne.

Il faut remarquer que si, pour établir la comparaison qui précède, entre le prix du transport par terre et celui par le rail-way projeté, l'on avait supposé, comme on l'a fait pour le transport par colliers, que les propriétaires des fourneaux de Châtelineau viendraient, après l'exécution du rail-way, s'approvisionner aux minières de fer fort les plus rapprochées de leurs usines, c'est-à-dire à celles de Fraire, la comparaison deviendrait alors tout à fait favorable aux transports par le rail-way ; car la distance de Châtelineau aux minières de Fraire se trouvant alors réduite à 7,80 lieues, dont 6 lieues sur le rail-way de Sambre-et-Meuse coûteraient, à raison de fr. 0-405 par lieue et par tonneau . . . . fr. 2-43

et 1,80 lieue par celui de l'État, à fr. 0-40. . . . . »-72

Le transport d'un tonneau de minerai ne coûterait donc plus que . 3-15

et serait, par conséquent, inférieur au prix *minimum* par la route qui est de 3-85

de la somme de . . . . fr. »-70,

formant environ 18 p. °/₀ du prix *minimum* par la route ; du reste, les usines de Châtelineau étant celles du groupe de la Sambre les plus rapprochées actuellement des minières et devant s'en trouver les plus éloignées, après l'exécution du rail-way, il est certain qu'elles auraient droit à obtenir, sur les frais de transport, par le rail-way, une réduction qui les mît sur le même pied que toutes celles longeant la Sambre et que l'on devrait, en conséquence, mettre toutes ces usines sur la même ligne, en leur faisant payer, à toutes, le

droit pour un parcours de 7 lieues; ce qui réduirait alors le coût du transport des minières à Châtelineau, comme à Marchienne-au-Pont, à . . fr. 2-835
somme inférieure de fr. 1-015 au prix *minimum* du transport par colliers, qui est de 3-85

Le transport des minerais d'Yves, de Fraire, de Florennes et de Morialmé, vers le groupe d'usines de Couvin, s'effectue sur axes, par les routes de Charleroy à Philippeville, et de ce dernier endroit vers Mariembourg et Couvin, au prix moyen de fr. 1-50 par lieue et par tonneau; et comme la distance qui sépare les usines de Couvin de la minière de Fraire, est d'environ $5\frac{1}{2}$ lieues, le prix du transport, par axe et par tonneau de minerai, de Fraire à Couvin, sera de . . . . fr. 8-25

Après l'exécution du rail-way, le parcours sera porté à environ 8 lieues, et comme le prix par tonneau et par lieue est évalué à fr. 0-405, le prix du transport, par le rail-way, sera donc de . . . 3-24

Il y aura, par conséquent, économie par le rail-way de . . . fr. 5-01

Les minières de Morialmé et de Florennes étant plus éloignées de Couvin que celles de Fraire, nous croyons inutile de faire connaître l'économie de transport pour les produits de ces localités, puisqu'elle sera proportionnelle à la distance à parcourir.

Les minerais de fer fort de Morialmé, de Florennes, Fraire, employés aux hauts-fourneaux longeant la Meuse depuis Namur jusqu'à Liége, étant transportés aujourd'hui par colliers, des minières à Rouillon, puis embarqués sur la Meuse qu'ils descendent jusqu'à leur destination, examinons si cet état de chose ne sera pas modifié, par suite de l'exécution du rail-way, et si le commerce ne trouvera pas plus d'avantages à transporter d'abord le minerai par le chemin de fer jusqu'à Marchienne, puis par la Sambre et la Meuse jusqu'à destination; prenons donc pour point de départ les minières de Morialmé qui se trouvent les plus rapprochées de la Meuse, et pour point d'arrivée Namur, qui est au confluent de la Sambre et de la Meuse, et comparons les prix du transport par ces deux voies de communication.

La distance de Morialmé à Rouillon étant de 5 lieues et le prix du transport sur axes étant par lieue et par tonneau de fr. 1-50, le parcours par terre coûtera . . . . fr. 7-50

Le parcours par eau de Rouillon à Namur n'est que de $3\frac{1}{4}$ lieues et on ne l'évalue qu'à fr. 0-40 par lieue et par tonneau, parce que c'est en descente; donc $3\frac{1}{4}$ lieues à fr. 0-40 1-30

Prix du parcours par les voies actuelles . . . . fr. 8-80

Si l'on exécute le rail-way projeté, le parcours de Morialmé à Marchienne-au-Pont sera de 6,60 lieues, qui, à raison de fr. 0-405 par lieue et par tonneau, coûteront 2-67

Le parcours par la Sambre, de Marchienne à Namur, sera de $11\frac{1}{2}$ lieues valant, à raison de fr. 0-37, ... 4-25

Total par le rail-way et par la Sambre . . . . fr. 6-92

Le parcours par la route et par la Meuse coûte. 8-80

Économie par le rail-way . . . . . fr. 1-88

Remarquons que si la navigation de la Meuse et de la Sambre était améliorée de façon à réduire le prix de transport à fr. 0-30 par lieue et par tonneau, le coût total du transport par la Meuse ne pourrait être réduit que de fr. 0-325, et que, d'autre part, celui par la Sambre pouvant être diminué de fr. 0-805, le prix du transport par le rail-way serait alors inférieur de fr. 2-62 à celui par les communications actuelles perfectionnées.

Le transport du bois de construction, des perches pour les houillères, et des écorces, depuis Couvin jusqu'à Charleroy, s'effectue aussi par colliers, en suivant les routes de Charleroy à Philippeville et de cet endroit à Couvin, sur une distance de 10 lieues, au prix de fr. 1-50 par lieue et par tonneau.

Le tonneau transporté à Charleroy, revient donc à . . . . fr.	15-00
Si l'on exécute le rail-way, le trajet sera de $10\frac{1}{2}$ lieues; et en supposant qu'il soit perçu sur ces matières encombrantes un droit de fr. 0-50 par lieue et par tonneau, le prix du transport de Couvin à Charleroy ne sera que de	5-25
et, par conséquent, inférieur à celui du transport par la route de fr.	9-75

Les perches et baliveaux nécessaires à l'étançonnage des houillères, destinées pour les charbonnages du centre et du couchant de Mons, et celles pour le bassin houiller de Charleroy, proviennent en partie de la forêt de Soignes ou de celles aux environs de Couvin, et en partie des bois au milieu desquels se trouve le village de Fosses, et cet endroit n'étant éloigné de Charleroy que de $4\frac{1}{2}$ lieues, c'est de là que l'on tire la plus grande partie des bois employés à Charleroy; or, le prix du transport d'un tonneau de bois de Fosses à Charleroy,

par colliers, coûte au prix de fr. 1-50 par lieue et par tonneau. . fr.	6-75
et si l'on suppose qu'après l'exécution du rail-way, ces bois proviendront des forêts aux environs de Roly et de Cerfontaine, ils paieront pour le parcours de 10 lieues sur le chemin de fer, à raison de fr. 0-50 par lieue et par tonneau	5-00
Économie par rail-way . . . . . fr.	1-75

Les baliveaux employés aux houillères du Centre et de Charleroy proviennent presqu'exclusivement de la forêt de Soignes; et comme cette belle propriété est aujourd'hui rétrocédée à l'État, il est permis de croire que l'administration y interdira désormais les coupes extraordinaires de baliveaux. Examinons, toutefois, si le transport par colliers de Waterloo à Charleroy peut être inférieur à celui de Roly au même endroit par le rail-way projeté.

Le transport du bois de la forêt de Soignes ayant lieu au moyen des voitures de houille qui reviennent à vide de Bruxelles, ne se paie par tonneau, pour le parcours de 7 lieues qui sépare la forêt de Soignes de Charleroy, qu'à raison

de . . . . fr.	7-00
Nous voyons plus haut que le parcours depuis Roly ne coûte que	5-00
Donc l'économie est de . . . . . fr.	2-00

Le transport des perches et baliveaux que l'on exploite aux environs de Couvin, pour être employés aux houillères du couchant de Mons, se fait sur axes, par les routes de Couvin à Beaumont et de ce dernier endroit à Mons, en parcourant une distance de 15 ½ lieues, qui, au prix de fr. 1-50 par lieue et par tonneau, revient à . . . . fr. 23-23

Après l'exécution du rail-way, ces bois prendront d'abord le chemin de fer de l'Entre-Sambre-et-Meuse, depuis Couvin jusqu'à Marchienne-au-Pont, puis, de cet endroit, ils suivront la direction de Braine-le-Comte, pour se rendre à Jemmapes par le rail-way de l'État; la distance totale à parcourir sera de 25 ½ lieues qui, à raison de fr. 0-50 par lieue et par tonneau, coûterait 12-75

L'économie du transport par le rail-way sera donc de. . . . fr. 10-50

Le transport des ardoises de Cul-des-Sarts et des autres ardoisières voisines se fait par colliers, d'abord par chemin de terre jusqu'à la route de Philippeville à Rocroy, puis par la route de Philippeville à Charleroy; pour un parcours total d'environ 14 lieues, il revient à fr. 17-00

Après l'exécution du rail-way, le parcours sera de 14,80 lieues et en supposant qu'il soit perçu pour le transport de ces matières fragiles, un droit de fr. 0-50 par lieue et par tonneau, le prix du transport par le rail-way sera réduit à la somme de 7-40

inférieure à celle qu'exige le parcours par colliers, de . . . . fr. 9-60

Péages proposés. Adoptant donc sensiblement les bases du tarif des chemins de fer de l'État, en y apportant les modifications que l'on a jugées les plus convenables aux localités, on estime que l'on pourrait percevoir les péages d'après le tarif ci-après :

TRANSPORT DES VOYAGEURS.

1re classe, diligence par lieue de 5,000 mètres.	. . . . . . fr.	» 50
2e classe, char-à-bancs id.	. . . .	» 36
3e classe, waggons découverts id.	. . . .	» 24

BAGAGES ET ARTICLES DE DILIGENCE.

Par 100 kilogrammes et par lieue.	» 25
Les prix sont calculés de 10 en 10 kilog. :	
Minimum de la taxe.	» 25

VOITURES.

Pour une voiture à 4 roues, par lieue	3-00
Id. 2 id.	2-00

CHEVAUX.

Par tête et par lieue, pour 3 chevaux	» 70
Id. 2 id.	» 90
Id. 1 id.	1-10

BÉTAIL.

Bœufs, vaches ou génisses, par tête et par lieue, pour	6 têtes	. .	» 50
Id.	3	id. . . .	» 70
Id.	1	id. . . .	» 90
Veaux et porcs, par tête et par lieue, pour	10	. . . .	» 30
Id.	5	. . . .	» 40
Id.	1	. . . .	» 50
Moutons, par lieue et par tête, pour	20	. . . .	» 20
Id.	10	. . . .	» 25
Id.	5	. . . .	» 30
Id.	1	. . . .	» 40

MARCHANDISES DE ROULAGE.

Prix du transport par tonneau et par lieue.

1re CLASSE. — *Comprenant les marchandises non encombrantes et d'un transport facile et sans risques.*

1° La houille, la tourbe, le charbon de bois;
2° Les pierres ou marbres bruts en blocs, les pavés et bordures, la chaux en sac, les terres plastiques ou autres;
3° Les engrais de toute espèce;
4° Les grains, les pommes de terre, le son, le sel brut, les poissons;
5° Le verre cassé, la castine, les minerais;
6° Le fer et les fontes bruts, en barres ou en saumons, les clous, mitrailles, etc., et tous les métaux;
7° Les chiffons, rognures de cuir; par tonneau et par lieue . . fr. » 45

2e CLASSE. — *Marchandises encombrantes non sujettes à de fortes avaries et comprenant :*

1° Les bois de construction, perches, baliveaux, écorces;
2° Les briques, tuiles, pierre de taille sans moulures, les ardoises;
3° Vins, bières et liqueurs en cercles;
4° Étoffe de laine, de coton ou de fil, en balles; par tonneau et par lieue . . . . fr. » 50

3e CLASSE. — *Comprenant les marchandises sujettes à de fortes avaries.*

1° Marbres en tranches et pierres à moulures;
2° Cristaux, glaces, verres à vitre, faïence et porcelaines en caisses;
3° Vins et liqueurs en bouteilles, meubles; par tonneau et par lieue fr. » 60

MARCHANDISES DE DILIGENCE.

1° Quincaillerie, nouveautés, denrées coloniales ;

2° Étoffes de soie, soie ou fil, passementerie ; par 100 kilog. et par lieue . . . . fr. » 25

Minimum de la taxe . . . . » 50

PRISE ET REMISE A DOMICILE.

Marchandises de la 1re classe, par 100 kilog.		fr.	» 25
Id.	2e	id.	» 30
Id.	3e	id.	» 35

Les marchandises destinées à l'exportation jouiront d'une remise de 20 p. % sur les prix du tarif, lorsqu'elles seront transportées par convois complets ; celles destinées pour l'intérieur n'obtiendront, dans le même cas, que 10 p. % de remise.

Évaluation des dépenses et recettes.

Pour les projets n° 1 à 5, l'on se bornera à faire figurer, globalement, au tableau récapitulatif, qui fait suite au présent rapport, le chiffre des dépenses des travaux de construction et du matériel d'exploitation et celui des dépenses et recettes annuelles, de même que le bénéfice net présumé de l'entreprise.

Pour le 6e et le 7e projets, l'on va présenter successivement le détail des dépenses et des recettes de toute nature.

Dépenses de construction du 6e projet.

Section de Marchienne à Silenrieux, avec raccordement vers Charleroy.

LONGUEUR 26 KILOMÈTRES.

	Fr.	fr.
Acquisition de terrains et bâtiments, indemnités	544,865-25	
Terrassements	607,617-56	3,213,016-96
Ouvrages d'art	1,305,225-00	
Voie ferrée et accessoires	755,313-15	

Section de Silenrieux à Mariembourg.

LONGUEUR 22 KILOMÈTRES.

Acquisition de terrains et bâtiments, indemnités	273,570-00	
Terrassements	1,042,149-00	2,668,920-78
Ouvrages d'art	792,738-84	
Voie ferrée et accessoires	560,462-94	
A reporter.		5,881,937-74

Report. . . . fr. 5,881,937-74

Section de Mariembourg vers Charleville.

LONGUEUR 27 KILOMÈTRES.

	fr.	
Acquisition de terrains et bâtiments, indemnités	254,100-00	2,377,309-19
Terrassements	498,445-44	
Ouvrages d'art	842,018-10	
Voie ferrée et accessoires	782,745-68	

Embranchement de Thy-le-Château à Laneffe.

LONGUEUR $6\frac{1}{2}$ KILOMÈTRES.

Acquisition de terrains et bâtiments, indemnités	66,815-72	379,849-49
Terrassements	70,505-87	
Ouvrages d'art	83,838-15	
Voie ferrée et accessoires	158.689-75	

Embranchements de Walcourt à Morialmé et de Fairoul à Froidmont.

LONGUEUR 19 KILOMÈTRES.

Acquisition de terrains et bâtiments, indemnités	99,714-89	1,423,642-40
Terrassements	417,342-67	
Ouvrages d'art	553,284-32	
Voie ferrée et accessoires	553,300-58	

Total 10,062,738-88

Travaux exécutés par les anciens concessionnaires et susceptibles d'être utilisés (par approximation) 60,000-00

Études ultérieures du projet définitif 53,000-00

Total général . . fr. 10,175,738-88

Entretien annuel du 6e projet.

Il résulte des renseignements recueillis à l'administration centrale du chemin de fer en exploitation, que les frais d'entretien de la ligne du Midi sont, à peu près, les plus considérables de toutes les lignes exploitées.

L'on peut compter, par lieue et par an, pour le remplacement de

575 kilog. de rails à fr. 0-25	fr.	143-75
2,218 » de coussinets, à fr. 0-15		332-70
87 » de chevilles, à fr. 0-48		41-76
150$^{m^3}$ de sable, à fr. 3-00		450-00
A reporter.	fr.	968-21

h

Report. . . . . . fr. 968-21

Entretien de la voie, à raison de 5 poseurs par lieue, pendant 300 jours, au prix de fr. 1-50 2,250-00

Les billes employées sur la ligne du Midi étant, en général, d'essence de Canada et leur détérioration devant être beaucoup plus rapide que celle des billes en chêne que l'on emploiera exclusivement à l'exécution du rail-way de l'Entre-Sambre-et-Meuse, et, de plus, le nombre des billes étant plus considérable, pour un mètre courant de voie, sur la ligne projetée, que sur celle du Hainaut, on ne pourrait prendre pour base de leur détérioration celle constatée sur la ligne du Midi; mais l'on croit rester dans des limites raisonnables en supposant que $\frac{1}{15}$ des billes devra être renouvelé par an; la quantité à employer étant de 7,630 par lieue, ce 15e s'élèvera à 500 billes environ, qui coûteront, au prix de fr. 2-50. 1,250-00

Le renouvellement et les réparations des outils de pose, en supposant l'usure d'un assortiment complet par atelier de 3 hommes et par an, s'élèverait, au plus, à raison de fr. 97 par assortiment et pour 1 et $\frac{2}{3}$ d'assortiment à 161-60

L'entretien des terrassements, ouvrages d'art, etc., peut être évalué, au plus, par an et par lieue, à 1,000-00

Les frais du personnel chargé de l'entretien, en supposant qu'il soit attaché à la ligne entière de 20 lieues :

1 ingénieur payé à	fr.	8,000
2 conducteurs.		6,000
8 surveillants		10,000
En tout	fr.	24,000

s'élèveraient, par lieue et par an, à 1,200-00

Total. . . . fr. 6,829-81

Si l'on déduit des sommes ci-dessus, la valeur des vieux fers mis hors de service et évalués ainsi qu'il suit, savoir :

pour 662 kilog. de fer laminé à	fr. 0-15	=	99-30	276-74
» 2,218 » de fonte à	0-08	=	177-44	

il reste, pour l'entretien annuel d'une lieue de chemin de fer, fr. 6,553-07

que l'on peut porter moyennement à fr. 7,000, à cause de l'emploi de locomotives de 16 pouces, nécessité par les fortes pentes du tronc principal entre la crête de partage et Mariembourg.

La longueur totale du tronc principal et des embranchements du 6e projet, étant de 20 lieues, les frais d'entretien annuel, évalués à fr. 7,000 par lieue, monteront à . . . . fr. 140,000

Le salaire de 80 gardes-barrières ou d'excentriques, à raison de fr. 365 par garde et par an, coûtera 29,200

Les frais d'éclairage de 154 réverbères, à fr. 100 par réverbère et par an, seront de 15,400

Total . . . . . fr. 184,600

Imprévu, $\frac{1}{10}$ 18,460

Total de l'entretien annuel . . . . fr. 203,060

Calcul des produits du 6e projet.

En appliquant les prix du tarif proposé aux transports divers qui s'effectueront moyennement en une année dans l'Entre-Sambre-et-Meuse, d'après le mouvement commercial de 1836 à 1842, on a formé le tableau ci-après qui donne, par conséquent, l'estimation approximative des produits moyens annuels du chemin de fer projeté de Marchienne vers Charleville, avec pentes *maximum* de $0^m,005$ et $0^m,008$ sur les deux versants de la crête de partage.

1° Houilles.

Il résulte de l'examen de l'*Annexe n° 2*, extraite des états d'entrée et de sortie des marchandises, dressés par les soins de l'administration des douanes, que le mouvement général de la sortie des houilles, par les bureaux de Heer et de Bruly, s'est élevé moyennement, pendant une période de cinq ans, à 57,554 tonneaux environ. Cependant, comme le mouvement est ascensionnel, on peut hardiment compter sur le *maximum* de la sortie qui a été de 66,000 tonneaux en 1837; le transport en serait donc évidemment assuré au rail-way, à l'exception, toutefois, des 2,000 tonneaux consommés à Givet; ce qui réduirait le total à 64,000 tonneaux. Si l'on ajoute à ce total les houilles sortant par le bureau de Bruly et dont le transport s'élève à 1,164 tonneaux moyennement, le total sera porté à 65,164 tonneaux; et comme la distance à parcourir de Marchienne à la frontière, vers Charleville, est de 14,80 lieues, et que ces marchandises, qui sont rangées dans la première classe, pourront toujours être réunies par convois complets et jouiront, par conséquent, d'une réduction de 20 p. °/o sur le prix du tarif qui, étant de fr. 0-45, sera ainsi réduit à fr. 0-36 par lieue. Les 65,164 tonneaux multipliés par 14,80 lieues et par fr. 0-36, donneront un produit de . . fr. 347,195-79

La consommation de houille des usines à ouvrer le fer du Hainaut comprend celle des établissements indiqués à l'*Annexe n° 14*, d'après les renseignements officiels des ingénieurs des mines et désignés par les n° 3, 4, 5 et 6 des platineries et 5 des martinets; elle se borne au transport d'environ 300 tonneaux de houille parcourant une distance moyenne de 4 lieues, à raison de fr. 0-45 540-00

La consommation des machines à vapeur de la même province (*Annexe n° 17*) ne concerne que l'ardoisière de Baileux; elle est de 972 tonneaux parcourant, jusqu'à Baileux, une distance de 13 lieues, à fr. 0-45 5,686-20

Les machines à vapeur de la province de Namur (*Annexe n° 17*), consomment les quantités de houille ci-après désignées, et employées aux usines ci-dessous indiquées, savoir :

Sous le n° 2, usines de Couvin (société Ch. Morel) 1,904 tonneaux parcourant 10,40 lieues, à fr. 0-45 8,910-72

A reporter. . . . fr. 362,330-71

Report. . . . . fr. 362,330-71

Sous le n° 3, ardoisière de Cul-des-Sarts 1,296 tonneaux, parcourant une distance de 14,40 lieues. à fr. 0-45 8,398-08

Sous le n° 4, minière de Jamiolle, 648 tonneaux parcourant, de Marchienne à Froidmont, 6,20 lieues, à fr. 0-45. 1,807-92

Sous le n° 5, fourneau de Laneffe, 1,386 tonneaux parcourant, de Marchienne à Laneffe, 4,80 lieues, à fr. 0-45. 2,993-76

Sous les n° 6 et 7, machines d'épuisement de Morialmé, 2,462 tonneaux parcourant, de Marchienne à Morialmé, 7 lieues, à fr. 0-45 7,755-30

Sous les n° 8 et 9, machines d'épuisement du bois des minières, 1,425 tonneaux parcourant, de Marchienne à Fraire, 6,20 lieues, à fr. 0-45 3,975-75

Sous les n° 10, 16, 17 et 18, machines d'Yves, Fairoul et Croix-de-Fer, 971 tonneaux parcourant, de Marchienne à Yves, 5,60 lieues, à fr. 0-45 2,446-92

Sous les n° 19, 20 et 21, machines d'Olloy, Petigny et Frasnes, 752 tonneaux parcourant 9,80 lieues, à fr. 0-45. 3,316-32

Si les hauts-fourneaux de Thy-le-Château sont remis à feu, les deux machines soufflantes pourront consommer 6,500 tonneaux de houille qui parcourront 3,80 lieues, à fr. 0-45 11,115-00

Les hauts-fourneaux de la province de Namur, compris à *l'annexe n°* 28, sous les n° 34, 27 et 22, consomment les quantités de houille ci-après, savoir :

Sous le n° 34, haut-fourneau de Laneffe, 5,400 tonneaux parcourant 4,80 lieues, à fr. 0-45 11,664-00

Sous le n° 27, haut-fourneau de Fairoul, 2,880 tonneaux parcourant 5,20 lieues, à fr. 0-45 6,739-20

Sous le n° 22, haut-fourneau de Froidmont, 2,850 tonneaux parcourant 6,20 lieues, à fr. 0-45 7,951-50

Si les deux hauts-fourneaux de Thy-le-Château sont remis à feu, ils consommeront 21,600 tonneaux de houille parcourant 3,80 lieues, à fr. 0-45. 36,936-00

Les forges de Couvin consomment 1,232 tonneaux parcourant 10,40 lieues, à fr. 0-45 5,765-76

Les fours à chaux de Couvin, Cour-sur-Heure, Philippeville et Cerfontaine consomment, en outre, une grande quantité de combustible qu'il a été impossible de connaître, mais que l'on peut hardiment évaluer à 2,000 tonneaux, parcourant une distance réduite de 7 lieues, à fr. 0-45 6,300-00

Les fabriques de tuiles des environs de Walcourt peuvent consommer 1,000 tonneaux parcourant 4,20 lieues, à fr. 0-45 . . 1,890-00

Il résulte des renseignements recueillis dans la statistique comparée des octrois communaux de Belgique, pendant les années 1828-1829 et 1835-1836, pages 114 et 115, que la consommation

A reporter. . . . fr. 481,386-22

Report 481,586-22

moyenne annuelle de houille, à Philippeville, s'est élevée à 510 tonneaux, pour une population de 1,100 âmes; ce qui revient, par personne et par an, à 463 kilog.; nous admettrons que cette consommation s'élèvera au même taux dans toutes les communes de l'Entre-Sambre-et-Meuse, susceptibles de s'approvisionner de houille par le railway projeté, et dont la population, énumérée dans l'état ci-joint (*Annexe n°* 25), se trouve agglomérée dans une zone d'une lieue de largeur environ, de part et d'autre du chemin de fer. Or, il résulte de l'examen du dit tableau, que cette population s'élève à 49,000 âmes environ, laquelle, à raison de 463 kilog., consommera une quantité de 22,687 tonneaux, dont 17,015 tonneaux parcourront une distance moyenne de 7,40 lieues sur le tronc principal, à raison de fr. 0-45 . . 56,659-95

Les 5,672 tonneaux en destination pour les embranchements, parcourront, savoir :

2,579 tonneaux,	5,40 lieues,	à fr. 0-45.		. .	5,780-97
2,058	id.	6,00	id.	id. . . .	5,502-60
et 1,255	id.	4,00	id.	id. . . .	2,259-00

Total. . . . . fr. 551,588-74

2° Minerai de fer. Il ressort de l'examen de l'*Annexe n°* 10, extraite des états de consommation des hauts-fourneaux au coak de la Sambre, dressés par les soins de MM. les ingénieurs des mines du Hainaut, que la consommation moyenne annuelle en minerai des hauts-fourneaux précités, s'est élevée, pendant une période de 7 ans, déduction faite de ce qui a été employé aux fourneaux de la Sambre et d'Acoz, à 103,966 tonneaux; le tiers de cette quantité, ou 34,655 tonneaux environ, provient des minières de fer tendre des environs de Gerpinnes, Cour-sur-Heure, Thuillies et des bords de la Sambre, et les $\frac{2}{3}$ restants, ou 69,311 tonneaux, sont extraits de celles de fer fort de Fraire, Morialmé, Florennes, Yves et Jamiolle.

Cette dernière quantité prendra tout entière la voie du chemin de fer; son parcours sera moyennement de 6,20 lieues, en supposant que le point de départ soit l'extrémité du bois des Minières, et celui d'arrivée Marchienne-au-Pont;

A reporter . . . . fr. 551,588-74

Report . . . . fr. 551,588-74

son produit sera de 69,311 tonneaux × 6,20 lieues × fr. 0-405 = ... 174,039-92

Le transport des minerais de fer tendre, que l'on suppose devoir parcourir le rail-way, peut être évalué, sans exagération, à 20,000 tonneaux, ou à la moitié environ de la quantité totale employée aux hauts-fourneaux de la Sambre et d'Acoz; ces 20,000 tonneaux parcourront 3,40 lieues sur le rail-way, en supposant le point de chargement à Cour-sur-Heure et celui d'arrivée à Marchienne, à fr. 0-405 par tonneau et par lieue. 27,540-00

Si les hauts-fourneaux de Thy-le-Château sont remis à feu, ils pourront consommer 16,000 tonneaux de minerai de fer fort de Fraire et de Morialmé, parcourant 3,20 lieues à fr. 0-405. . 20,736-00

Le haut-fourneau de Solre-St-Géry consomme annuellement (*voir Annexe n°* 11) 2,180 tonneaux de minerai, dont les $\frac{2}{3}$, ou 1,454 tonneaux, provenant de Fraire et Morialmé, parcourront, sur le rail-way 2,80 lieues, à fr. 0-405. 1,648-84

Le haut-fourneau de Fairoul consomme annuellement environ 3,000 tonneaux de minerai dont 2,000 environ de fer fort, provenant de Fraire et Morialmé ou Florennes, parcourront sur le rail-way 1 lieue, à fr. 0-405 810-00

et 1,000 tonneaux de fer tendre, provenant des environs de Cour-sur-Heure, parcourront sur le rail-way 2 lieues, à fr. 0-405 810-00

Le haut-fourneau du Rossignol consomme annuellement 2,400 tonneaux de minerai, dont 1,600 tonneaux, provenant de Fraire et Morialmé, parcourront 1,20 lieue à fr. 0-405 777-60

et 800 tonneaux provenant de Cour-sur-Heure, parcourront 1,60 lieue, à fr. 0-405 518-40

Le haut-fourneau d'Yves consomme annuellement 3,000 tonneaux de minerai, dont $\frac{1}{3}$ provenant de Fraire et Morialmé, ou 1,000 tonneaux parcourant 1,40 lieue, à fr. 0-405 567-00

et 2,000 tonneaux provenant d'Yves, Jamiolle et Daussois, parcourant 0,80 lieue, à fr. 0-405. . 648-00

Le haut-fourneau de St-Lambert consomme annuellement 3,000 tonneaux de minerai, dont $\frac{7}{10}$, ou 2,100 tonneaux, provenant de Fraire, parcourront 2.80 lieues, à fr. 0-405 1,530-90

A reporter . . . . fr. 229,626-66 551,588-74

Report . . . . . fr.	229,626-66	551,588-74
$\frac{1}{10}$, ou 300 tonneaux, provenant de Morialmé, parcourront 2,60 lieues, à fr. 0-405	315-90	
et $\frac{2}{10}$, ou 600 tonneaux, provenant d'Yves, parcourront 0,50 lieue, à fr. 0-405	121-50	
Le haut-fourneau de Froidmont consomme annuellement environ 3,000 tonneaux de minerai, dont $\frac{2}{3}$ seulement, ou 2,000 tonneaux, provenant de Fraire et Morialmé, parcourant en moyenne 2,20 lieues, à fr. 0-405	1,782-00	
Les deux hauts-fourneaux de Falemprise consomment annuellement 6,000 tonneaux de minerai, dont $\frac{1}{3}$, ou 2,000 tonneaux, provenant de Fraire et Morialmé, parcourront en moyenne, sur le rail-way, 3,80 lieues, à fr. 0-405	3,078-00	
Les 2,000 tonneaux qui proviendront des environs de Daussois, ne parcourront pas le rail-way.	*Pour mém.*	
2,000 tonneaux provenant des environs de Berzée et Cour-sur-Heure, parcourront sur le rail-way 2,60 environ, à fr. 0-405.	2,106-00	
Le haut-fourneau de Roly consomme annuellement 2,100 tonneaux de minerai, dont $\frac{1}{3}$, ou 700 tonneaux, provenant de Fraire, parcourront en moyenne 6,20 lieues sur le rail-way, à fr. 0-405.	1,757-70	
700 tonneaux proviendront des environs de Nismes et Petigny et parcourront 1,40 lieues, à fr. 0-405.	396-90	
Le reste sera pris dans les minières des environs, et ne parcourra pas le rail-way	*Pour mém.*	
Le haut-fourneau de Nismes consomme annuellement 2,100 tonneaux de minerai, dont 270 tonneaux, provenant d'Yves, parcourront sur le rail-way 7,60 lieues, à fr. 0-405.	831-06	
270 tonneaux, provenant de Fraire, parcourront 7,60 lieues, à fr. 0-405	831-06	
Le reste provient de Nismes et ne suivra pas le rail-way	*Pour mém.*	
Le haut-fourneau de Boussu-en-Fagne, placé dans les mêmes conditions que le précédent, produira également un revenu de	1,662-12	
Les hauts-fourneaux de Couvin consomment 11,520 tonneaux de minerai, dont $\frac{1}{8}$ ou 1,440 tonneaux, provenant de Morialmé, parcourront 9 lieues, à fr. 0-405	5,248-80	
$\frac{1}{8}$ de Florennes, ou 1,440 tonneaux parcourront 9 lieues, à fr. 0-405	5,248-80	
$\frac{2}{8}$ de Fraire ou 2,880 tonneaux parcourront		
A reporter . . . . fr.	253,006-50	551,588-74

Report . . . . . . fr.	253,006-50	551,588-74
8,20 lieues, à fr. 0-405	9,564-48	
$\frac{2}{8}$ d'Yves et Jamiolle, ou 2,880 tonneaux parcourront 8,20 lieues, à fr. 0-405	9,564-48	
$\frac{2}{8}$ de Couvin, Petigny et Nismes	*Pour mém.*	
Le haut-fourneau de la Platinerie, à Couvin, consomme 2,160 tonneaux de minerai, dont $\frac{2}{8}$ ou 540 tonneaux, provenant de Fraire, parcourront sur le rail-way 8,20 lieues, à fr. 0-405. . . .	1,793-34	
$\frac{1}{8}$ ou 270 tonneaux, provenant d'Yves et Jamiolle, parcourront 8,20 lieues, à fr. 0-405	896-67	
Le reste provient de Nismes, Petigny et Couvin.	*Pour mém.*	
Le haut-fourneau, au bois, de Couillet consomme 3,437 tonneaux de minerai, dont les $\frac{2}{3}$ ou 2,292 tonneaux, provenant de Fraire et Morialmé, parcourront sur le rail-way 6,20 lieues, à fr. 0-405.	5,755-21	
$\frac{1}{3}$ ou 1,145 tonneaux de minerai des environs de Cour-sur-Heure suivront le rail-way sur un parcours de 3,40 lieues, à fr. 0-405.	1,576-67	
Les hauts-fourneaux en aval de Namur, sur le territoire des provinces de Namur et de Liége, consomment moyennement, par an, 4,771 tonneaux de minerai de fer de Morialmé, de Florennes et de Fraire (*Annexe n° 24*), qui prendront la direction de Marchienne-au-Pont, après la construction du rail-way, sur lequel ils parcourront 6,20 lieues, à fr. 0-405	11,979-98	
Total. . . . . . . fr.		294,137-33

3° Castine. La castine nécessaire aux fourneaux de la Sambre provient ordinairement des carrières de Landelies; elle ne parcourra donc point le rail-way, puisque le fret sur la Sambre est inférieur à celui du chemin de fer projeté, et que, de plus, les carrières sont plus rapprochées des usines à fer que celles que l'on rencontre le long de l'Heure; mais celle destinée aux fourneaux de Falemprise s'extrayant des carrières aux bords de ce dernier cours d'eau, il y a lieu de croire qu'elle sera conduite à destination par le rail-way, et qu'elle donnera lieu au mouvement suivant :

Les deux fourneaux de Falemprise consomment annuellement 640 tonneaux de castine; on l'extrait aux environs de Cerfontaine, à $\frac{1}{2}$ lieue de distance, ce qui, à fr. 0-45, produira. . . .	144-00	
La castine nécessaire au fourneau de Roly		
A reporter . . . . fr.	144-00	845,726-07

Report . . . . . . fr.	144-00	845,726-07
pourra être extraite dans les environs de Neuville; la consommation en est de 233 tonneaux, parcourant sur le rail-way 1,50 lieue, à fr. 0-45. .	157-28	
Les hauts-fourneaux de Boussu-en-Fagne, de Nismes et de Couvin, se trouvant plus rapprochés des carrières de calcaire, le transport de ce fondant n'aura pas lieu sur le rail-way projeté . .	*Pour mém.*	
Total. . . . . . fr.		301-28

4° Charbon de bois.

Le haut-fourneau de la Providence, à Couillet, se trouvant, en quelque sorte, adossé à la forêt de Loverval, l'on présume que le charbon de bois qu'il consomme, sera pris dans cette localité, et ne donnera lieu, par conséquent, à aucun mouvement sur le rail-way	*Pour mém.*	
Celui du Rossignol consomme environ 1,120 tonneaux de charbon fabriqué dans les forêts environnantes qui ne donneront lieu qu'à un parcours de 4 lieues, à fr. 0-45	2,016-00	
Celui d'Yves, environ 1,344 tonneaux, qui seront extraits des forêts environnantes, à 4 lieues, au plus, à fr. 0-45	2,419-20	
Celui de St-Lambert consomme 1,200 tonneaux environ, qui seront pris, également, à 4 lieues environ, à fr. 0-45	2,160-00	
Ceux de Falemprise consomment environ 2,688 tonneaux, parcourant 2 lieues, à fr. 0-45 .	2,419-20	
Celui de Roly consomme environ 980 tonneaux, parcourant 2 lieues, à fr. 0-45	882-00	
Les fourneaux de Boussu-en-Fagne et de Nismes, se trouvant plus rapprochés des forêts que du railway, ne donneront lieu à aucun transport de charbon	*Pour mém.*	
L'affinerie de Zone consomme annuellement 340 tonneaux de charbon, que nous supposerons provenir des bois environnants, et parcourir ainsi environ 5 lieues sur le rail-way, à fr. 0-45 . .	612-00	
L'affinerie de Montigny-le-Tilleul, qui se trouve dans les mêmes conditions, donnera les mêmes produits.	612-00	
Les affineries de MM. Lotin et De Paul, à Ham-sur-Heure, consomment annuellement environ 600 tonneaux de charbon, que l'on supposera parcourir 4 lieues, à fr. 0-45	1,080-00	
A reporter . . . . fr.	12,200-40	846,027-35

Report . . . . . fr.	12,200-40	846,027-35
Les hauts-fourneaux de Couvin consomment 7,392 tonneaux de charbon, qui donnent lieu à un parcours de 2 lieues, à fr. 0-45.	6,652-80	
La consommation des 7 affineries qui se trouvent dans la province de Namur, sur le territoire des communes de Berzée, Chastrès, Vogenée, Silenrieux, Walcourt et Yves, peut être évaluée, moyennement, à 350 tonneaux, en l'estimant d'après la consommation moyenne de celle du Hainaut; elle donnerait donc un total de 2,450 tonneaux, que l'on supposera parcourir 3 lieues, à fr. 0-45	3,307-50	
La consommation des 5 affineries de Couvin est estimée à 1,750 tonneaux, parcourant 3 lieues, à fr. 0-45	2,362-50	
On croit pouvoir porter, pour l'usage des boulangeries, tuileries et fours à chaux, et pour la consommation domestique, une quantité de 2,000 tonneaux, parcourant sur le rail-way 2 lieues, à fr. 0-45.	1,800-00	
Les 3 forges de Baileux consomment 812 tonneaux, parcourant 2 lieues, à fr. 0-45 . . .	730-80	
(¹) Total. . . . . . fr.		27,054-00
5° Fontes et fer ouvré, — Les fontes et fers, exportés par les bureaux de Bruly, Couvin et Seloignes, s'élèvent annuellement à 144 tonneaux (*Annexe n° 9*); ils prendront la direction de Charleville, et parcourront 4,40 lieues, à fr. 0-45	285-12	
Les usines de l'Eau-Noire emploient 713 tonneaux de fonte, parcourant de Couvin vers Baileux 2,60 lieues, à fr. 0-45	834-21	
Le fer produit par les usines et affineries de l'Eau-Noire, s'élève à 495 tonneaux environ; il se consomme en Belgique; l'on suppose qu'il sera employé dans l'Entre-Sambre-et-Meuse, et qu'il		
A reporter . . . . fr.	1,119-33	873,081-35

(¹) Dans la plupart des usines, et notamment dans celles d'Yves, de St-Lambert et de Falemprise, l'on emploie, en remplacement du charbon, du bois torréfié mélangé avec ce charbon, dans la proportion de 3.50 de bois, pour 1.50 de charbon; le poids du premier étant double de celui du second, il y aurait lieu de supposer que le transport dépasserait de $\frac{1}{7}$ celui ci-dessus indiqué.

Report . . . . . fr.	1,119-33	873,081-35
donnera lieu à un parcours moyen de 6,60 lieues sur le rail-way projeté, à fr. 0-45	1,470-15	
La fonte employée aux cinq usines de Couvin, s'élève à 1,215 tonneaux; elle ne donne lieu à aucun transport, les forges se trouvant à proximité des hauts-fourneaux; mais son produit en fer ouvré, qui est d'environ 860 tonneaux, sera employé à l'intérieur, et donnera lieu à un parcours de 10,40 lieues sur le rail-way, à fr. 0-45.	4,024-80	
La forge de Feronval consomme annuellement environ 330 tonneaux de fonte, que l'on suppose provenir de Falemprise, et qui parcourront ainsi, sur le rail-way, une distance de 0,60 lieues, à fr. 0-45	89-10	
Ces 330 tonneaux de fonte, produiront 234 tonneaux de fer ouvré, que l'on estime devoir être consommés en Belgique, et que l'on suppose pouvoir être transportés sur le rail-way, à la distance de 5,40 lieues environ, à fr. 0-45	568-62	
La forge de Battefer consomme également environ 330 tonneaux de fonte, supposée provenir de Falemprise, et parcourant ainsi sur le rail-way 1,20 lieue, à fr. 0-45	178-20	
Le fer ouvré produit, qui sera également de 234 tonneaux, ne devra parcourir sur le rail-way que 4,80 lieues, à fr. 0-45	505-44	
La forge du Jardinet consomme également environ 330 tonneaux de fonte, que l'on suppose provenir de Falemprise, et qui parcourront sur le rail-way environ 2 lieues, à fr. 0-45. . . .	297-00	
Le fer ouvré produit, qui sera d'environ 234 tonneaux, parcourra sur le rail-way 4 lieues environ, à fr. 0-45.	421-20	
Celle de Berzée consomme également environ 330 tonneaux de fonte, provenant d'Yves, et parcourant sur le rail-way 2,20 lieues, à fr. 0-45.	326-70	
Elle produit 234 tonneaux de fer ouvré, qui parcourront sur le rail-way 3,40 lieues, à fr. 0-45	358-02	
Les forges d'Yves emploient environ 330 tonneaux de fonte qui, provenant du haut-fourneau de cette localité, ne donneront lieu à aucun transport sur le rail-way; mais les 234 tonneaux de fer ouvré qui en proviennent, parcourront vraisemblablement, sur le chemin de fer, une distance réduite de 3 lieues, à fr. 0,45	315-90	
A reporter . . . . fr.	9,674-46	873,081-35

Report . . . . fr.	9,674-46	873,081-35
L'affinerie de Bossu-lez-Walcourt emploie 300 tonneaux de fonte, et produit 211 tonneaux de fer ouvré (*voir Annexe n°* 13).		
Les 300 tonneaux de fonte, qui proviendront de Falemprise, parcourront sur le rail-way 1 lieue, à fr. 0-45	135-00	
Les 211 tonneaux de fer ouvré parcourront, en moyenne, 2 lieues, à fr. 0-45	189-90	
Les 2 affineries de Ham-sur-Heure emploient 500 tonneaux de fonte provenant de St-Lambert (*Annexe n°* 13); ils parcourront sur le chemin de fer 4 lieues, à fr. 0-45.	900-00	
Le fer fabriqué est de 351 tonn., qui parcourront sur le rail-way environ 2,40 lieues, à fr. 0-45.	379-08	
La platinerie de Jamioulx et l'affinerie de Montigny-le-Tilleul (*Annexes n°* 13 et 14), consomment 340 tonneaux de fonte ou de fer brut, et produisent 245 tonneaux de fer ouvré.		
La fonte et le fer proviendront probablement de Fairoul; les 340 tonneaux parcourront 4,20 lieues, à fr. 0-45	642-60	
Le fer ouvré sera, vraisemblablement, dirigé vers Charleroy; et les 245 tonneaux parcourront ainsi 1,20 lieue, à fr. 0-45	132-30	
L'affinerie de Zone consomme, annuellement, environ 290 tonneaux de fonte, provenant de la Providence, et ne donnant lieu à aucun transport sur le rail-way. Le fer fabriqué est de 200 tonneaux qui parcourront sur le rail-way 0,40 lieue, à fr. 0-45	36-00	
La fonte et le fer fabriqué à Marchienne-au-Pont ne donneront probablement lieu à aucun transport sur le rail-way	*Pour mém.*	
L'on a pu reconnaître, par ce qui précède, que la production en fonte des hauts-fourneaux de la société de Couvin, et celle de la platinerie de Couvin, s'élèvent à 4,560 tonneaux; sur cette quantité, 144 tonneaux sont exportés vers la France, 1,215 tonneaux sont employés aux fabriques et usines à Couvin, et 713 aux forges de l'Eau-Noire. Le reste, ou 2,488 tonneaux, doit être supposé employé à l'intérieur du pays, et parcourir sur le rail-way une distance de 10,40 lieues, à fr. 0-45.	11,643-84	
La fonte produite à Nismes, étant vraisembla-		
A reporter . . . . . fr.	23,733-18	873,081-35

Report . . . . . fr. 23,753-18 873,081-35

blement employée dans les usines des environs et à celles vers Chimay, l'on ne suppose point qu'elle parcourra le rail-way. Il en est de même de celle du fourneau de Boussu-en-Fagne . . . *Pour mém.*

La fonte provenant de Roly s'élève à 700 tonneaux; l'on suppose que la moitié en sera employée dans les usines aux environs, et que le reste, ou 350 tonneaux, parcourra, sur le rail-way, une distance de 8,40 lieues, à 0-45 1,323-00

Sur les 1,920 tonneaux de fonte fabriquée à Falemprise, l'on a vu plus haut, que les forges de Feronval et de Battefer en consomment 660 tonneaux; le reste, ou 1,260 tonneaux, sera consommé à l'intérieur de la Belgique, et donnera lieu à un transport de 6 lieues environ, sur le railway, à fr. 0-45. 3,402-00

Les 1,000 tonneaux de fonte de St-Lambert, sont employés aux forges de Ham-sur-Heure, à l'exception de 500 tonneaux que l'on suppose en destination pour Marchienne-au-Pont, et parcourant ainsi 5,80 lieues, à fr. 0-45 1,305-00

La fonte d'Yves s'emploie, comme nous l'avons vu plus haut, aux forges d'Yves et du Jardinet, et le produit en a été porté plus haut.

Les 950 tonneaux de fonte au coak, fabriqués à Froidmont, sont supposés devoir être employés, une moitié environ, aux forges avoisinantes et, l'autre moitié, vers la Sambre; on ne comptera donc que 500 tonneaux parcourant sur le railway 6,20 lieues, à fr. 0-45 1,395-00

Sur les 960 tonneaux de fonte produite à Fairoul, l'on compte que 340 tonneaux sont employés comme il a été dit ci-dessus, aux forges de Montigny-le-Tilleul; le reste, ou 620 tonneaux, donnera probablement lieu à un parcours de 5,20 lieues, sur le rail-way, à fr. 0-45. . . . 1,450-80

Sur les 800 tonneaux provenant du Rossignol, on estime que 400 tonneaux seront employés dans les environs, et que le reste, ou 400 tonneaux seulement, donnera lieu à un parcours de 5 lieues, à fr. 0-45 900-00

Si les 3 hauts-fourneaux de Thy-le-Château sont remis à feu, ils produiront 8,000 tonneaux de

A reporter . . . . fr. 33,508-98 873,081-35

Report . . . . . fr.	33,508-98	873,081-35
fonte, parcourant jusqu'à Marchienne 3,80 lieues, à fr. 0-45	13,680-00	
Laneffe produit 2,450 tonneaux parcourant 4,80 lieues, à fr. 0-45.	5,292-00	
Total. . . . . . fr.		52,480-98

6° Bois. Il résulte de la lecture de l'*Annexe n°* 18, que la valeur de la consommation des bois de soutènement dans les houillères du bassin de Charleroy, s'est élevée, en 1842, à fr. 921,056; nous avons vu, plus haut, que la plus grande partie de ces bois provient des forêts de Soignes et de Morlagne, et que le reste s'exploite dans celles situées le long de la Sambre et de l'Heure, ou dans celles longeant les routes de Charleroy à Philippeville et à Beaumont; il ressort des adjudications publiques qui ont eu lieu, pour la fourniture de ces bois, à diverses houillères appartenant à la Société générale pour favoriser l'industrie nationale, à Bruxelles, que les baliveaux qui lui sont nécessaires, cubant chacun environ $0^{m},23$, ont été soumissionnés au prix de fr. 14-13 environ, par mètre cube (*Annexe n°* 22), et que la valeur du tas de perches cubant environ 1 mètre et pesant moyennement 900 kilog., s'est élevée à fr. 16-33 environ. Or, il résulte également de la lecture de l'état mensuel ci-joint du prix de revient de la houille dans les six principales houillères de la société précitée (*Annexe n°* 21), que la consommation de perches et bois divers, entre pour moitié environ dans la valeur de la totalité des bois employés, et celle des baliveaux pour l'autre moitié : la somme de $\frac{921056}{2}$ ou fr. 460,528, divisée par le prix de fr. 14-13 des baliveaux (*Annexe n°* 22), représentera donc un cube de bois de 32,592 mèt., et un poids de 29,333 tonneaux, et la même somme de fr. 460,528 divisée par fr. 16-33, valeur du bois pour perches (*Annexe n°* 23), représentera un cube de 28,201 mètres, et, par conséquent, un poids de 25,381 tonneaux, en évaluant le poids du mètre cube à 900 kilog., et la totalité du poids des bois employés s'élèvera à 54,714 tonneaux. Il serait impossible d'évaluer

A reporter . . . . fr. 925,562-33

Report . . . . fr.		925,562-33
d'une manière exacte, quelle sera, dans cette énorme consommation de bois, la partie qui proviendra des forêts longeant le rail-way de l'Entre-Sambre-et-Meuse; mais il est positif que la plupart d'entre elles sont inexploitées aujourd'hui, par suite de la difficulté que présentent les voies de communications actuelles, et que la valeur du bois y est, par conséquent, à vil prix. Ces forêts seront donc bientôt appelées à fournir leur contingent, en remplacement de celles des environs de Fosse et de Charleroy, qui sont à peu près épuisées maintenant, et où la valeur vénale tend à s'augmenter considérablement; et de celle de Soignes où l'exploitation va se trouver notablement restreinte par suite de sa remise à l'administration des domaines.		
L'on croit donc pouvoir supposer qu'une très grande partie des bois nécessaires aux houillères, sera extraite des forêts de l'Entre-Sambre-et-Meuse, depuis Jamioulx jusque vers Couvin, et qu'ainsi, 30,000 tonneaux de bois parcourront sur le rail-way une distance réduite d'environ 6,40 lieues, à fr. 0-50.	96,000-00	
Il résulte des renseignements recueillis à Couvin, que, déjà aujourd'hui, plus de 300,000 grosses perches sont exploitées dans la forêt de la Thiérache et transportées, par la route de Chimay, aux houillères du Borinage (la consommation moyenne annuelle en bois de ces houillères est de plus de 150,000 tonneaux, *voir Annexe* n° 20), et l'on a démontré plus haut que le transport en serait assuré au rail-way ; or, ces 300,000 perches pèseront environ 5,400 tonneaux, qui parcourront sur le rail-way 13 lieues, à fr. 0-50 . . .	35,100-00	
Les bois sciés expédiés de Couvin à Charleroy, s'élèvent annuellement à 1,000^{m3}, pesant environ 1,000 tonneaux; ils donneront lieu à un parcours de 10,40 lieues, à fr. 0-50	5,200-00	
Ceux expédiés de Chimay vers Charleroy, pèsent environ 2,000 tonneaux; une moitié au moins, ou 1,000 tonneaux, prendra le rail-way vers Nimelette, et parcourra 13 lieues, à fr. 0-50.	6,500-00	
Les 1,000 tonneaux restants prendront la route vers Cerfontaine, et parcourront 6,60 lieues, à fr. 0-50	3,300-00	
A reporter . . . . fr.	146,100-00	925,562-33

Report . . . . fr.	146,100-00	925,562-33
On estime que l'exportation sera de 1,000 tonneaux parcourant 3 lieues, à fr. 0-50. . . .	1,500-00	
Total. . . . . . fr.		147,600-00

7° Écorces. Il s'expédie annuellement, de Couvin à Charleroy, 1,500 tonneaux d'écorces qui parcourront sur le rail-way 10,40 lieues, à fr. 0-50. . . . 7,800-00

On peut supposer hardiment, qu'une quantité semblable, ou 1,500 tonneaux, sera transportée de Chimay vers Charleroy, par le rail-way; une moitié, ou 750 tonneaux, prendra le rail-way vers Nimelette, et parcourra 13 lieues, à fr. 0-50. . 4,875-00

L'autre moitié, ou 750 tonneaux, viendra à Cerfontaine, et parcourra 6,60 lieues, à fr. 0-50. 2,475-00

Total. . . . . . fr. 15,150-00

8° Pierres et marbres. Il a été impossible de se procurer des renseignements exacts sur la statistique des carrières de la province de Namur, où l'on rencontre cependant, le long du tracé du rail-way projeté, des carrières de marbre de toute espèce, et notamment à Pry, Ragnée, Vogenée, Bossu-lez-Walcourt, Froid-Chapelle, Villers-deux-Églises, Boussu-en-Fagne et Dailly; plusieurs belles carrières de pierre de taille, de grès ou de pierres à chaux, se trouvent aussi à Berzée, Thy-le-Château, Chastrés, Fontenelle, Yves, Cerfontaine, Senzeille, Neuville, Sautour, Frasnes, Nismes, Couvin, Pesche, Gonrieux, et Baileux; on croit pouvoir estimer la production de ces diverses carrières à 30,000 tonneaux au moins, en la comparant, par analogie, à celle du 2e district des mines du Hainaut qui s'est élevée, en 1842, à 35,000 tonneaux environ (*Annexe n° 16*).

De ces 65,000 tonneaux, formant la production totale des carrières longeant le rail-way, dans les provinces de Namur et de Hainaut, on peut hardiment supposer que 10,000 tonneaux seront employés à l'intérieur du pays, et donneront lieu à un parcours moyen de 7,40 lieues, sur le rail-way, à fr. 0-45 33,300-00

Les marbres exportés en France peuvent être évalués à 1,500 tonneaux parcourant 7,40 lieues, à fr. 0-45 4,995-00

Total . . . . . . fr.		38,295-00
A reporter. . . . . fr.		1,126,607-33

Report . . . . fr. 1,126,607-33

9° Ardoises. Il résulte des renseignements recueillis sur les lieux, et du rapport de la commission des matériaux indigènes, page 17, que la production annuelle de l'ardoisière d'Oignie est d'environ 1,500,000 pièces, pesant 312 kilog. par mille, et par conséquent en tout 468 tonneaux ; le transport en serait assuré au chemin de fer, surtout, si l'on exécutait une route de Couvin, par Oignie, vers Fumay ; il donnerait lieu, sur le rail-way, à un parcours d'environ 10,40 lieues, à fr. 0-50 . 2,433-60

L'ardoisière de Cul-des-Sarts exploite actuellement 972 tonneaux d'ardoises, qui sont employées à l'intérieur de l'Entre-Sambre-et-Meuse, et ne donnent lieu qu'à un parcours de 7,40 lieues, à fr. 0-50 3,596-40

Mais, comme elle est susceptible de doubler sa production, on estime qu'elle donnera un transport de 1,000 tonneaux de plus, parcourant aussi 7,40 lieues, à fr. 0-50. 3,700-00

L'ardoisière d'Oignie pourra également augmenter sa production de 1,000 tonneaux, parcourant 10,40 lieues, à fr. 0-50 5,200-00

Le transport des ardoises de Fumay, en transit, par la Belgique, vers la France, s'élève moyennement à 3,885 tonneaux ; et comme ce commerce de transit serait en quelque sorte assuré, par l'exécution du rail-way, aux ardoisières de Rimogne, on estime que 2,000 tonneaux qui proviendront de ces ardoisières, parcourront sur le rail-way 14,80 lieues, à fr. 0-50. 14,800-00

Total . . . . fr. 29,730-00

10° Tuiles et pannes. Il ressort des renseignements recueillis chez le principal négociant en pannes, tuiles, carreaux, etc., des environs de Charleroy, que le transport des pannes, dites *du canal,* vers la partie de l'Entre-Sambre-et-Meuse, susceptible d'être desservie par le rail-way, peut s'élever annuellement à 1,000 tonneaux, parcourant une distance de 5 lieues, à fr. 0-50 2,500-00

On ne croit pas exagérer, en supposant que les tuileries des environs de Walcourt, et les poteries des environs de Bourlers, donneront lieu à un parcours de 500 tonn., à 4 lieues, à fr. 0-50. 1,000-00

Total . . . . . . fr. 3,500-00

A reporter . . . . fr. 1,159,837-33

	Report . . . . fr.		1,159,837-33
11° Grains.	L'on croit faire preuve de beaucoup de modération, en estimant seulement à 2,000 tonneaux la quantité de grains provenant de l'intérieur du pays, et notamment des environs de Charleroy, qui se consomme dans l'Entre-Sambre-et-Meuse, vers Couvin et Chimay; cette quantité parcourra moyennement, sur le rail-way, 12,60 lieues, à fr. 0-45	11,340-00	
	L'importation de grains, de France en Belgique, est de 741 tonneaux, parcourant environ 7,40 lieues, à fr. 0-45	2,467-53	
	Total. . . . . . fr.		13,807-53
12° Vins et liquides.	L'importation des vins en cercles est de 819 tonneaux, parcourant moyennement 7,40 lieues, à fr. 0-50	3,030-30	
	Celle des vins en bouteilles est de 146 tonneaux, parcourant 7,40 lieues, à fr. 0-60 . . .	648-24	
	L'on estime que le transport des liquides, tels que bières, liqueurs, vinaigres, etc., pourrait s'élever au moins à 2,000 tonneaux, parcourant en moyenne 7,40 lieues, à fr. 0-50.	7,400-00	
	Total. . . . . . fr.		11,078-54
13° Cendres de mer.	Il ressort des renseignements pris chez le négociant précité, que le transport des cendres de mer peut être évalué à 1,400 tonneaux, parcourant la distance de 6 lieues, sur le rail-way, à fr. 0-45	3,780-00	
	Total . . . . . fr		3,780-00
14° Denrées coloniales.	Il conste du tableau général du commerce de la Belgique avec les pays étrangers, pag. 88 et 89, que la totalité des marchandises coloniales mises en consommation dans le royaume, s'est élevée, moyennement, à 103,039 tonneaux, pendant la période quinquennale de 1835 à 1840, pour une population de 4,000,000 d'habitants; or, la population de l'Entre-Sambre-et-Meuse, agglomérée dans une zone d'une lieue de largeur de part et d'autre du rail-way projeté, étant de 50,000 environ, on peut admettre que sa consommation s'élèvera dans la même proportion que celle du reste du pays, et qu'elle atteindra, en conséquence,		
	A reporter . . . . fr.		1,188,503-40

Report	fr.	1,188,505-40
le chiffre proportionnel de 1,288 tonneaux, dont 966 parcourront, sur la branche principale, une distance réduite de 7,40 lieues, à fr. 0-60 . .	4,289-04	
71 tonneaux parcourront sur l'embranchement de Thy-le-Château 4 lieues, à fr. 0-60	170-40	
116 tonneaux parcourront sur l'embranchement de Morialmé 6 lieues, à fr. 0-60	417-60	
135 tonneaux parcourront sur l'embranchement de Froidmont 5,20 lieues, à fr. 0-60	421-20	
Il résulte des renseignements recueillis aux frontières, que le commerce d'infiltration de ces mêmes marchandises en France, s'élève annuellement à 500 tonneaux, qui parcourront sur le rail-way 14,80 lieues, à fr. 0-60	2,664-00	
Total. . . . . . . fr.		7,962-24

15° Voyageurs. Les renseignements recueillis, ont fait connaître que le mouvement des voyageurs de Charleroy vers Beaumont et Chimay; de Charleroy vers Philippeville, Couvin et Rocroy, et de Namur vers Philippeville et Couvin, s'élève moyennement à 60 personnes, transportées à 5,56 lieues, par jour, ou à 8,227 personnes, parcourant par an la distance entière de 14,80 lieues; si l'on admet que ce transport sera quintuplé après l'achèvement du rail-way, le mouvement sera de 41,135 voyageurs environ, parcourant la distance de 14,80 lieues par an, et qui seront répartis de la manière suivante, savoir :

1° En diligences $\frac{8}{81}$ ou 4,063, parcourant 14,80 lieues, à . . . . fr. 0-50	50,066-20	
2° En chars-à-bancs $\frac{26}{81}$ ou 13,204, id., à 0-35	68,596-72	
3° En waggons $\frac{47}{81}$ ou 23,868, id., à 0-25	88,311-60	
Total . . . . fr.		186,774-52

16° Bagages. Si l'on admet, pour le transport des bagages, la moyenne de $3\frac{1}{2}$ kilog. par voyageur et par lieue, constatée, en 1841, au rail-way de l'État (*voir* pag. 61 du Rapport de la commission des tarifs), l'on trouve que le poids total des bagages des 41,135 voyageurs sera de 143,972 kilog. transportés à 14,80 lieues, à fr. 0-25 par 100 kil. — 5,526-96

Total . . . . fr.		5,526-96
A reporter . . . . fr.		1,588,567-12

Report . . . . fr. 1,588,567-12

17° Marchandises de diligence. Il résulte de la lecture du tableau inséré à la page 79 du Rapport de la commission des tarifs, que le transport, avec remise à domicile, des marchandises de diligence, sur les 66 lieues du chemin de fer de l'État, livrées à l'exploitation, pendant l'année comprise entre le 1er août 1840 et le 1er août 1841, s'est élevé à 174,785 colis, sur lesquels il a été perçu la somme de fr. 125,624-26 ;
à 9,047,959 kilog. de marchandises comptées au poids, qui ont rapporté 159,405-28
et à 15,794 groups de finances, qui ont donné un produit de. . . . 18,256-76.

Si donc l'on pouvait supposer que les transports se répartissent dans la même proportion, sur les 19,80 lieues environ du chemin de fer de l'Entre-Sambre-et-Meuse, les quantités transportées et le produit seraient à ceux du rail-way de l'État comme 19,80 : 66, en admettant, pour base de la perception, les prix du tarif du 19 juillet 1840 ; mais cette proportion ne pouvant raisonnablement être adoptée, pour les transports sur la communication nouvelle, qui doit desservir un pays beaucoup moins peuplé, l'on a supposé qu'ils ne s'y élèveraient qu'à la moitié, et qu'ainsi ils seraient à ceux du rail-way de l'État, comme 9,90 : 66, ce qui donnerait le résultat suivant :

			Recette.
Transport des marchandisises par colis,		26,218 colis,	fr. 18,843
Id.	au poids,	1,357,194 kilog.,	23,910
Groups de finances..................		2,369 groups,	2,739

Pour reconnaître le poids moyen de ces 26,218 colis, l'on observera que, puisqu'ils ont donné, en chiffres ronds, une recette de fr. 18,843, le produit de chacun d'entre eux a été de fr. 0-72 environ, et comme la perception a été faite, d'après le tarif du 19 juillet 1840, au prix de fr. 0-20 par 100 kilog. de marchandises transportées à 1 lieue ; si l'on divise 0-72 par 0-20, le quotient 3-60 indique que chaque colis de 100 kilog. a parcouru 3,60 lieues sur le rail-way. Le poids total des colis étant de 2,622, parcourant 3,60 lieues, l'on aura, à raison de fr. 2-50 par tonneau et par lieue, prix du tarif des marchandises de diligence, une recette de . . . . fr. 23,598-00

La quantité connue des marchandises de dili-

A reporter . . . . fr. 23,598-00 1,588,567-12

Report . . . . . fr.	23,598-00	1,588,567-12
gence à transporter au poids, étant, d'après ce qui précède, de 1.357,194 kilog., et son produit, au prix du tarif du 19 juillet 1840, étant, en nombre rond, de fr. 23,910, chaque centaine de kilog. donnera donc un produit de fr. 1-76, sur le parcours des 19,80 lieues du rail-way projeté; divisant cette somme par fr. 0-20, prix du transport de 100 kilog. à 1 lieue d'après le tarif précité, on trouve que la longueur du transport moyen est de 8,80 lieues, soit 9 lieues. En conséquence les 1,357,194 kilog. de marchandises de diligence parcourant 9 lieues sur le rail-way, donneront, au prix de fr. 2-50 par lieue et par tonneau, un produit de	30,532-50	
Il serait impossible de déterminer exactement la valeur et le poids des 2,369 groups de finances; mais on observera que leur produit étant en nombre rond de fr. 2,739, d'après le tarif du 19 juillet 1840, il en résulte que le prix du transport moyen de fr. 1,000, à 1 lieue, peut être évalué à fr. 0-373; si l'on divise la somme de fr. 2,739 par fr. 0-373, on trouve que le montant des fonds à transporter peut être évalué à fr. 7,343,163 à 1 lieue, lesquels, au prix moyen du tarif, fr. 0-50 par fr. 1,000, rapporteront.	3,671-58	
(Cette somme, pouvant être supposée en monnaie d'argent, pour tenir lieu de la différence de la pesanteur spécifique des parties en or et de celles en cuivre, pèserait, à raison de 5 grammes par franc, environ 36,716 kilogrammes.)		
Total . . . . fr.		57,802-08

18° Voitures. Il résulte de la lecture du rapport, publié en 1842, sur l'exploitation des chemins de fer de l'État, pag. XC, que la longueur totale du rail-way exploité, en 1841, s'élevait à 66 lieues; l'on voit aussi, pag. 142 du même rapport, que le transport des voitures particulières s'y est élevé à 2,880, ce qui revient à-peu-près à 44 voitures par lieue et par an; nous supposerons, dans l'absence de tout document capable de nous éclairer relativement au produit présumé du transport des voitures sur le rail-way projeté, qu'il ne s'y élèvera qu'à la moitié de celui du chemin de fer

A reporter . . . . fr.	1,446,369-20

Report . . . . fr.		1,446,369-20
de l'État, et qu'en conséquence le parcours des voitures y sera réduit à 22 par année et par lieue, sur chacune des 14,80 lieues de la branche principale. La totalité des voitures parcourant la distance de Charleroy vers Charleville sera, en conséquence, de 326, dont 268 à 4 roues parcourant 14,80 lieues, à fr. 3.	11,899-20	
et 58 à 2 roues, faisant un trajet de 14,80 lieues, à fr. 2-00	1,716-80	
Total . . . . fr.		13,616-00
19° Chevaux et bétail. Le nombre des chevaux exportés en France, s'élève moyennement à 1,182 têtes par an, aux bureaux de Bruly et Seloignes (*Annexe n° 8*); leur transport s'effectuera nécessairement par le rail-way, puisque les prix du tarif y sont établis de façon à permettre aux marchands de conduire leurs chevaux à un taux égal, sinon inférieur, à celui auquel leur revient ce transport, qui a lieu actuellement par troupes ou caravanes.		
Le plus grand nombre de ces chevaux, qui proviennent de l'Allemagne, est destiné aux remontes de la cavalerie française; on peut l'évaluer, au moins, aux $\frac{2}{3}$ de l'exportation, ou à 800 têtes, qui parcourront, sur le rail-way, la distance entière de Charleroy à la frontière, ou 14,80 lieues, au prix moyen de fr. 0-90	10,656-00	
L'autre partie, ou 400 têtes, comprend généralement les chevaux de trait employés au roulage ou à la remonte de l'artillerie; elle provient en général du pays de l'Entre-Sambre-et-Meuse, et l'on croit pouvoir évaluer son parcours moyen sur le rail-way à 7,40 lieues, à fr. 0-90 . . .	2,664-00	
Le transport des bœufs, vaches, etc., aux mêmes bureaux, s'élève moyennement à 50 têtes par an (*Annexe n° 8*); l'on estime qu'ils proviennent des environs de Charleroy, et qu'ils donneront lieu à un parcours d'environ 14,80 lieues, au prix moyen de fr. 0-70.	518-00	
La moyenne de l'exportation du bétail, tels que veaux, porcs, etc., par les mêmes bureaux, s'élève annuellement à 1,750 têtes environ (*Annexe n° 8*); cette quantité parcourra également sur le rail-way environ 14,80 lieues, à fr. 0-40, prix moyen par tête	10,360-00	
A reporter . . . . fr.	24,198-00	1,459,985-20

Report . . . . . fr.	24,198-00	1,459,985-20
On peut estimer que le mouvement intérieur des foires et marchés aux chevaux de l'Entre-Sambre-et-Meuse, donnera lieu à une circulation annuelle, sur le rail-way, d'environ 300 chevaux, parcourant moyennement 7,40 lieues, à fr. 0-90.	1,998-00	
Le transport des bœufs, etc., aux foires et marchés, peut être évalué, sans exagération, à 200 têtes, parcourant aussi 7,40 lieues moyennement, à fr. 0-70	1,036-00	
Celui du bétail peut être compté à raison de 500 têtes, au moins, parcourant 7,40 lieues, à fr. 0-40	1,480-00	
Total . . . . . . fr.		28,712-00
Total général . . . . . . fr.		1,488,697-20

Mouvement des transports du 6e projet.

DIRECTION DE MARCHIENNE VERS CHARLEVILLE.

TRONC PRINCIPAL.			EMBRANCHEMENTS.		
Tonneaux.	Lieues.	Tonn.-lieue.	Tonneaux.	Lieues.	Tonn.-lieue.
		Houilles.			
65,164	14.80	964,427-20	»	»	»
300	4.00	1,200-00	»	»	»
972	13.00	12,636-00	»	»	»
1,904	10.40	19,801-60	»	»	»
1,296	14.40	18,662-40	»	»	»
648	4.20	2,721-60	648	2.00	1,296-00
1,386	3.40	4,712-40	1,386	1.40	1,940-40
6,500	3.40	22,100-00	6,500	0.40	2,600-00
2,462	4.20	10,340-40	2,462	2.80	6,893-60
1,425	4.20	5,985-00	1,425	2.00	2,850-00
971	4.20	4,078-20	971	1.40	1,359-40
752	9.80	7,369-60	»	»	»
5,400	3.40	18,360-00	5,400	1.40	7,560-00
21,600	3.40	73,440-00	21,600	0.40	8,640-00
2,880	4.20	12,096-00	2,880	1.00	2,880-00
2,850	4.20	11,970-00	2,850	2.00	5,700-00
1,232	10.40	12,812-80	»	»	»
2,000	7.00	14,000-00	»	»	»
1,000	4.20	4,200-00	»	»	»
17,015	7.40	125,911-00	»	»	»
4,417	4.40	19,434-80	2,379	1.00	2,379-00
			2,038	1.80	3,668-40
1,255	3.40	4,267-00	1,255	0.60	753-00
A reporter . . fr.		1,370,526-00	A reporter . . fr.		48,519-80

TRONC PRINCIPAL.			EMBRANCHEMENTS.		
Tonneaux.	Lieues.	Tonn.-lieue.	Tonneaux.	Lieues.	Tonn.-lieue.
	Report . . . fr.	1,370,526-00		Report . . . fr.	48,519-80
Minerai de fer.					
»	»	»	16,000	0.40	6,400-00
1,454	0.80	1,163-20	»	»	»
1,000	0.80	800-00	1,000	1.20	1,200-00
800	0.80	640-00	800	0.80	640-00
»	»	»	1,000	0.40	400-00
»	»	»	2,100	0.80	1,680-00
»	»	»	300	0.80	240-00
»	»	»	2,000	1.20	2,400-00
2,000	1.80	3,600-00	»	»	»
2,000	2.60	5,200-00	»	»	»
700	4.20	2,940-00	»	»	»
270	5.60	1,512-00	»	»	»
270	5.60	1,512-00	»	»	»
270	5.60	1,512-00	»	»	»
270	5.60	1,512-00	»	»	»
1,440	6.20	8,928-00	»	»	»
1,440	6.20	8,928-00	»	»	»
2,880	6.20	17,856-00	»	»	»
2,880	6.20	17,856-00	»	»	»
540	6.20	3,348-00	»	»	»
270	6.20	1,674-00	»	»	»
Castine.					
233	1.50	349-50	»	»	»
Charbon de bois.					
»	»	»	1,120	0.80	896-00
»	»	»	1,344	1.60	2,150-40
»	»	»	1,200	1.80	2,160-00
980	1.00	980-00	»	»	»
»	»	»	350	1.60	560-00
812	1.00	812-00	»	»	»
Fonte et fer ouvré.					
144	4.40	633-60	»	»	»
713	2.60	1,853-80	»	»	»
	A reporter. . . fr.	1,454,136-10		A reporter. . . fr.	67,246-20

TRONC PRINCIPAL.			EMBRANCHEMENTS.		
Tonneaux.	Lieues.	Tonn.-lieue.	Tonneaux.	Lieues.	Tonn.-lieue.
Report. . . fr.		1,454,136-10	Report . . . fr.		67,246-20
Bois.					
1,000	3.00	3,000-00	»	»	»
Écorces.					
	Néant.			Néant.	
Pierres et marbres.					
5,000	7.40	37,000-00	»	»	»
1,500	7.40	11,100-00	»	»	»
Ardoises.					
	Néant.			Néant.	
Tuiles et pannes.					
1,000	3.50	3,500-00	1,000	1.50	1,500-00
500	2.50	1,250-00	500	1.50	750-00
Grains.					
2,000	12.60	25,200-00	»	»	»
Vins et liquides.					
2,000	7.40	14,800-00	»	»	»
Cendres de Mer.					
1,400	4.20	5,880-00	1,400	1.80	2,520-00
Denrées coloniales.					
966	7.40	7,148-40	»	»	»
71	3.20	227-20	71	0.80	56-80
116	4.20	487-20	116	1.80	208-80
135	4.20	567-00	135	1.00	135-00
300	14.80	4,440-00	»	»	»
A reporter. . . fr.		1,568,735-90	A reporter. . . fr.		72,416-80

TRONC PRINCIPAL.			EMBRANCHEMENTS.		
Tonneaux.	Lieues.	Tonn.-lieue.	Tonneaux.	Lieues.	Tonn.-lieue.
	Report. . . fr.	1,568,735-90		Report. . . fr.	72,416-80
Bagages.					
72	14.80	1,065-60	»	»	»
Marchandises de diligence.					
983 (colis)	3.60	3,538-80	164 (colis)	3.60	590-40
»	»	»	164 (id.)	3.60	590-40
Au poids.		4,580-00	Au poids.		1,527-00
Groups		14-00	Groups		4-00
Voitures.					
54	14.80	799-20	»	»	»
7	14.80	103.60	»	»	»
Chevaux et bétail.					
200	14.80	2,960-00	»	»	»
100	7.40	740-00	»	»	»
15	14.80	222-00	»	»	»
175	14.80	2,590-00	»	»	»
75	3.70	277-50	»	»	»
60	3.70	222-00	»	»	»
50	3.70	185-00	»	»	»
	Total. . . fr.	1,586,033-60		Total. . . fr.	75,128-60

Voyageurs.

20,567 voyageurs à 14.80 lieues = 304,391-60 à 1 lieue.

DIRECTION DE CHARLEVILLE VERS MARCHIENNE.

TRONC PRINCIPAL.			EMBRANCHEMENTS.		
Tonneaux.	Lieues.	Tonn.-lieue.	Tonneaux.	Lieues.	Tonn.-lieue.
		Houilles.			
	Néant.			Néant.	
		Minerai de fer.			
69,631	4.20	291,106-20	69,311	2.00	138,622-00
20,000	3.40	68,000-00	»	»	»
16,000	0.80	12,800-00	16,000	2.00	32,000-00
»	»	»	1,454	2.00	2,908-00
»	»	»	2,000	1.00	2,000-00
»	»	»	1,600	1.20	1,920 00
»	»	»	1,000	1.00	1,000-00
»	»	»	2,000	0.80	1,600-00
»	»	»	2,100	1.00	2,100-00
»	»	»	300	1.80	540-00
»	»	»	600	0.50	300-00
»	»	»	2,000	1.00	2,000-00
»	»	»	2,000	2.00	4,000-00
»	»	»	700	2.00	1,400-00
700	1.40	980-00	»	»	»
»	»	»	270	2.00	540-00
»	»	»	270	2.00	540-00
»	»	»	270	2.00	540-00
»	»	»	270	2.00	540 00
»	»	»	1,440	2.80	4,032-00
»	»	»	1,440	2.80	4,032-00
»	»	»	2,880	2.00	5,760-00
»	»	»	2,880	2.00	5,760-00
»	»	»	540	2.00	1,080-00
»	»	»	270	2.00	540-00
2,292	4.20	9,626-40	2,292	2.00	4,584-00
1,145	3.40	3,893-00	»	»	»
4,771	4.20	20,038-20	4,771	2.00	9,542-00
		Castine.			
640	0.50	320-00	»	»	»
A reporter. . . fr.		406,763-80	A reporter. . . fr.		227,880-00

TRONC PRINCIPAL.			EMBRANCHEMENTS.		
Tonneaux.	Lieues.	Tonn.-lieue.	Tonneaux.	Lieues.	Tonn.-lieue.
	Report. . . fr.	406,763-80		Report. . . fr.	227,880-00
		Charbon de bois.			
1,120	3.20	3,584-00	»	»	»
1,344	2.40	3,225-60	»	»	»
1,200	2.20	2,640-00	»	»	»
2,688	2.00	5,376-00	»	»	»
980	1.00	980-00	»	»	»
340	4.00	1,360-00	»	»	»
340	4.00	1,360-00	»	»	»
600	4.00	2,400-00	»	»	»
7,392	2.00	14,784-00	»	»	»
2,100	3.00	6,300-00	»	»	»
350	1.40	490-00	»	»	»
1,750	3.00	5,250-00	»	»	»
2,000	2.00	4,000-00	»	»	»
812	1.00	812-00	»	»	»
		Fonte et fer ouvré.			
495	6.60	3,267-00	»	»	»
860	10.40	8,944-00	»	»	»
330	0.60	198-00	»	»	»
234	5.40	1,263-60	»	»	»
330	1.20	396-00	»	»	»
234	4.80	1,123-20	»	»	»
330	2.00	660-00	»	»	»
234	4.00	936-00	»	»	»
330	0.80	264-00	330	1.40	462-00
234	3.40	795-60	»	»	»
234	1.80	421-20	234	1.20	280-80
300	1.00	300-00	»	»	»
211	2.00	422-00	»	»	»
500	2.40	1,200-00	500	1.60	800-00
351	2.40	842-40	»	»	»
340	3.00	1,020-00	340	1.20	408-00
245	1.20	294-00	»	»	»
200	0.40	80-00	»	»	»
2,488	10.40	25,875-20	»	»	»
350	8.40	2,940-00	»	»	»
1,260	6.00	7,560-00	»	»	»
500	4.20	2,100-00	500	1.60	800-00
500	4.20	2,100-00	500	2.00	1,000-00
620	4.20	2,604-00	620	1.00	620-00
400	4.20	1,680-00	400	0.80	320-00
8,000	3.40	27,200-00	8,000	0.40	3,200-00
2,450	3.40	8,330-00	2,450	1.40	3,430-00
	A reporter. . . fr.	562,141-60		A reporter. . . fr.	239,200-80

TRONC PRINCIPAL.			EMBRANCHEMENTS.		
Tonneaux.	Lieues.	Tonn.-lieue.	Tonneaux.	Lieues.	Tonn.-lieue.
	Report. . . fr.	562,141-60		Report. . . fr.	239,200-80
		Bois.			
30,000	6.40	192,000-00	»	»	»
5,400	13.00	70,200-00	»	»	»
1,000	10.40	10,400-00	»	»	»
1,000	13.00	13,000-00	»	»	»
1,000	6.60	6,600-00	»	»	»
		Écorces.			
1,500	10.40	15,600-00	»	»	»
750	13.00	9,750-00	»	»	»
750	6.60	4,950-00	»	»	»
		Pierres et marbres.			
5,000	7.40	37,000-00	»	»	»
		Ardoises.			
468	10.40	4,867-20	»	»	»
972	7.40	7,192-80	»	»	»
1,000	7.40	7,400-00	»	»	»
1,000	10.40	10,400-00	»	»	»
2,000	14.80	29,600-00	»	»	»
		Tuiles et pannes.			
	Néant.			Néant.	
		Grains.			
741	7.40	5,483-40	»	»	»
		Vins et liquides.			
819	7.40	6,060-60	»	»	»
146	7.40	1,080-40	»	»	»
		Cendres de mer.			
	Néant.			Néant.	
	A reporter. . . fr.	993,726-00		A reporter. . . fr.	239,200-80

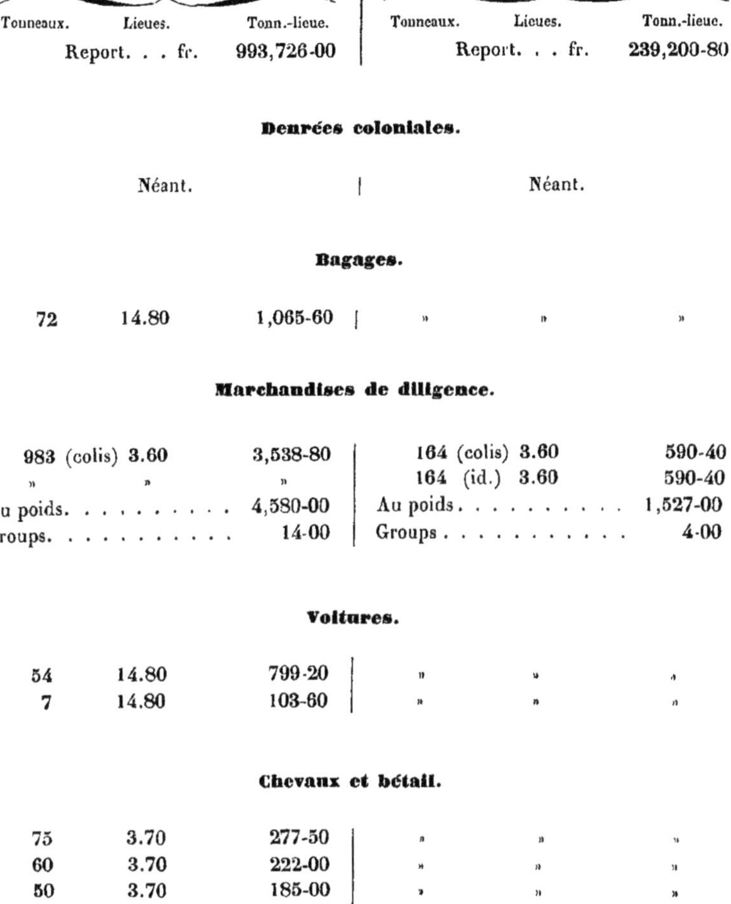

TRONC PRINCIPAL.			EMBRANCHEMENTS.		
Tonneaux.	Lieues.	Tonn.-lieue.	Tonneaux.	Lieues.	Tonn.-lieue.
Report. . . fr.		993,726-00	Report. . . fr.		239,200-80
Denrées coloniales.					
Néant.			Néant.		
Bagages.					
72	14.80	1,065-60	»	»	»
Marchandises de diligence.					
983 (colis)	3.60	3,538-80	164 (colis)	3.60	590-40
»	»	»	164 (id.)	3.60	590-40
Au poids.		4,580-00	Au poids.		1,527-00
Groups.		14-00	Groups		4-00
Voitures.					
54	14.80	799-20	»	»	»
7	14.80	103-60	»	»	»
Chevaux et bétail.					
75	3.70	277-50	»	»	»
60	3.70	222-00	»	»	»
50	3.70	185-00	»	»	»
Total. . . fr.		1,004,511-70	Total. . . fr.		241,912-60

Voyageurs.

20,567 voyageurs à 14.80 lieues = 304,391-60 à 1 lieue.

RÉCAPITULATION.

Marchandises.

	Tonn.-lieue.	Tonn.-lieue.
Direction de Marchienne vers Charleville, Sur le tronc principal	1,586,033-60	2,590,545-30
Direction de Charleville a Marchienne, Sur le tronc principal	1,004,511-70	
Direction de Marchienne vers Charleville, Sur les embranchements . . .	75,128-60	317,041-20
Direction de Charleville a Marchienne, Sur les embranchements . . .	241,912-60	
Total.		2,907,586-50

Voyageurs.

	Voyageurs à 1 lieue
En remonte et en descente sur le tronc principal	608,783

Frais de locomotion.

Pour établir approximativement les dépenses de locomotion, l'on s'est pénétré de la lecture des divers comptes-rendus, publiés par l'administration des chemins de fer belges en exploitation; et particulièrement des rapports rédigés par la commission des tarifs; il résulte de la lecture de ce dernier ouvrage, pag. 15, 16 et 61, que le prix du transport d'un tonneau de marchandises à une lieue, qui comprend les frais de perception et les dépenses de toute nature de locomotion, s'est élevé, en 1840, à . . . . fr. 0.25
et celui de 1 voyageur, à la même distance, à 0.175

Ces prix comprennent le poids inutile transporté lorsque les waggons ou voitures ne sont pas complétement remplis.

Il ressort du compte-rendu de 1841, tableau n° III, que le combustible entre pour $\frac{1}{4}$ environ dans la dépense de locomotion, et qu'il s'élève, en conséquence, pour un tonn. de marchandises à 1 lieue, à fr. 0.0625
et pour 1 voyageur à 1 lieue, à 0.0437

Mais, comme l'économie obtenue dans la consommation du coak, par suite des excellentes mesures d'ordre, adoptées par M. le directeur des chemins de fer en exploitation, *voir* page X du compte-rendu de 1841, s'est élevée à 19 p. °/₀, ces sommes seraient réduites, respectivement, à . . . . fr. 0.0507
et à 0.0354

Il faut observer que, depuis le mois d'août 1843, l'on a obtenu une nouvelle économie de 11 p. °/₀, environ, sur cette même dépense de combustibles, et que ces prix doivent, en conséquence, être réduits respectivement, pour 1 tonneau de marchandises à 1 lieue, à . fr. 0.0452
et, pour 1 voyageur à 1 lieue, à 0.0316

Les perfectionnements récemment apportés aux locomotives, par MM. les ingénieurs Cabry et Poncelet, par suite de l'application du système d'expansion aux remorqueurs, ayant eu pour résultat de

réduire encore cette dernière dépense de combustible de 25 p. %, il s'en suit que le prix de la houille nécessaire au transport d'un tonneau de marchandises à 1 lieue, ne serait aujourd'hui que de . fr. 0.0339
et celui de 1 voyageur à une lieue, de. 0.0237

Cette réduction n'est pas la seule applicable au rail-way de l'Entre-Sambre-et-Meuse, car le prix de la houille employée au chemin de fer de l'État pour la fabrication du coak, s'étant élevé moyennement, en 1840, à fr. 17-83 le mètre cube, d'après le rapport de la commission des tarifs, pag. 69, tandis que le prix de cette houille n'est aujourd'hui que de fr. 9 à Charleroy; il s'ensuit que la dépense de combustible, ci-dessus indiquée, serait réduite d'environ 50 p. % au chemin de fer de l'Entre-Sambre-et-Meuse; c'est-à-dire qu'elle s'élèverait seulement pour un tonneau de marchandises à 1 lieue, à . fr. 0.0169
et pour 1 voyageur, à la même distance, à 0.0118

L'on objectera, peut-être, qu'il faudrait ajouter au prix du combustible son transport jusqu'à pied-d'œuvre; mais, comme les waggons destinés au transport du minerai de fer devront, presque toujours, remonter à vide, le coak pouvant y être chargé, son transport sera réduit à zéro.

Retranchant donc de fr. 0-25, prix du transport de 1 tonneau de marchandises à 1 lieue au chemin de fer de l'État, les frais de combustible, qui sont de fr. 0.0625, et ajoutant la somme de fr. 0.0169 qui représentera la même dépense du rail-way de l'Entre-Sambre-et-Meuse, le coût de 1 tonneau de marchandises, à 1 lieue, sera de fr. 0.2044
soit 0.21

Effectuant la même opération, pour le transport des voyageurs, on aura pour les frais de locomotion de 1 voyageur à 1 lieue fr. 0.175—0.0437=0.1313, auquel ajoutant fr. 0.0118, on trouve pour le transport d'un voyageur à 1 lieue. . . . . fr. 0.1431
soit 0.15

D'après les résultats de l'expérience, le transport, par tonneau-lieue, sur les embranchements, peut s'élever, au *maximum*, à . fr. 0.20

Si l'on applique ces prix au mouvement général des transports, on trouve que les frais de locomotion peuvent être évalués ainsi qu'il suit, savoir :

Tronc principal.

2,590,545 tonneaux à une lieue, à fr. 0-21. . . . . . fr. 544,014-45

Embranchements.

317,041 tonneaux à une lieue, à fr. 0-20. 63,408-20
Supplément de frais de traction sur les plans automoteurs, par approximation, ... 12,000-00

608,783 voyageurs transportés à une lieue, à fr. 0-15 . . . 91,317-45
Total . . . . . fr. 710,740-10

Matériel d'exploitation.

12	locomotives avec leurs tenders, à fr. 47,000 . . . . fr.	564,000-00
312	waggons pour grosses marchandises, à fr. 2,300 . . .	717,600-00
6	id. pour bagages et marchandises de diligence, à fr. 3,000	18,000-00
8	id. pour chevaux, à fr. 3,200	25,600-00
8	id. pour bétail, à fr. 2,500	20,000-00
6	diligences, à fr. 4,000	24,000-00
50	bâches en cuir imperméable, à fr. 350.	17,500-00
50	id. en toile id., à fr. 100.	5,000-00
16	paniers à couvercle, à fr. 9	144-00
100	id. à coak, en rotin, à fr. 6	600-00
4	grues mobiles sur chariot, à fr. 3,200	12,800-00
4	forges de campagne, à fr. 700	2,800-00
4	petits waggons de service, à fr. 500	2,000-00
	Imprévu	59,956-00
	Total . . . . . fr.	1,470,000-00

Atelier de grosses réparations et matériel des stations.

Atelier de grosses réparations à Marchienne-au-Pont . . fr.	200,000-00
Mobilier des quatre stations principales de Marchienne, Walcourt, Couvin et Cul-des-Sarts, à fr. 1,150	4,600-00
Mobilier des dix stations intermédiaires de Hameau, Thy-le-Château, Silenrieux, Cerfontaine, Mariembourg, Nimelette, Laneffe, Morialmé, Fairoul et Froidmont, à fr. 800	8,000-00
Huit pompes à incendie et accessoires dans les quatre stations principales, à fr. 1,900.	15,200-00
Engins, balances, bascules pour les marchandises, dans les quatre stations principales, à fr. 5,200	20,800-00
Id. dans les dix stations intermédiaires, à fr. 4,500 . . .	45,000-00
Engins pour le chargement et le déchargement, servant en même temps aux réparations des locomotives, dans les quatre stations principales, à fr. 3,500	14,000-00
Id. pour les dix stations intermédiaires, à fr. 1,150 . . .	11,500-00
Outillage des ateliers de petites réparations des quatre stations principales, à fr. 5,000	20,000-00
Imprévu	10,900-00
Total . . . . . fr.	350,000-00

Dépenses de construction du 7e projet.

Section de Marchienne à Silenrieux.

Comme au projet précédent . . . . fr.	3,213,016-96

Section de Silenrieux à Mariembourg.

Comme au projet précédent	2,668,920-78
A reporter . . . . . . fr.	5,881,937-74

9

Report . . . . fr. 5,881,937-74

Section de Mariembourg vers Vireux.

LONGUEUR 14 KILOMÈTRES.

Acquisition de terrains et bâtiments, indemnités.	246,400-00	1,800,560-85
Terrassements	307,187-07	
Ouvrages d'art	838,781-68	
Voie ferrée et accessoires	408,192-10	

Embranchement de Thy-le-Château à Laneffe.

Comme au projet précédent 379,849-49

Embranchement de Walcourt à Morialmé et de Fairoul à Froidmont.

Comme au projet précédent 1,423,642-46

Embranchement de Mariembourg à Couvin.

LONGUEUR 5 KILOMÈTRES.

Acquisition de terrains et bâtiments, indemnités.	83,600-00	520,910-26
Terrassements	82,776-00	
Ouvrages d'art	165,697-02	
Voie ferrée et accessoires	188,837-24	

Total 10,006,900-80

Travaux exécutés par les anciens concessionnaires (comme au projet précédent) 60,000-00

Études ultérieures du projet définitif (comme au projet précédent) 53,000-00

10,119,900-80

Entretien annuel du 7e projet.

La longueur totale du tronc principal et des embranchements étant de $18\frac{1}{2}$ lieues, les frais d'entretien coûteront, à raison de fr. 7,000 par lieue et par an . . . . fr. 129,500-00

Le salaire de 82 gardes-barrières ou d'excentriques, à fr. 365 par an, sera de 29,930-00

Les frais d'éclairage de 156 réverbères, aux passages à niveau et dans les stations, à fr. 100 par réverbère et par an, vaudront la somme de 15,600-00

Total 175,030-00

Imprévu $\frac{1}{10}$ 17,503-00

Total de l'entretien annuel . . fr. 192,533-00

Calcul des produits du 7e projet.

En appliquant les prix du tarif proposé aux transports divers qui s'effectueront, moyennement, en une année, dans l'Entre-Sambre-et-Meuse, d'après le mouvement commercial de 1836 à 1842, l'on a formé le tableau ci-après qui donne, par conséquent, l'estimation approximative des produits moyens annuels du chemin de fer projeté de Marchienne vers Vireux, avec pentes *maximum* de 0m.0055 et 0m.008 sur les versants de la crête de partage.

1° Houilles.

Il résulte de l'examen de l'*Annexe n° 2*, extraite des états d'entrée et de sortie des marchandises, dressés par les soins de l'administration des douanes, que le mouvement général de la sortie des houilles, par le bureau de Heer, s'est élevé moyennement, pendant une période de 5 ans, à 56,390 tonneaux environ. Cependant, comme le mouvement est ascensionnel, on peut hardiment compter sur le *maximum* de la sortie, qui a été de 66,000 tonneaux en 1837; le transport en serait évidemment assuré au rail-way à l'exception, toutefois, des 1,000 tonneaux consommés à Givet, ce qui réduirait le total à 65,000 tonneaux; et comme la distance à parcourir de Marchienne à la frontière, près de Vireux, est de 12,20 lieues, et que ces marchandises qui sont rangées dans la 1re classe pourront toujours être réunies par convois complets et jouiront, par conséquent, d'une réduction de 20 p. % sur le prix du tarif, qui, étant de fr. 0-45, sera ainsi réduit à fr. 0-36 par lieue; ces 65,000 tonneaux, multipliés par 12,20 lieues et par fr. 0-36, donneront un produit de . . . fr. 285,480-00

La consommation en houille des usines à ouvrer le fer du Hainaut, comprend celle des établissements indiqués à l'*Annexe n° 14*, d'après les renseignements officiels des ingénieurs des mines et désignés par les n° 3, 4, 5 et 6 des platineries et 5 des martinets; elle se borne au transport d'environ 300 tonneaux de houille, parcourant une distance moyenne de 4 lieues, à raison de fr. 0-45. 540-00

La consommation des machines à vapeur de la même province (*Annexe n° 17*) ne concerne que l'ardoisière de Baileux; elle est de 972 tonneaux, parcourant, jusqu'à Couvin, une distance de 10,40 lieues à fr. 0-45 4,548-96

Les machines à vapeur de la province de Namur (*Annexe n° 17*) consomment les quantités de houille ci-après désignées et employées aux usines ci-dessus indiquées, savoir :

Sous le n° 2, usines de Couvin (société Ch. Morel), 1,904 tonneaux, parcourant 10,40 lieues, à fr. 0-45 8,910-72

Sous le n° 3, ardoisière de Cul-des-Sarts, 1,296 tonneaux, parcourant une distance de 10,40 lieues, à fr. 0-45 6,065-28

Sous le n° 4, minières de Jamiolle, 648 tonneaux, parcourant, de Marchienne à Froidmont, 6,20 lieues, à fr. 0-45 1,807-92

Sous le n° 5, fourneau de Laneffe, 1,386 tonneaux, parcourant de Marchienne à la route de Philippeville, 4,80 lieues, à fr. 0-45 . 2,993-76

A reporter . . . . fr. 310,346-64

Report. . . . . . fr. 310,346-64

Sous les nº 6 et 7, machines d'épuisement de Morialmé, 2,462 tonn., parcourant, de Marchienne à Morialmé, 7 lieues, à fr. 0-45. 7,755-30

Sous les nº 8 et 9, machines d'épuisement du Bois des Minières, 1,425 tonneaux, parcourant, de Marchienne à Fraire, 6,20 lieues, à fr. 0-45. 3,975-75

Sous les nº 10, 16, 17 et 18, machines d'Yves, Fairoul et Croix de Fer, 971 tonneaux, pacourant, de Marchienne à Yves, 5,60 lieues, à fr. 0-45 2,446-92

Sous les nº 19, 20 et 21, machines d'Olloy, Pétigny et Frasnes, 752 tonneaux, parcourant 9,80 lieues, à fr. 0-45. 3,316-32

Si les hauts-fourneaux de Thy-le-Château sont remis à feu, ils consommeront 6,500 tonneaux, parcourant 3,80 lieues, à fr. 0-45. 11,115-00

Les hauts-fourneaux de la province de Namur (compris à l'*Annexe nº* 28, sous les nº 34, 27 et 22) consomment les quantités de houille ci-après, savoir :

Sous le nº 34, haut-fourneau de Laneffe, 5,400 tonneaux parcourant 4,80 lieues, à fr. 0-45 11,664-00

Sous le nº 27, haut-fourneau de Fairoul, 2,880 tonneaux parcourant 5,20 lieues, à fr. 0-45 6,739-20

Si les deux hauts-fourneaux de Thy-le-Château sont remis à feu, ils consommeront 21,600 tonneaux de houille, parcourant 3,80 lieues, à fr. 0-45 36,936-00

Sous le nº 22, haut-fourneau de Froidmont, 2,850 tonneaux parcourant 6,20 lieues, à fr. 0-45 7,951-50

Les forges de Couvin consomment 1,232 tonneaux de houille, parcourant 10,40 lieues, à fr. 0-45 5,765-76

Les fours à chaux de Couvin, Cour-sur-Heure, Philippeville et Cerfontaine consomment, en outre, une grande quantité de combustible qu'il a été impossible de connaître, mais que l'on peut hardiment évaluer à 2,000 tonneaux parcourant une distance réduite de 7 lieues, à fr. 0-45 6,300-00

Les fabriques de tuiles des environs de Walcourt peuvent consommer 1,000 tonneaux de houille parcourant 4,20 lieues, à fr. 0-45 1,890-00

Il résulte des renseignements recueillis dans la statistique comparée des octrois communaux de Belgique, pendant les années 1828-1829 et 1835-1836, pages 114 et 115, que la consommation moyenne annuelle de houille, à Philippeville, s'est élevée à 510 tonneaux, pour une population de 1,100 âmes, ce qui revient, par personne et par an, à 465 kilog. ; nous admettrons que cette consommation s'élèvera au même taux dans toutes les communes de l'Entre-Sambre-et-Meuse, susceptibles de s'approvisionner de houille par le rail-way projeté, et dont la population, énumérée dant l'état ci-joint (*Annexe nº* 25), se trouve agglomérée dans une zone de 1 lieue de largeur environ, de part et d'autre

A reporter . . . . fr. 416,202-39

Report . . . . fr. 416,202-39

du chemin de fer. Or, il résulte de l'examen du dit tableau que cette population s'élève à 49,000 âmes environ, laquelle, à raison de 463 kilog., consommera une quantité de 22,687 tonneaux dont $\frac{5}{7}$ ou 16,205 tonneaux parcourront une distance moyenne de 6 lieues sur le tronc principal, à raison de fr. 0-45. 43,753-50

Les 6,482 tonneaux en destination pour les embranchements se subdiviseraient comme ci-après, savoir :

2,631	tonneaux parcourant	5,20	lieues, à fr.	0-45.	6,156-54
2,253	id.	6,00	id.	0-45.	6,085-10
et 1,598	id.	4,00	id.	0-45.	2,876-40

Total . . . . . . fr. 475,071-93

2° Minerai de fer. Il ressort de l'examen de l'*Annexe n°* 10, extraite des états de consommation des hauts-fourneaux au coak de la Sambre, dressés par les soins de MM. les ingénieurs des mines du Hainaut, que la consommation moyenne annuelle en minerai des hauts-fourneaux précités, s'est élevée, pendant une période de 7 ans, déduction faite de ce qui a été employé aux fourneaux d'Acoz, à 103,966 tonn.; le tiers de cette quantité, ou 34,655 tonneaux environ, provient des minières de fer tendre des environs de Gerpinnes, Cour-sur-Heure, Thuillies et des bords de la Sambre, et les $\frac{2}{3}$ restants, ou 69,311 tonneaux, sont extraits de celles de fer fort de Fraire, Morialmé, Florennes, Yves et Jamiolle. Cette dernière quantité prendra tout entière la voie du chemin de fer; son parcours sera moyennement de 6,20 lieues, en supposant que le point de départ soit l'extrémité du bois des Minières et celui d'arrivée Marchienne-au-Pont; son produit sera donc de 69,311 tonneaux × 6,20 lieues, à fr. 0-405 174,039-92

Le transport des minerais de fer tendre que l'on suppose devoir parcourir le rail-way, peut être évalué, sans exagération, à 20,000 tonneaux, ou la moitié environ de la quantité totale employée aux hauts-fourneaux de la Sambre et d'Acoz; ces 20,000 tonneaux parcourront 3,40 lieues sur le rail-way, en supposant le point de chargement à Cour-sur-Heure et celui d'arrivée à Marchienne, à fr. 0-405 par tonneau et par lieue. 27,540-00

Le haut-fourneau de Solre-St-Géry consomme

A reporter . . . fr. 201,579-92 475,071-93

Report . . . . fr.	201,579-92	475,071-93
annuellement (*voir Annexe n*° 11) 2,180 tonneaux de minerai, dont $\frac{2}{3}$, ou 1,454 tonneaux provenant de Fraire et Morialmé, parcourront sur le rail-way 2,80 lieues, à fr. 0-405	1,648-84	
Le haut-fourneau de Fairoul consomme annuellement environ 3,000 tonneaux de minerai, dont 2,000 environ de fer fort provenant de Fraire, Morialmé ou Florennes, parcourront sur le rail-way environ 1 lieue, à fr. 0-405.	810-00	
et 1,000 tonneaux de fer tendre provenant des environs de Cour-sur-Heure, parcourront sur le rail-way 2 lieues, à fr. 0-405	810-00	
Le haut-fourneau du Rossignol consomme annuellement 2,400 tonneaux de minerai, dont 1,600 tonneaux provenant de Fraire et Morialmé, parcourront 1,20 lieue, à fr. 0-405	777-60	
et 800 tonneaux provenant de Cour-sur-Heure, parcourront 1,60 lieue, à fr. 0-405	518-40	
Le haut-fourneau d'Yves consomme annuellement 3,000 tonneaux de minerai, dont $\frac{1}{3}$, ou 1,000 tonneaux, provenant de Fraire et Morialmé, parcourra 1,40 lieue, à fr. 0-405	567-00	
et 2,000 tonneaux provenant d'Yves, Jamiolle et Daussois, parcourront 0,80 lieue, à fr. 0-405 . .	648-00	
Le haut-fourneau de St-Lambert consomme annuellement 3,000 tonneaux de minerai, dont $\frac{7}{10}$, ou 2,100 tonneaux, provenant de Fraire, parcourront 1,80 lieue, à fr. 0-405	1,530-90	
$\frac{1}{10}$, ou 300 tonneaux, provenant de Morialmé, parcourra 2,60 lieues, à fr. 0-405.	315-90	
et $\frac{2}{10}$, ou 600 tonneaux, provenant d'Yves, parcourront 0,50 lieue, à fr. 0-405.	121-50	
Le haut-fourneau de Froidmont consomme annuellement environ 3,000 tonneaux de minerai, dont $\frac{2}{3}$ seulement, ou 2,000 tonneaux, provenant de Fraire et Morialmé, parcourront en moyenne 2,20 lieues, à fr. 0-405.	1,782-00	
Les deux hauts-fourneaux de Falemprise consomment annuellement environ 6,000 tonneaux de minerai, dont $\frac{1}{3}$, ou 2,000 tonneaux, provenant de Fraire et Morialmé, parcourra, en moyenne, sur le rail-way, 3,80 lieues, à fr. 0-405	3,078-00	
Les 2,000 tonneaux qui proviendront des environs de Daussois, ne parcourront pas le rail-way.	*Pour mém.*	
A reporter . . . fr.	214,188-06	475,071-93

Report . . . . fr.	214,188-06	475,071-93
2,000 tonneaux provenant des environs de Berzée, Cour-sur-Heure, parcourront sur le rail-way 2,60 lieues environ, à fr. 0-405	2,106-00	
Le haut-fourneau de Roly consomme annuellement 2,100 tonneaux de minerai, dont $\frac{1}{3}$, ou 700 tonneaux provenant de Fraire, parcourra, en moyenne, 6,20 lieues sur le rail-way, à fr. 0-405	1,757-70	
700 tonneaux proviendront des environs de Nismes et Petigny, et parcourront 1,40 lieue, à fr. 0-405.	396-90	
Le reste sera pris dans les minières des environs et ne parcourra pas le rail-way	*Pour mém.*	
Le haut-fourneau de Nismes consomme annuellement 2,100 tonneaux de minerai, dont 270 tonneaux provenant d'Yves, parcourront sur le rail-way 7,60 lieues, à fr. 0-405	831-06	
et 270 tonneaux provenant de Fraire, parcourront 7,60 lieues, à fr. 0-405	831-06	
Le reste provient de Nismes et ne suivra pas le rail-way	*Pour mém.*	
Le haut-fourneau de Boussu-en-Fagne, placé dans les mêmes conditions que le précédent, produira également un revenu de	1,662-12	
Les hauts-fourneaux de Couvin consomment 11,520 tonneaux de minerai, dont $\frac{1}{8}$, ou 1,440 tonneaux, provenant de Morialmé, parcourra 9 lieues, à fr. 0-405.	5,248-80	
$\frac{1}{8}$ de Florennes, ou 1,440 tonneaux, parcourant 9 lieues, à fr. 0-405	5,248-80	
$\frac{2}{8}$ de Fraire, ou 2,880 tonneaux, parcourant 8,20 lieues, à fr. 0-405.	9,564-48	
$\frac{2}{8}$ d'Yves et Jamiolle, ou 2,880 tonneaux, parcourant 8,20 lieues, à fr. 0-405	9,564-48	
$\frac{2}{8}$ de Couvin, Petigny et Nismes.	*Pour mém.*	
Le haut-fourneau de la platinerie, à Couvin, consomme 2,160 tonneaux dont $\frac{2}{8}$, ou 540 tonneaux, provenant de Fraire, parcourront sur le rail-way 8,20 lieues, à fr. 0-405	1,793-34	
$\frac{1}{8}$, ou 270 tonneaux, provenant d'Yves et Jamiolle, parcourra 8,20 lieues, à fr. 0-405	896-67	
Le reste provient de Nismes, Petigny et Couvin .	*Pour mém.*	
Le haut-fourneau, au bois, de Couillet consomme 3,437 tonneaux de minerai dont les $\frac{2}{3}$, ou 2,292 tonneaux, provenant de Fraire et Morialmé, parcourront sur le rail-way 6,20 lieues, à fr. 0-405	5,755-21	
A reporter . . . fr.	259,844-68	475,071-93

Report . . . . fr.	259,844-68	475,071-93
$\frac{1}{3}$, ou 1,145 tonneaux, provenant des environs de Cour-sur-Heure suivra le rail-way sur un parcours de 5,40 lieues, à fr. 0-405	1,576-67	
Si les hauts-fourneaux de Thy-le-Château sont remis à feu, ils consommeront 16,000 tonneaux de minerai de fer fort qui parcourront sur le rail-way 5,20 lieues, à fr. 0-405	20,736-00	
Les hauts-fourneaux en aval de Namur, sur le territoire des provinces de Namur et de Liége, consomment moyennement, par an, 4,771 tonneaux de minerai de fer de Morialmé, de Florennes et de Fraire (*Annexe n° 24*) qui prendront la direction de Marchienne, après la construction du rail-way, sur lequel ils parcourront 6,20 lieues, à fr. 0-405 . .	11,979-98	
Total . . . . . . fr.		294,137-35

3° Castine.

La castine nécessaire aux hauts-fourneaux de la Sambre provient ordinairement des carrières de Landelies; elle ne parcourra donc point le rail-way, puisque le fret sur la Sambre est inférieur à celui du chemin de fer projeté, et que, de plus, les carrières sont plus rapprochées des usines à fer que celle que l'on rencontre le long de l'Heure; mais celle destinée aux fourneaux de Falemprise s'extrait des carrières aux bords de ce dernier cours d'eau, et il y a lieu de croire qu'elle sera conduite à destination par le rail-way et qu'elle donnera lieu au mouvement suivant :

Les deux fourneaux de Falemprise consomment annuellement 640 tonneaux de castine; on l'extrait aux environs de Cerfontaine, à $\frac{1}{2}$ lieue de distance, ce qui, à fr. 0-45, produira	144-00	
La castine nécessaire au fourneau de Roly pourra être extraite dans les environs de Neuville; la consommation en est de 255 tonneaux, parcourant sur le rail-way 1,50 lieue, à fr. 0-45	157-28	
Les hauts-fourneaux de Boussu-en-Fagne, de Nismes et de Couvin se trouvant plus rapprochés des carrières de calcaire, le transport de ce fondant n'aura pas lieu sur le rail-way projeté	*Pour mém.*	
Total . . . . . . fr.		301-28

4° Charbon de bois.

Le haut-fourneau de la Providence, à Couillet, se trouvant, en quelque sorte, adossé à la forêt de

A reporter . . . . fr.	769,510-54

Report . . . . fr.		769,510-54
Loverval, l'on présume que le charbon de bois qu'il consomme sera pris dans cette localité et ne donnera lieu, par conséquent, à aucun mouvement sur le rail-way	*Pour mém.*	
Celui du Rossignol consomme environ 1,120 tonneaux de charbon fabriqué dans les forêts environnantes et qui ne donneront lieu qu'à un transport de 4 lieues, à fr. 0-45	2,016-00	
Celui d'Yves, environ 1,344 tonneaux, qui seront extraits des forêts environnantes, à 4 lieues au plus, à fr. 0-45	2,419-20	
Celui de St-Lambert consomme 1,200 tonneaux environ, qui seront pris également à 4 lieues environ, à fr. 0-45	2,160-00	
Ceux de Falemprise comsomment environ 2,688 tonneaux parcourant 2 lieues, à fr. 0-45 . . .	2,419-20	
Celui de Roly consomme environ 980 tonneaux parcourant 2 lieues, à fr. 0-45	882-00	
Les fourneaux de Boussu-en-Fagne et de Nismes se trouvant plus rapprochés des forêts que du rail-way, ne donneront lieu à aucun transport de charbon.	*Pour mém.*	
L'affinerie de Zone consomme annuellement 340 tonneaux environ de charbon que nous supposerons provenir des bois environnants et qui parcourront ainsi environ 4 lieues sur le rail-way, à fr. 0-45 .	612-00	
L'affinerie de Montigny-le-Tilleul, qui se trouve dans les mêmes conditions, donnera le même produit	612-00	
Les affineries de MM. Lotin et De Paul, à Ham-sur-Heure, consomment annuellement environ 600 tonneaux de charbon que l'on supposera parcourir 4 lieues, à fr. 0-45	1,080-00	
La consommation des sept affineries qui se trouvent dans la province de Namur, sur le territoire des communes de Berzée, Chastrès, Vogenée, Silenrieux, Walcourt et Yves, peut être évaluée moyennement à 350 tonneaux, en l'estimant d'après la consommation moyenne de celles du Hainaut; elle donnerait donc un total de 2,450 tonneaux que l'on supposera parcourir 3 lieues, à fr. 0-45 et qui produiront	3,307-50	
L'on croit pouvoir porter pour l'usage des boulangeries, tuileries et fours à chaux et pour la consommation domestique, une quantité de 2,000 tonneaux		
A reporter . . . fr.	15,507-90	769,510-54

Report . . . . fr.	15,507-90	769,510-54
parcourant sur le rail-way 2 lieues, à fr. 0-45 et produisant	1,800-00	
(¹) Total . . . . . fr.		17,307-90

5° Fontes et fer ouvré.

Les fontes et fer exportés par les bureaux de Bruly, Couvin et Seloignes s'élèvent annuellement à 144 tonneaux (*voir Annexe n° 9*); ils prendront la direction de Vireux, et parcourront 4 lieues, à fr. 0-45	259-20	
Le fer produit par les usines et affineries de l'Eau-Noire s'élève à 495 tonneaux environ; il se consomme en Belgique : l'on suppose qu'il sera employé dans l'Entre-Sambre-et-Meuse et qu'il donnera lieu à un parcours moyen de 5,20 lieues sur le rail-way projeté, à fr. 0-45	1,158-30	
La fonte employée aux 5 usines de Couvin s'élève à 1,215 tonneaux; elle ne donne lieu à aucun transport, les forges se trouvant à proximité des hauts-fourneaux; mais son produit en fer ouvré qui est d'environ 860 tonneaux, sera employé à l'intérieur et donnera lieu à un parcours de 10,40 lieues sur le rail-way, à fr. 0-45	4,024-80	
La forge de Feronval consomme annuellement environ 330 tonneaux de fonte que l'on suppose provenir de Falemprise et qui parcourront ainsi, sur le rail-way, une distance de 0,60 lieues, à fr. 0-45 .	89-10	
Ces 330 tonneaux de fonte produiront 234 tonneaux de fer ouvré que l'on estime devoir être consommés en Belgique et que l'on suppose pouvoir être transportés sur le rail-way, à une distance de 5,40 lieues environ, à fr. 0-45	568-62	
La forge de Battefer consomme également 330 tonneaux de fonte supposée provenir de Falemprise et parcourant ainsi sur le rail-way 1,20 lieue, à fr. 0-45	178-20	
A reporter . . . fr.	6,278-22	786,818-44

(¹) Dans la plupart des usines et notamment dans celles d'Yves, de St-Lambert et de Falemprise, l'on emploie, en remplacement du charbon, du bois torréfié mélangé au charbon, dans la proportion de 3.50 de bois pour 1.50 de charbon ; le poids du premier étant double de celui du second, il y aurait lieu de supposer que le transport dépasserait de deux tiers celui ci-dessus indiqué.

Report . . . . fr.	6,278-22	786,818-44
Le fer ouvré produit, qui sera également de 234 tonneaux, ne devra parcourir sur le rail-way que 4,80 lieues, à fr. 0-45	505-44	
La forge du Jardinet consomme également 330 tonneaux environ de fonte que l'on suppose provenir de Falemprise et qui parcourront sur le rail-way environ 2 lieues, à fr. 0-45	297-00	
La production en fer ouvré qui sera d'environ 230 tonneaux parcourra, sur le rail-way, 4 lieues environ, à fr. 0-45	421-20	
Celle de Berzée consomme également environ 330 tonneaux de fonte provenant d'Yves et parcourant, sur le rail-way 2,20 lieues, à fr. 0-45.	326-70	
Elle produit 234 tonneaux de fer ouvré qui parcourront sur le rail-way 3,40 lieues, à fr. 0-45 . .	358-02	
Les forges d'Yves emploient environ 330 tonneaux de fonte qui, provenant du haut-fourneau de cette localité, ne donneront lieu à aucun transport sur le rail-way ; mais les 234 tonneaux de fer ouvré qui en proviennent parcourront, vraisemblablement, sur le chemin de fer une distance réduite de 3 lieues, à fr. 0-45	315-90	
L'affinerie de Bossu-lez-Walcourt emploie 300 tonneaux de fonte et produit 211 tonneaux de fer ouvré (*voir Annexe n° 13*).		
Les 300 tonneaux de fonte, qui proviendront de Falemprise, parcourront sur le rail-way 1 lieue, à fr. 0-45	135-00	
Les 211 tonneaux de fer ouvré parcourront, en moyenne, 2 lieues, à fr. 0-45	189-90	
Les 2 affineries de Ham-sur-Heure emploient 500 tonneaux de fonte provenant de St-Lambert (*Annexe n°* 13); ils parcourront sur le chemin de fer 4 lieues, à fr. 0-45	900-00	
Le fer fabriqué est de 351 tonneaux, parcourant sur le rail-way environ 2,40 lieues, à fr. 0,45 . .	379-08	
La platinerie de Jamioulx et l'affinerie de Montigny-le-Tilleul (*Annexes n°* 13 *et* 14) consomment 340 tonneaux de fonte ou de fer brut et produisent 245 tonneaux de fer ouvré.		
La fonte et le fer proviendront probablement de Fairoul, les 340 tonneaux parcourront 4,20 lieues, à fr. 0-45	642-60	
Le fer ouvré sera vraisemblablement dirigé vers		
A reporter . . . fr.	10,749-06	786,818-44

Report . . . . fr.	10,749-06	786,818-44
Charleroy; les 245 tonneaux parcourront ainsi 1,20 lieue, à fr. 0-45	132-30	
L'affinerie de Zone consomme annuellement environ 290 tonneaux de fonte, provenant de la Providence, et ne donnant lieu à aucun transport sur le rail-way. Le fer fabriqué est de 200 tonneaux qui parcourront sur le rail-way 0,40 lieue, à fr. 0-45.	36-00	
La fonte et le fer fabriqué à Marchienne-au-Pont ne donneront probablement lieu à aucun transport sur le rail-way	*Pour mém.*	
L'on a pu reconnaître, par ce qui précède, que la production en fonte des hauts-fourneaux de la Société de Couvin et celle de la platinerie de Couvin, s'élèvent à 4,560 tonneaux. Sur cette quantité 144 tonneaux sont exportés vers la France, 1,215 tonneaux sont employés aux fabriques et usines de Couvin, et 715 tonneaux employés aux forges de l'Eau-Noire. Le reste, ou 2,488 tonneaux, doit être supposé employé à l'intérieur du pays et parcourir, sur le rail-way, une distance de 10,40 lieues, à fr. 0,45	11,645-84	
La fonte produite à Nismes étant vraisemblablement employée dans les usines des environs et à celles vers Chimay, l'on ne suppose point qu'elle parcourra le rail-way.	*Pour mém.*	
Il en est de même de celle du fourneau de Boussu-en-Fagne	*Pour mém.*	
La fonte provenant de Roly s'élève à 700 tonneaux; l'on suppose que la moitié en sera employée dans les usines aux environs et que le reste, ou 350 tonneaux, parcourra sur le rail-way une distance de 8,40 lieues, à fr. 0,45	1,323-00	
Sur les 1,920 tonneaux de fonte fabriquée à Falemprise, on a vu, plus haut, que les forges de Feronval et de Batte-Fer en consomment 660 tonneaux; le reste, ou 1,260 tonneaux, sera consommé à l'intérieur de la Belgique et donnera lieu à un transport de 6 lieues environ sur le rail-way, à fr. 0-45. . .	3,402-00	
Les 1,000 tonneaux de fonte de St-Lambert sont employés aux forges de Ham-sur-Heure, à l'exception de 500 tonneaux que l'on suppose en destination pour Marchienne-au-Pont et parcourant ainsi 5,80 lieues, à fr. 0,45.	1,305-00	
La fonte d'Yves s'emploie, comme nous l'avons		
A reporter . . fr.	28,591-20	786,818-44

Report . . . . fr.	28,591-20	786,818-44
vu plus haut, aux forges d'Yves et du Jardinet et le produit en a été porté plus haut.		
Les 950 tonneaux de fonte au coak, fabriqués à Froidmont, sont supposés devoir être employés, une moitié environ, aux forges avoisinantes, et, l'autre moitié, vers la Sambre; on ne comptera donc que 500 tonneaux parcourant sur le rail-way 6,20 lieues, à 0-45	1,395-00	
Sur les 960 tonneaux de fonte, produite à Fairoul, l'on compte que 340 tonneaux sont employés, comme il l'a été dit ci-dessus, aux forges de Montigny-le-Tilleul; le reste, ou 620 tonneaux, donnera probablement lieu à un parcours de 5,20 lieues, à fr. 0-45	1,450-80	
Sur les 800 tonneaux, provenant du Rossignol, on estime que 400 tonneaux seront employés dans les environs et que le reste, ou 400 tonneaux seulement, donnera lieu à un parcours de 5 lieues, à fr. 0-45.	900-00	
Si les 3 hauts-fourneaux de Thy-le-Château sont remis à feu, ils produiront 8,000 tonneaux de fonte, parcourant, jusqu'à Marchienne, 3,80 lieues, à fr. 0-45.	13,680-00	
Laneffe produit 2,450 tonneaux, parcourant 4,80 lieues, à fr. 0-45	5,292-00	
Total . . . . . fr.		51,309-00

6° Bois. Il résulte de la lecture de l'*Annexe n°* 18, que la valeur de la consommation des bois de soutènement dans les houillères du bassin de Charleroy, s'est élevée, en 1842, à fr. 921,056; nous avons vu plus haut que la plus grande partie de ces bois provient des forêts de Soignes et de Marlagne et que le reste s'exploite dans celles situées le long de la Sambre et de l'Heure, ou dans celles longeant les routes de Charleroy à Philippeville et à Beaumont. Il ressort des adjudications publiques qui ont lieu pour la fourniture de ces bois, à diverses houillères appartenant à la Société générale pour favoriser l'industrie nationale à Bruxelles, que les baliveaux qui lui sont nécessaires, et cubant chacun environ $0^{m},23$, ont été soumissionnés au prix de fr. 14-13 environ par mètre cube (*Annexe n°* 22), et que la valeur du tas de perches cubant environ un mètre et pesant

A reporter . . . . . . fr. 838,127-44

Report . . . . fr. 838,127-44

moyennement 900 kilog., s'est élevée à fr. 16-33 environ (*voir Annexe n° 23*). Or, il résulte également de la lecture de l'état mensuel ci-joint du prix de revient de la houille dans les six principales houillères de la société précitée (*Annexe n° 21*), que la consommation de perches et bois divers entre pour moitié environ dans la valeur de la totalité des bois employés, et celle des baliveaux pour l'autre moitié : la somme de $\frac{921,056}{2}$ ou fr. 460,528, divisée par le prix de fr. 14-13 des baliveaux (*Annexe n° 22*), représentera donc un cube de bois de 32,592 mètres, et un poids de 29,333 tonneaux, et la même somme de fr. 460,528, divisée par fr. 16-33, valeur du bois pour perches (*Annexe n° 23*), représentera un cube de 28,201 mètres, et, par conséquent, un poids de 25,381 tonneaux, en évaluant le poids du mètre cube à 900 kilog. La totalité du poids des bois employés s'élèvera donc à 54,714 tonneaux.

Il serait impossible d'établir, d'une manière exacte, quelle sera, dans cette énorme consommation de bois, la partie qui proviendra des forêts longeant le rail-way de l'Entre-Sambre-et-Meuse; mais il est positif que la plupart d'entre elles sont inexploitées aujourd'hui, par suite de la difficulté que présentent les voies de communications actuelles, et que la valeur du bois y est, par conséquent, à vil prix. Ces forêts seront donc bientôt appelées à fournir leur contingent, en remplacement de celles des environs de Fosse et de Charleroy, qui sont à peu près épuisées maintenant et où la valeur vénale du bois tend à s'augmenter considérablement, et de celles de Soignes, où l'exploitation va se trouver notablement restreinte par suite de sa remise à l'administration des domaines.

On croit donc pouvoir supposer qu'une très grande partie des bois nécessaires aux houillères, sera extraite des forêts de l'Entre-Sambre-et-Meuse, depuis Jamioulx jusque vers Couvin, et qu'ainsi 30,000 tonneaux de bois parcourront sur le rail-way une distance réduite d'environ 6,40 lieues, à fr. 0-50. 96,000-00

Il résulte des renseignements recueillis à Couvin, que déjà aujourd'hui plus de 500,000 grosses perches sont exploitées dans la forêt de la Thierache,

A reporter . . fr. 96,000-00 838,127-44

	Report . . . fr.	96,000-00	858,127-44
	et transportées, par la route de Chimay, aux houillères du Borinage (la consommation moyenne annuelle du bois de ces houillères est de plus de 150,000 tonneaux, *voir Annexe n° 20*); et l'on a démontré plus haut que le transport en serait assuré au rail-way; or, ces 300,000 perches pèseront environ 5,400 tonneaux, qui parcourront sur le rail-way 10,40 lieues, à fr. 0-50	28,080-00	
	Les bois sciés, expédiés de Couvin à Charleroy, s'élèvent annuellement à 1,000$^{m^3}$, pesant environ 1,000 tonneaux; ils donneront lieu à un parcours de 10,40 lieues, à fr. 0-50	5,200-00	
	Ceux expédiés de Chimay vers Charleroy pèsent environ 2,000 tonneaux; une moitié au moins, ou 1,000 tonneaux, prendra le rail-way vers Couvin, et parcourra 10,40 lieues, à fr. 0-50	5,200-00	
	Les 1,000 tonn. restants prendront la route vers Cerfontaine, et parcourront 6,60 lieues, à fr. 0-50.	3,300-00	
	Total . . . . . . fr.		137,780-00
7° Écorces.	Il s'expédie annuellement, de Couvin à Charleroy, 1,500 tonneaux d'écorces qui parcourront sur le rail-way 10,40 lieues, à fr. 0-50	7,800-00	
	On peut supposer hardiment qu'une quantité semblable, ou 1,500 tonneaux, sera transportée de Chimay vers Charleroy, par le rail-way; une moitié, ou 750 tonneaux, prendra le rail-way à Couvin, parcourra 10,40 lieues, à fr. 0-50.	3,900-00	
	L'autre moitié, ou 750 tonneaux, viendra à Cerfontaine et parcourra 6,60 lieues, à fr. 0-50 . .	2,475-00	
	Total . . . . . . fr.		14,175-00
8° Pierres et marbres.	Il a été impossible de se procurer des renseignements exacts sur la statistique des carrières de la province de Namur où l'on rencontre cependant, le long du tracé du rail-way projeté, des carrières de marbre de toute espèce, et, notamment, à Pry, Ragnée, Vogenée, Bossu-lez-Walcourt, Froid-Chapelle, Villers-deux-Églises, Boussu-en-Fagne et Dailly; plusieurs belles carrières de pierre de taille, de grès ou de pierre à chaux se trouvent aussi à Berzée, Thy-le-Château, Chastrès, Fontenelle, Yves, Cerfontaine, Senzeille, Neuville, Sautour, Frasnes, Nismes, Couvin, Pesche, Gonrieux et Baileux; on		
	A reporter . . . fr.		990,082-44

Report . . . . fr. 900,082-44

croit pouvoir estimer la production de ces diverses carrières à 30,000 tonneaux au moins, en la comparant, par analogie, à celle du 2e district des mines du Hainaut, qui s'est élevée, en 1842, à 35,000 tonneaux environ (*Annexe n° 16*).

De ces 65,000 tonneaux formant la production totale des carrières longeant le rail-way, dans les provinces de Namur et de Hainaut, on peut hardiment supposer que 10,000 tonneaux seront employés à l'intérieur du pays, et donneront lieu à un parcours moyen de 6 lieues sur le rail-way, ce qui, à raison de fr. 0-45, donnera 27,000-00

Les marbres exportés en France peuvent être évalués à 1,500 tonneaux, parcourant 6 lieues, à fr. 0-45 4,050-00

Total . . . . . . fr. 31,050-00

9° Ardoises. Il résulte des renseignements recueillies sur les lieux et du Rapport de la commission des matériaux indigènes, page 17, que la production annuelle de l'ardoisière d'Oignie est d'environ 1,500,000 pièces pesant 312 kilog. par mille et, par conséquent, 468 tonneaux; le transport en serait assuré au chemin de fer, surtout, si l'on exécutait une route de Couvin par Oignie, vers Fumay; ils donneraient lieu, sur le rail-way, à un parcours d'environ 10,40 lieues, à fr. 0-50 2,433-60

L'ardoisière d'Oignie pourra augmenter sa production de 1,000 tonneaux parcourant 10,40 lieues, à fr. 0-50 5,200-00

Le transport des ardoises de Fumay, en destination pour le nord-ouest de la France, s'effectue, en transit, à travers la Belgique, par le bureau de Heer sur la Meuse, puis sur la Sambre jusqu'au bureau de Pont-de-Sambre; il s'est élevé, en 1842, à 15,859,000 pièces (*Annexes n° 4 et* 5); cette quantité représente un poids de 5,885 tonneaux qui parcourront sur le rail-way 12,20 lieues, à fr. 0-50 . 23,698-50

Le transport des ardoises de Fumay, employées en Belgique, s'élève moyennement à 2,960 tonneaux parcourant la distance de 12,20 lieues, à fr. 0-50 . 18,056-00

Total . . . . . . fr. 49,388-10

10° Tuiles et pannes. Il ressort des renseignements recueillis chez le

A reporter . . . . fr. 1,070,520-54

Report . . . . fr. 1,070,520-54

principal négociant en pannes, tuiles, carreaux, etc., des environs de Charleroy, que le transport des pannes, dites du canal, vers la partie de l'Entre-Sambre-et-Meuse, susceptible d'être desservie par le rail-way, peut s'élever annuellement à 1,000 tonneaux, parcourant la distance de 5 lieues, à fr. 0-50. 2,500-00

On ne croit pas exagérer, en supposant que les tuileries des environs de Walcourt et les poteries des environs de Bourlers donneront lieu à un parcours de 500 tonneaux à 4 lieues, à fr. 0-50 . . 1,000-00

Total . . . . . . fr. 3,500-00

11° Grains. L'on croit faire preuve de beaucoup de modération, en estimant seulement à 2,000 tonneaux la quantité de grains provenant de l'intérieur du pays et notamment des environs de Charleroy qui se consomme dans l'Entre-Sambre-et-Meuse, vers Couvin et Chimay. Cette quantité parcourra moyennement, sur le rail-way, 10,40 lieues, à fr. 0-45. 9,560-00

L'importation de grains est estimée à 234 tonneaux, moitié de ceux introduits par le bureau de Heer, dont le montant est de 468 tonneaux, et qui parcourront moyennement 6 lieues, à fr. 0-45 . . 631-80

Total . . . . . . fr. 9,991-80

12° Vins et liquides. L'on estime que le transport des liquides tels que bières, liqueurs, vinaigres, etc., pourrait s'élever, au moins, à 2,000 tonn., parcourant, en moyenne, 6 lieues, à fr. 0-50 6,000-00

L'importation est de 819 tonneaux de vins en cercle parcourant 6 lieues, à fr. 0-50 2,457-00

et de 146 id. id. en bouteilles parcourant 6 lieues, à fr. 0-50 438-00

Total . . . . . . fr. 8,895-00

13° Cendres de mer. Il résulte des renseignements pris chez le négociant précité que le transport des cendres de mer peut être évalué à 2,400 tonneaux, parcourant la distance de 6 lieues sur le rail-way, à fr. 0-45 . . 3,780-00

Total . . . . . . fr. 3,780-00

14° Denrées coloniales. Il conste du Tableau général du commerce de la Belgique avec les pays étrangers, pages 88 et 89,

A reporter . . . . fr. 1,096,687-34

Report . . . . fr. 1,096,687-34

que la totalité des marchandises coloniales, mises en consommation dans le royaume, s'est élevée moyennement à 103,039 tonneaux, pendant la période quinquennale de 1835 à 1840, pour une population de 4,000,000 d'habitants. Or, la population de l'Entre-Sambre-et-Meuse agglomérée dans une zone de 1 lieue de largeur de part et d'autre du rail-way projeté étant de 50,000 environ, on peut admettre que sa consommation s'élèvera dans la même proportion que celle du reste du pays et qu'elle atteindra, en conséquence, le chiffre proportionnel de 1,288 tonneaux dont 920 parcourront sur la branche principale une distance réduite de 6 lieues, à fr. 0-60. 3,312-00

91 tonneaux parcourront sur l'embranchement de Thy-le-Château 4 lieues, à fr. 0-60 218-40

128 tonneaux parcourront sur l'embranchement vers Morialmé 6 lieues, à fr. 0-60 460-80

149 tonneaux parcourront sur l'embranchement vers Froidmont 5,20 lieues, à fr. 0-60 464-88

Il résulte des renseignements recueillis aux frontières, que le commerce d'infiltration de ces mêmes marchandises en France, s'élève à 300 tonneaux par an, qui parcourront sur le rail-way 10,40 lieues, à fr. 0-60 1,872-00

Total . . . . . fr. 6,328-08

15° Voyageurs. Les renseignements recueillis ont fait reconnaître que le mouvement des voyageurs de Charleroy vers Beaumont et Chimay, de Charleroy vers Philippeville et Couvin et de Namur vers Philippeville et Couvin, s'élève moyennement à 254 personnes, transportées à 1 lieue, en un jour, ou à 8,914 personnes parcourant en un an la distance moyenne de 11,30 de Marchienne à la frontière ou à Couvin; si l'on admet que ce transport sera quintuplé, après l'achèvement du rail-way, le mouvement sera de 44,570 voyageurs, parcourant la distance de 11,30 lieues par an, qui seront répartis de la manière suivante, savoir :

En diligences $\frac{8}{81}$, ou 4,402, parc[t] 11,30 l. à fr. 0-50=24,871-30
En ch.-à-bancs $\frac{26}{81}$, ou 14,306, » 11,30 » 0-35=56,580-25
En waggons $\frac{47}{81}$, ou 25,862, » 11,30 » 0-25=73,060-15

Total . . . . . . fr. 154,511-68

À reporter . . . . . . fr. 1,257,527-10

Report . . . . fr. 1,257,527-10

16° Bagages. Si l'on admet, pour le transport des bagages, la moyenne de 3½ kilog. par voyageur et par lieue, constatée, en 1841, au rail-way de l'État (*voir* pag. 61 du Rapport de la commission des tarifs), l'on trouve que le poids total des bagages des 44,570 voyageurs sera de 155,995 kilog., transportés à 11,30 lieues, à fr. 0-25 par 100 kilog. 4,406-86

Total . . . . . fr. 4,406-86

17° Marchandises de diligence. Il résulte de la lecture du tableau inséré à la page 79 du Rapport de la commission des tarifs, que le transport avec remise à domicile des marchandises de diligence sur les 66 lieues du chemin de fer de l'État livrées à l'exploitation, pendant l'année comprise entre le 1er août 1840 et le 1er août 1841, s'est élevé à 174,785 colis, sur lesquels il a été perçu la somme de . . . . fr. 125,624-26
à 9,047,959 kilog. de marchandises comptées au poids, qui ont rapporté . 159,403-28
et à 15,794 groups de finances qui ont donné un produit de . . . . . 18,256-76.

Si donc l'on pouvait supposer que les transports se répartissent dans la même proportion sur les 18,40 lieues environ du chemin de fer de l'Entre-Sambre-et-Meuse, les quantités transportées et le produit seraient à ceux du rail-way de l'État comme 18,40 : 66, en admettant pour base de la perception les prix du tarif du 19 juillet 1840; mais cette proportion ne pouvant raisonnablement être adoptée pour les transports sur la communication nouvelle qui doit desservir un pays beaucoup moins peuplé, l'on a supposé qu'ils ne s'y élèveraient qu'à la moitié et qu'ainsi ils seraient à ceux du rail-way de l'État comme 9,20 : 66, ce qui donnerait le résultat suivant :

			Recette.
Transport des marchandises, par colis,		24,364 colis,	fr. 17,511-22
Id.	id. au poids,	1,261,231 kilog.,	» 22,219-81
Groups de finances	....	2,202 groups,	» 2,544-91

Pour connaître le poids moyen de ces 24,364 colis, l'on observera que, puisqu'ils ont donné, en chiffre rond, une recette de fr. 17,511, le produit de chacun d'entre eux a été de 0-72 environ; et comme la perception a été faite d'après le tarif du 19 juillet 1840, au prix de fr. 0-20 par 100 kilog. de mar-

A reporter . . . . . . fr. 1,261,933-96

Report . . . . fr. 1,261,933-96

chandises transportés à 1 lieue, si l'on divise 0-72 par 0-20, le quotient 3-60 indique que chaque colis de 1,000 kilog. parcourra 3,60 lieues sur le rail-way. Le poids total des colis étant de 2,436 tonneaux parcourant 3,60 lieues, l'on aura, à raison de fr. 2-50 par tonneau et par lieue, prix du tarif des marchandises de diligence, une recette de fr. . . . 21,927-60

La quantité connue des marchandises de diligence à transporter au poids étant, d'après ce qui précède, de 1,261,231 kilog., et son produit, au prix du tarif du 19 juillet 1840, étant, en nombres ronds, de fr. 22,219, chaque centaine de kilog. donnera un produit de fr. 1-76, sur le parcours des 18,40 lieues du rail-way projeté; divisant cette somme par fr. 0-20, prix du transport de 100 kilog. à 1 lieue d'après le tarif précité, on trouve que la longueur du transport moyen est de 8,80 lieues, soit 9 lieues. En conséquence, les 1,261,231 kilog., ou 1,261 tonneaux de marchandises de diligence, parcourront 9 lieues sur le rail-way, et donneront, au prix de fr. 2-50 par lieue et par tonneau, un produit de 28,377-70

Il serait impossible de déterminer exactement la valeur et le poids des 2,202 groups de finances; mais on observera que leur produit étant, en nombres ronds, de fr. 2,545, d'après le tarif du 19 juillet 1840, il en résulte que le prix du transport moyen de 1,000 francs, à 1 lieue, peut être évalué à fr. 0-373; si l'on divise la somme de fr. 2,545 par 0-373, on trouve que le montant des fonds à transporter peut être évalué à fr. 6,823,056 à 1 lieue, lesquels, au prix moyen du tarif, fr. 0-50 par 1,000 francs, rapporteront 3,411-53

(Cette somme pouvant être supposée en monnaie d'argent, pour tenir lieu de la différence de la pésanteur spécifique des parties en or et de celles en cuivre, pèserait, à raison de 5 grammes par franc, environ 34,115 kilog.)

Total . . . . fr. 53,716-83

18° Voitures. Il résulte de la lecture du rapport, publié en 1842, sur l'exploitation des chemins de fer de l'État, page xc, que la longueur totale du rail-way exploité, en 1841, s'élevait à 66 lieues; l'on voit aussi, page 142 du même rapport, que le transport des voitures particulières s'y est élevé à 2,880, ce qui revient

A reporter . . . . fr. 1,315,650-79

Report . . . . fr. 1,315,650-79

à peu près à 44 voitures par lieue et par an; nous supposerons, dans l'absence de tout document capable de nous éclairer relativement au produit présumé du transport des voitures sur le rail-way projeté, qu'il ne s'y élèvera qu'à la moitié de celui du chemin de fer de l'État, et qu'en conséquence le parcours moyen des voitures y sera réduit à 22 par an et par lieue sur chacune des 11,30 lieues de Marchienne à la frontière ou à Couvin. La totalité des voitures parcourant cette distance sera, en conséquence, de 229, dont 189 à 4 roues parcourant 11,30 lieues, à fr. 3 6,407-10

Et 40 à 2 roues, faisant un trajet de 11,30 lieues, à fr. 2 904-00

Total . . . . . fr. 7,311-10

19° Chevaux et bétail. Le nombre des chevaux exportés en France s'élève, moyennement, à 1,152 par an, au bureau de Bruly (*Annexe n° 8*); leur transport s'effectuera nécessairement par le rail-way, puisque les prix du tarif y sont établis de façon à permettre aux marchands de conduire leurs chevaux à un taux égal, sinon inférieur, à celui auquel leur revient ce transport qui a lieu actuellement par troupes ou caravanes.

Le plus grand nombre de ces chevaux, qui proviennent de l'Allemagne, est destiné aux remontes de la cavalerie française; on peut l'évaluer, au moins, aux $\frac{2}{3}$ de l'exportation, ou à 800 têtes, qui parcourront sur le rail-way la distance entière de Charleroy à Couvin, ou 10,40 lieues, au prix moyen de fr. 0-90. 7,488-00

L'autre partie, ou 352 têtes, comprend généralement les chevaux de trait, employés au roulage ou à la remonte de l'artillerie; elle provient, en général, du pays de l'Entre-Sambre-et-Meuse, et l'on croit pouvoir évaluer son parcours moyen sur le rail-way à 5,20 lieues, à fr. 0-90 1,647-36

Le transport des bœufs, vaches, etc., au même bureau, s'élève, moyennement, à 50 têtes par an (*Annexe n° 8*). On estime qu'ils proviennent des environs de Charleroy et qu'ils donneront lieu à un parcours d'environ 10,40 lieues, au prix moyen de fr. 0,70 364-00

A reporter . . fr. 9,499-36 1,322,961-89

Report . . . fr.	9,499-36	1,322,961-89
La moyenne de l'exportation du bétail, tel que veaux, porcs, etc., par le même bureau, s'élève à 1,240 têtes environ par an (*Annexe n° 8*); cette quantité parcourra également, sur le rail-way, environ 10,40 lieues, à fr. 0,40, prix moyen par tête.	5,158-40	
On peut estimer que le mouvement intérieur des foires et marchés aux chevaux de l'Entre-Sambre-et-Meuse donnera lieu à une circulation annuelle, sur le rail-way, d'environ 300 chevaux, parcourant, moyennement, 6 lieues, à fr. 0-90	1,620-00	
Le transport des bœufs, etc., aux foires et marchés peut être évalué, sans exagération, à 200 têtes, parcourant aussi 6 lieues, moyennement, à fr. 0-70.	840-00	
Celui du bétail peut être compté à raison de 500 têtes au moins, parcourant 6 lieues, à fr. 0-40. .	1,200-00	
Total . . . . fr.		18,517-76
Total général . . . . fr.		1,341,279-65

Mouvement des transports du 7e projet.

DIRECTION DE MARCHIENNE VERS VIREUX.

TRONC PRINCIPAL.			EMBRANCHEMENTS.		
Tonneaux.	Lieues.	Tonn.-lieue.	Tonneaux.	Lieues.	Tonn.-lieue.
		Houilles.			
65,000	12.20	793,000-00	»	»	»
300	4.00	1,200-00	»	»	»
972	10.40	10,108-80	»	»	»
1,904	10.40	19,801-60	»	»	»
1,296	10.40	13,478-40	»	»	»
648	4.20	2,721-60	648	2.00	1,296-00
1,386	3.40	4,712-40	1,386	1.40	1,940-40
6,500	3.40	22,100-00	6,500	0.40	2,600-00
2,462	4.20	10,340-40	2,462	2.80	6,893-60
1,425	4.20	5,985-00	1,425	2.00	2,850-00
971	4.20	4,078-20	971	1.40	1,359-40
752	9.80	7,369-60	»	»	»
5,400	3.40	18,360-00	5,400	1.40	7,560-00
21,600	3.40	73,440-00	21,600	0.40	8,640-00
2,880	4.20	12,096-00	2,880	1.00	2,880-00
A reporter . . . fr.		998,792-00	A reporter . . . fr.		36,019-40

TRONC PRINCIPAL.			EMBRANCHEMENTS.		
Tonneaux.	Lieues.	Tonn.-lieue.	Tonneaux.	Lieues.	Tonn.-lieue.
	Report . . . fr.	998,792-00		Report . . . fr.	36,019-40
2,850	4.20	11,970-00	2,850	2.00	5,700-00
1,232	10.40	12,812-80	»	»	»
2,000	7.00	14,000-00	»	»	»
1,000	4.20	4,200-00	»	»	»
16,205	6.00	97,230-00	»	»	»
			2,631	1.00	2,631-00
4,884	4.20	20,512-80	2,253	1.80	4,055-40
1,598	3.40	5,433-20	1,598	0.60	958-80

Minerai de fer.

Tonneaux.	Lieues.	Tonn.-lieue.	Tonneaux.	Lieues.	Tonn.-lieue.
1,454	0.80	1,163-20	»	»	»
1,000	0.80	800-00	1,000	1.20	1,200-00
800	0.80	640-00	800	0.80	640-00
»	»	»	1,000	0.40	400-00
»	»	»	2,100	0.80	1,680-00
»	»	»	300	0.80	240-00
»	»	»	2,000	1.20	2,400-00
2,000	1.80	3,600-00	»	»	»
2,000	2.60	5,200-00	»	»	»
700	4.20	2,940-00	»	»	
270	5.60	1,512-00	»	»	»
270	5.60	1,512-00	»	»	»
270	5.60	1,512-00	»	»	»
270	5.60	1,512-00	»	»	»
1,440	6.20	8,928-00	»	»	»
1,440	6.20	8,928-00	»	»	»
2,880	6.20	17,856-00	»	»	»
2,880	6.20	17,856-00	»	»	»
540	6.20	3,348-00	»	»	»
270	6.20	1,674-00	»	»	»
»	»	»	16,000	0.40	6,400-00

Castine.

Tonneaux.	Lieues.	Tonn.-lieue.	Tonneaux.	Lieues.	Tonn.-lieue.
233	1.50	349-50	»	»	»

Charbon de bois.

Tonneaux.	Lieues.	Tonn.-lieue.	Tonneaux.	Lieues.	Tonn.-lieue.
»	»	»	1,120	0.80	896-00
»	»	»	1,344	1.60	2,150-40
»	»	»	1,200	1.80	2,160-00
980	1.00	980-00	»	»	»
»	»	»	350	1.60	560-00
A reporter . . . fr.		1,245,261-50	A reporter . . . fr.		68,091-00

TRONC PRINCIPAL.			EMBRANCHEMENTS.		
Tonneaux.	Lieues.	Tonn.-lieue.	Tonneaux.	Lieues.	Tonn.-lieue.
Report . . . . fr.		1,245,261-50	Report. . . . fr.		68,091-00
Fonte et fer ouvré.					
144	3.00	432-00	»	»	»
Bois.					
	Néant.			Néant.	
Écorces.					
	Néant.			Néant.	
Pierres et marbres.					
5,000	6.00	30,000-00	»	»	»
1,500	6.00	9,000-00	»	»	»
Ardoises.					
	Néant.			Néant.	
Tuiles et pannes.					
1,000	5.00	5,000-00	»	»	»
500	2.50	1,250-00	500	1.50	750-00
Grains.					
2,000	10.40	20,800-00	»	»	»
Vins et liquides.					
2,000	6.00	12,000-00	»	»	»
Cendres de mer.					
1,400	4.20	5,880-00	1,400	1.80	2,520-00
Denrées coloniales.					
920	6.00	5,520-00	»	»	»
91	3.40	309-40	91	0.60	54-60
128	4.20	537-60	128	1.80	230-40
149	4.20	625-80	149	1.00	149-00
300	10.40	3,120-00	»	»	»
A reporter . . . fr.		1,339,736-30	A reporter . . . fr.		71,795-00

TRONC PRINCIPAL.			EMBRANCHEMENTS.		
Tonneaux.	Lieues.	Tonn.-lieue.	Tonneaux.	Lieues.	Tonn.-lieue.
Report . . . . fr.		1,339,736-30	Report . . . . fr.		71,795-00
Bagages.					
78	11.30	881-40	»	»	»
Marchandises de diligence.					
870 (colis)	3.60	3,132-00	141 (colis)	3.60	507-60
			121 id.	3.60	435-60
			86 id.	3.60	309-60
Au poids.		4,054-00	Au poids		658-00
					563-00
					400-00
Groups		11-00	Groups		6-00
Voitures.					
37.80	11.30	427-14	»	»	»
5	11.30	56-50	»	»	»
Chevaux et Bétail.					
200	10.40	2,080-00	»	»	»
88	5.20	457-60	»	»	»
15	10.40	156-00	»	»	»
124	10.40	1,289-60	»	»	»
75	3.00	225-00	»	»	»
60	3.00	180-00	»	»	»
50	3.00	150-00	»	»	»
Total. . . . fr.		1,352,836-54	Total . . . . . fr.		74,674-80

Voyageurs.

22,285 voyageurs à 11.30 lieues = 251,820-50 à 1 lieue.

DIRECTION DE VIREUX VERS MARCHIENNE.

TRONC PRINCIPAL.			EMBRANCHEMENTS.		
Tonneaux.	Lieues.	Tonn.-lieue.	Tonneaux.	Lieues.	Tonn.-lieue.
		Houilles.			
	Néant.			Néant.	
		Minerai de fer.			
69,311	4.20	291,106-20	69,311	2.00	138,622-00
20,000	3.40	68,000-00	»	»	»
»	»	»	1,454	2.00	2,908-00
»	»	»	2,000	1.00	2,000-00
»	»	»	1,600	1.20	1,920-00
»	»	»	1,000	1.00	1,000-00
»	»	»	2,000	0.80	1,600-00
»	»	»	2,100	1.00	2,100-00
»	»	»	300	1.80	540-00
»	»	»	600	0.50	300-00
»	»	»	2,000	1.00	2,000-00
»	»	»	2,000	2,00	4,000-00
»	»	»	700	2.00	1,400-00
700	1.40	980-00	»	»	»
»	»	»	270	2.00	540-00
»	»	»	270	2.00	540-00
»	»	»	270	2.00	540-00
»	»	»	270	2.00	540-00
»	»	»	1,440	2.80	4,032-00
»	»	»	1,440	2.80	4,032-00
»	»	»	2,880	2.00	5,760-00
»	»	»	2,880	2.00	5,760-00
»	»	»	540	2.00	1,080-00
»	»	»	270	2.00	540-00
2,292	4.20	9,626-40	2,292	2.00	4,584-00
1,145	3.40	3,893-00	»	»	»
16,000	0.80	12,800-00	16,000	2.00	32,000-00
4,771	4.20	20,038-20	4,771	2.00	9,542-00
		Castine.			
640	0.50	320-00	»	»	»
		Charbon de bois.			
1,120	3.20	3,584-00	»	»	»
1,344	2.40	3,225-60	»	»	»
A reporter . . . fr.		413,573-40	A reporter . . . fr.		227,880-00

TRONC PRINCIPAL.			EMBRANCHEMENTS.		
Tonneaux.	Lieues.	Tonn.-lieue.	Tonneaux.	Lieues.	Tonn.-lieue.
Report . . . . fr.		413,573-40	Report . . . . fr.		227,880-00
1,200	2.20	2,640-00	»	»	»
2,688	2.00	5,376-00	»	»	»
980	1.00	980-00	»	»	»
340	4.00	1,360-00	»	»	»
340	4.00	1,360-00	»	»	»
600	4.00	2,400-00	»	»	»
2,100	3.00	6,300-00	»	»	»
350	1.40	490-00	»	»	»
2,000	2.00	4,000-00	»	»	»
Fonte et fer ouvré.					
»	»	»	144	1.00	144-00
495	5.20	2,574-00	»	»	»
860	10.40	8,944-00	»	»	»
330	0.60	198-00	»	»	»
234	5.40	1,263-60	»	»	»
330	1.20	396-00	»	»	»
234	4.80	1,123-20	»	»	»
330	2.00	660-00	»	»	»
234	4.00	936-00	»	»	»
330	0.80	264-00	330	1.40	462-00
234	3.40	795-60	»	»	»
234	1.80	421-20	234	1.20	280-80
300	1.00	300-00	»	»	»
211	2.00	422-00	»	»	»
500	2.40	1,200-00	500	1.60	800-00
351	2.40	842-40	»	»	»
340	3.00	1,020-00	340	1.20	408-00
245	1.20	294-00	»	»	»
200	0.44	80-00	»	»	»
2,488	10.40	25,875-20	»	»	»
350	8.40	2,940-00	»	»	»
1,260	6.00	7,560-00	»	»	»
500	4.20	2,100-00	500	1.60	800-00
500	4.20	2,100-00	500	2.00	1,000-00
620	4.20	2,604-00	620	1.00	620-00
400	4.20	1,680-00	400	0.80	320-00
8,000	3.40	27,200-00	8,000	0.40	3,200-00
2,450	3.40	8,330-00	2,450	1.40	3,430 00
Bois.					
30,000	6.40	192,000-00	»	»	»
5,400	10.40	56,160-00	»	»	»
A reporter . . . fr.		788,762-60	A reporter . . . fr.		239,344-80

TRONC PRINCIPAL.			EMBRANCHEMENTS.		
Tonneaux.	Lieues.	Tonn.-lieue.	Tonneaux.	Lieues.	Tonn.-lieue.
Report . . . . fr.		788,762-60	Report . . . . fr.		239,344-80
1,000	10.40	10,400-00	»	»	»
1,000	10.40	10,400-00	»	»	»
1,000	6.60	6,600-00	»	»	»
Écorces.					
1,500	10.40	15,600-00	»	»	»
750	10.40	7,800-00	»	»	»
750	6.60	4,950-00	»	»	»
Pierres et marbres.					
5,000	6.00	30,000-00	»	»	»
Ardoises.					
468	10.40	4,867-20	»	»	»
1,000	10.40	10,400-00	»	»	»
3,885	12.20	47,397-00	»	»	»
2,960	12,20	36,112-00	»	»	»
Tuiles et pannes.					
	Néant.			Néant.	
Grains.					
234	6.00	1,404-00	»	»	»
Vins et liquides.					
819	6.00	4,914.00	»	»	»
146	6.00	876-00	»	»	»
Cendres de mer.					
	Néant.			Néant.	
Denrées coloniales.					
	Néant.			Néant.	
Bagages.					
78	11.30	881-40	»	»	»
A reporter . . . fr.		981,364-20	A reporter . . . fr.		239,344-80

TRONC PRINCIPAL.			EMBRANCHEMENTS.		
Tonneaux.	Lieues.	Tonn.-lieue.	Tonneaux.	Lieues.	Tonn.-lieue.
Report . . . . fr.		981,364-20	Report . . . . fr.		239,344-80

Marchandises de diligence.

			141 (colis)	3.60	507-60
870 (colis)	3.60	3,132.00	121 id.	3.60	435-60
			86 id.	3.60	309-60
					658-00
Au poids		4,054-00	Au poids		563-00
					400-00
Groups		11-00	Groups		6-00

Voitures.

37.80	11.30	427-14	»	»	»
5	11.30	56-50	»	»	»

Chevaux et bétail.

75	3.00	225-00	»	»	»
60	3.00	180-00	»	»	»
50	3.00	150-00	»	»	»
Total. . . . . fr.		989,599-84	Total. . . . . fr.		242,224-60

Voyageurs.

22,285 voyageurs à 11.30 lieues = 251,820-50 à 1 lieue.

RÉCAPITULATION.

Marchandises.

	Tonn.-lieue.	Tonn.-lieue.
Direction de Marchienne vers Vireux, Sur le tronc principal	1,352,836	2,342,436
Direction de Vireux vers Marchienne, Sur le tronc principal	989,600	
Direction de Marchienne vers Vireux, Sur les embranchements	74,675	316,900
Direction de Vireux vers Marchienne, Sur les embranchements	242,225	
Tonnage total à 1 lieue		2,659,336

Voyageurs.

	Voyag. à 1 lieue.
En remonte et en descente sur le tronc principal et sur l'embranchement de Couvin	503,641

x

Frais de locomotion.

Si l'on applique les prix de locomotion, adoptés pour le projet n° 6, pag. LX, au mouvement général des transports du projet n° 7, l'on trouve que les frais de locomotion peuvent être évalués, ainsi qu'il suit, savoir :

Tronc principal.

2,342,436 tonneaux à une lieue, à fr. 0-21. . . . . . fr.	491,911-56

Embranchements.

316,900 tonneaux à une lieue, à fr. 0-20.	63,380-00
Supplément de frais de traction sur les plans automoteurs, par approximation	11,997-84
503,641 voyageurs transportés à une lieue, à fr. 0-15. . .	75,546-15
Total . . . . . fr.	642,835-55

Matériel d'exploitation.

12	locomotives avec leurs tenders, à fr. 47,000 . . . . fr.	564,000-00
320	waggons pour grosses marchandises, à fr. 2,300 . . .	736,000-00
8	id. pour bagages et marchandises de diligence, à fr. 3,000	24,000-00
10	id. pour chevaux, à fr. 3,200	32,000-00
10	id. pour bétail, à fr. 2,500	25,000-00
8	diligences, à fr. 4,000.	32,000-00
50	bâches en cuir imperméable, à fr. 350.	17,500-00
50	id. en toile id., à fr. 100.	5,000-00
16	paniers à couvercle, à fr. 9	144-00
100	id. à coak, à fr. 6	600-00
4	grues mobiles sur chariot, à fr. 3,200	12,800-00
4	forges de campagne, à fr. 700	2,800-00
4	petits waggons de service, à fr. 500	2,000-00
	Imprévu	66,156-00
	Total . . . . . fr.	1,520,000-00

Atelier de grosses réparations et matériel des stations.

Atelier de grosses réparations à Marchienne-au-Pont, y compris l'outillage . . . . fr.	200,000-00
Mobilier des quatre stations principales de Marchienne, Walcourt, Couvin et de la frontière, vers Vireux, à fr. 1,150. . .	4,600-00
Mobilier des dix stations intermédiaires de Hameau, Thy-le-Château, Silenrieux, Cerfontaine, Mariembourg, Olloy, Laneffe, Morialmé, Fairoul et Froidmont, à fr. 800	8,000-00
Huit pompes à incendie, avec accessoires, dans les quatre stations principales, à fr. 1,900	15,200-00
Engins, balances et bascules, pour les marchandises, dans les quatre stations principales, à fr. 5,200	20,800-00
A reporter . . . . . fr.	248,600-00

Report . . . . . fr.	248,600-00
Engins, balances, bascules, pour les marchandises, dans les dix stations intermédiaires, à fr. 4,500	45,000-00
Engins pour le chargement et le déchargement dans les quatre stations principales, servant en même temps aux réparations des locomotives, à fr. 3,500	14,000-00
Id. pour les dix stations intermédiaires, à fr. 1,150 . . .	11,500-00
Outillage de quatre ateliers de petites réparations, à fr. 5,000	20,000-00
Imprévu.	10,900-00
Total . . . . . fr.	350,000-00

Le résultat financier de l'exécution de chacun des sept projets est consigné dans le tableau ci-après :

TABLEAU RÉCAPITULATIF DES DÉPENSES ET RECETTES.

INDICATION DES PROJETS.	LONGUEURS.	DÉPENSES DE PREMIER ÉTABLISSEMENT.								DÉPENSES ANNUELLES.			PRODUIT ANNUEL des PÉAGES.	EXCÉDANT ANNUEL des RECETTES sur les DÉPENSES.	INTÉRÊT ANNUEL du CAPITAL.	Observations.
		RAIL-WAY et STATIONS.	MATÉRIEL de LOCOMOTION.	ATELIER de grosses réparations, matériel des stations.	SOMMES.	FRAIS de SURVEILLANCE. 3 p. %.	TOTAL.	INTÉRÊTS pendant 1 an et 1/2, moitié de la durée des travaux. 7 ½ p. %.	CAPITAL.	ENTRETIEN DU RAIL-WAY et des STATIONS.	LOCOMOTION.	TOTAL.				
	Kilom.	Fr.	Fr.	Fr.	Fr.	Fr.	Fr.	Fr.	Fr.	Fr.	Fr.	Fr.	Fr.	Fr.		
N° 1. *Direction de Charleville.* — Pentes de 0m,005 et 0m,006 sur les deux versants de la crête de partage.	Tronc principal 83, 3 embranchemts 25½ } 108½	10,351,348	1,660,000	350,000	12,361,348	370,840	12,732,188	954,914	13,687,102	206,958	756,892	963,850	1,679,645	715,795	5.23 %.	
N° 2. *Direction de Vireux.* — Pentes de 0m,005 et 0m,006 sur les deux mêmes versants.	Tronc principal 70, 4 embranchemts 30½ } 100½	10,295,510	1,710,000	350,000	12,355,510	370,665	12,726,175	954,463	13,680,638	200,226	678,892	879,118	1,504,000	624,882	4.57 %.	Les dépenses de l'entretien et de la locomotion comprennent les frais du personnel qui y est respectivement attaché. Celles de la locomotion comprennent, en outre, les frais d'administration générale.
N° 3. *Direction de Vireux.* — Plans inclinés à la crête de partage.	Tronc principal 64, 4 embranchemts 30½ } 94½	9,734,930	1,770,000	350,000	11,854,930	355,648	12,210,578	915,793	13,126,371	185,706	626,892	812,598	1,355,249	542,651	4.13 %.	
N° 4. *Direction de Charleville.* — Pentes de 0m,007 sur les deux versants.	Tronc principal 81, 3 embranchemts 25½ } 106½	10,210,457	1,490,000	350,000	12,050,457	361,514	12,411,971	930,898	13,342,869	216,656	771,000	987,656	1,630,062	642,406	4.81 %.	
N° 5. *Direction de Vireux.* — Pentes de 0m,007 sur les deux versants.	Tronc principal 68, 4 embranchemts 30½ } 98½	10,154,619	1,540,000	350,000	12,044,619	361,339	12,405,958	930,447	13,336,405	201,509	677,000	878,509	1,426,533	548,024	4.14 %.	
N° 6. *Direction de Charleville.* — Pentes de 0m,0065 et 0m,008 sur les deux versants.	Tronc principal 75, 3 embranchemts 25½ } 100½	10,175,739	1,470,000	350,000	11,995,739	359,872	12,355,611	926,671	13,282,282	203,060	710,740	913,800	1,488,697	574,897	4.33 %.	
N° 7. *Direction de Vireux.* — Pentes de 0m,0055 et 0m,008 sur les deux versants.	Tronc principal 62, 4 embranchemts 30½ } 92½	10,119,901	1,520,000	350,000	11,989,901	359,697	12,349,598	926,220	13,275,818	192,533	642,836	835,369	1,341,280	505,911	3.81 %.	

Comparaison des divers projets.

Sept projets ont été étudiés, trois dans la direction de Charleville et quatre dans celle de Vireux.

Parmi ces derniers, l'on croit pouvoir écarter, d'abord, le projet n° 5, qui traverse la crête de partage de l'Entre-Sambre-et-Meuse, au moyen de deux plans inclinés adossés ; parce que les difficultés que présente l'exploitation des plans, les dangers et les retards qu'y occasionnent les moindres accidents, sont des inconvénients notoires, en Belgique comme à l'étranger, et qu'il semble inutile, en effet, de les développer ici de nouveau, pour motiver l'abandon de ce projet qui, du reste, sous le rapport financier, est encore l'un des moins productifs de tous ceux étudiés.

Il reste donc à comparer les trois projets, dans chacune des directions de Charleville et de Vireux.

Si l'on se borne à les examiner sous le rapport de l'art, il est évident que les projets n° 1 et 2, comparés à ceux n° 6 et 7, offrent, à la fois, les pentes les plus douces, les courbes de plus grand rayon, et, par conséquent, l'exploitation la plus facile, la plus sûre, et la moins dispendieuse. Ils devraient dès-lors être préférés aux autres, avec d'autant plus de raison, que, présentant également les plus grands avantages sous le rapport financier, ils permettraient vraisemblablement de rendre purement morale la garantie d'intérêt du capital d'exécution, que réclament de l'État les demandeurs en concession ; mais il faut observer que tous ces avantages ne peuvent être obtenus qu'aux dépens du commerce, auquel il faudrait imposer un surcroît de péages occasionné par un détour de 8 kilomètres ; et comme, d'un autre côté, pour éviter, si faire se peut, toute concurrence ultérieure, entre les transports par la Meuse et ceux par la communication projetée, il est essentiel de réduire, autant que possible, la longueur du parcours du rail-way entre la Sambre et la Meuse, puisque les frais de transport par les chemins de fer sont beaucoup plus élevés que ceux par les rivières ou canaux : par ces motifs, l'on croit que, dans l'intérêt commun du commerce et de l'État, il faut accorder la préférence au tracé le moins long, c'est-à-dire à l'un des projets n° 6 et 7, plus courts de 8 kilomètres que les projets n° 1 et 2, et dont les pentes *maximum* (0^{m},008) peuvent facilement être parcourues par les locomotives de 16 pouces que l'on compte employer sur cette ligne.

L'adoption de l'un des projets n° 4 et 5, comparés aux projets n° 1 et 2, ne permettant de raccourcir le tracé que de 2 kilomètres environ, et la pente *maximum* (0^{m},007) exigeant également l'emploi de forts remorqueurs, l'on estime que le racourcissement de 2 kilomètres, que l'on obtiendrait par l'adoption de ce tracé, ne pourrait compenser les avantages qui résulteraient, pour le commerce et l'industrie, de l'adoption des tracés n° 6 et 7, plus courts de 6 kilomètres.

Il reste donc à comparer entre eux, les projets n° 6 et 7 ; le premier, dans la direction de Charleville ; le second, dans celle de Vireux. Or, il a été établi, dans le cours du présent rapport, que le projet n° 6 serait plus avantageux au pays que le projet n° 7, parce que le parcours direct de Marchienne à Charleville par le projet n° 6 étant plus court que celui par le projet n° 7, de Marchienne à Vireux, et de cet endroit par la Meuse à Charleville, et n'étant pas sujet, comme ce dernier, aux retards qu'occasionneraient au parcours les fréquentes interruptions de la navigation intermittente de la Meuse, il deviendra possible au commerce de se procurer, par la première de ces communications, des houilles fraîches en tout temps et à plus bas prix, puisque les frais de transport par le rail-way direct sont moins élevés que ceux par celui de Vireux et par la Meuse; parce que le projet n° 6 favorise l'exploitation des forêts et des ardoisières du pays, tandis que celui n° 7 est avantageux seulement aux ardoisières françaises de Fumay, au détriment des nôtres; parce que la possibilité qui a été établie de donner au projet n° 6 le caractère d'une grande communication internationale, en le reliant par le rail-way décrété de Paris à Strasbourg au système général des chemins de fer français, ne peut être le partage du projet n° 7 qui, de l'aveu des ingénieurs de ce pays, ne peut être relié à ce même système de communications, sans y employer des capitaux hors de proportion avec l'importance du rail-way; et parce qu'enfin, l'estimation comparative des produits démontre, à l'évidence, que le projet n° 6 est plus avantageux sous le rapport financier que celui n° 7.

Tels sont donc les motifs principaux qui ont déterminé la préférence que l'on a accordée au projet n° 6 sur celui n° 7, dont l'exécution, bien que présentant également tous les caractères de l'utilité publique, ne devrait néanmoins avoir lieu que dans le cas où il ne serait pas établi de chemin de fer sur le territoire français, dans la direction de Charleville.

Marcinelle, le 20 mars 1844.

L'ingénieur des ponts et chaussées,

J. MAGIS.

Cahier d'Annexes *B*.

(N° 1—28, pag. 1—161.)

Annexe n° 1

DENRÉES COLONIALES.

TABLEAU D'IMPORTATION MOYENNE, EN CONSOMMATION.

ANNÉES 1835 A 1839 INCLUSIVEMENT.

(Extrait du Tableau général du commerce de la Belgique avec les pays étrangers, publié en 1843 par le Département de l'Intérieur. Pag. 87 et suivantes.)

ANNEXE N° 1 (*suite*).

Commerce d'importation de la Belgique avec les pays étrangers.

MARCHANDISES MISES EN CONSOMMATION.	MOYENNE QUINQUENNALE DE 1835 A 1839. EN KILOG.	*Observations.*
Amandes	166,515	
Cacao	185,661	
Café	16,307,665	
Cannelle	61,923	
Cochenille	4,078	
Colle de poisson	4,851	
Crème ou cristal de tartre	25,333	
Épiceries non dénommées au tarif, fr. 197,035	»	Poids inconnu.
Figues	990,264	
Fromages	1,014,492	
Fruits non dénommés au tarif. . . fr. 406,125	»	Poids inconnu.
Gommes	105,070	
Ammoniac	22,669	
Goudron	1,133,407	
Huiles comestibles . . . . lit. 610,612	»	Poids inconnu.
Id. pour fabriques. . . . . . fr. 1,494,599	»	Id.
Indigo	156,457	
Jus de réglisse	138,653	
Laines	3,896,054	
Lin	571,048	
Manganèse	200,364	
Mercure	3,530	
Miel	210,635	
A reporter.	25,198,669	

MARCHANDISES MISES EN CONSOMMATION.	MOYENNE QUINQUENNALE DE 1835 A 1839. EN KILOG.	*Observations.*
Report.	25,198,669	
Mine de plomb	129,073	
Noix de galles	41,617	
Poivre et piment	375,086	
Poix	182,407	
Prunes et pruneaux	354,406	
Quinquina	4,415	
Raisins	736,093	
Résineux	332,436	
Riz	4,154,339	
Safran	1,759	
Salpêtre	308,218	
Savon	296,515	
Sel brut	29,329,143	
Soude	151,502	
Soufre	895,938	
Sucres bruts, têtes et terrés	19,825,059	
Sumac	253,045	
Tabacs non fabriqués	5,446,493	
Id. fabriqués	71,751	
Tartre de vin	36,371	
Thé	63,472	
Tournesol	120,081	
Tourteaux	14,755,441	
Vert de gris et autres verts	26,275	
Total	103,089,604	

TABLEAUX DE L'EXPORTATION, DE L'IMPORTATION, EN CONSOMMATION, EN ENTREPOT ET EN TRANSIT, DES MARCHANDISES CI-APRÈS DÉSIGNÉES, SAVOIR :

N° **2.** — **Houilles** *(exportation).*
3. — **Vins** *(importation).*
4. — **Ardoises** *(importation).*
5. — **Id.** *(importation en transit).*
6. — **Id.** *(exportation).*
7. — **Grains** *(importation).*
8. — **Bestiaux** *(exportation).*
9. — **Fer** *(exportation).*

ANNÉES 1833 A 1842 INCLUSIVEMENT.

(Ces huit tableaux sont extraits de ceux dressés par les soins du Département des Finances, sur la statistique des bureaux de douanes établis le long de la frontière de France, entre la Sambre et la Meuse.)

Annexe n° 2.

Commerce de la Belgique avec les pays étrangers.

HOUILLES. — Exportation.

DÉSIGNATION DES BUREAUX.	ÉPOQUE DE L'EXPORTATION.										TOTAL. — PÉRIODE DE 10 ANS.	MOYENNE EN TONNEAUX.	*Observations.*
	1833.	1834.	1835.	1836.	1837.	1838.	1839.	1840.	1841.	1842.		Tonn. Kil.	
Heer	40,000,000	50,000,000	57,800,000	62,600,000	66,000,000	53,208,000	55,306,570	65,581,750	64,065,393	59,347,000	563,908,712	56,390,871	
Bruly	»	»	»	»	»	»	»	955,608	1,243,850	1,282,550	3,492,008	1,164,003	
Couvin	»	»	»	»	»	»	»	»	»	»	»	»	
Rièzes	»	»	»	»	»	»	»	»	»	»	»	»	
Saloignes	»	»	»	»	»	»	»	»	»	»	»	»	
Chimay	»	»	»	»	»	»	»	»	»	»	»	»	
Macon	»	»	»	»	»	»	»	»	»	10,000	10,000	10,000	
Sivry	»	»	»	»	»	»	»	»	15,000	20,000	35,000	17,500	
Pont-de-Sambre	»	»	»	»	»	»	»	»	136,516,000	117,776,800	254,292,800	127,146,400	

ANNEXE N° 3.

Commerce de la Belgique avec les pays étrangers.

VINS. — Importation.

DÉSIGNATION DES BUREAUX.	ÉPOQUE DE L'IMPORTATION. 1838. Cercles et hectolitres.	1838. Bouteilles.	1838. Tonneaux et kilogrammes.	1839. Cercles et hectolitres.	1839. Bouteilles.	1839. Tonneaux et kilogrammes.	1840. Cercles et hectolitres.	1840. Bouteilles.	1840. Tonneaux et kilogrammes.	1841. Cercles et hectolitres.	1841. Bouteilles.	1841. Tonneaux et kilogramm.	1842. Cercles et hectolitres.	1842. Bouteilles.	1842. Tonneaux et kilogramm.	TOTAL. Période de cinq ans. Cercles et hectolitres.	TOTAL. Bouteilles.	TOTAL. Tonneaux et kilogrammes.	MOYENNE. Cercles et hectolitres.	MOYENNE. Bouteilles.	MOYENNE. Tonneaux et kilogramm.
Heer	6,289.67	84,038	776,024	4,712.05	77,746	607,340	5,807.59	02,823	699,874	6,205.67	75,773	953,170	4,582.51	70,861	582,258	29,698.29	371,341	3,609,686	5,920.00	74,268	721,933
Bruly	»	»	»	»	»	»	2,313.03	10,829	250,254	2,694.79	7,209	282,252	1,805.45	8,617	185,625	6,813.27	26,745	728,131	2,271.00	8,915	242,710
Couvin	»	»	»	»	»	»	»	»	»	»	»	»	»	»	»	»	»	»	»	»	»
Bièves	»	»	»	»	»	»	»	»	»	»	»	»	»	»	»	»	»	»	»	»	»
Seloignes	»	»	»	»	»	»	»	»	»	»	»	»	»	»	»	»	»	»	»	»	»
Chimay	»	»	»	»	»	»	»	»	»	»	»	»	»	»	»	»	»	»	»	»	»
Macon	»	»	»	»	»	»	»	»	»	52.33	94	5,398	47.64	6,120	15,474	99.97	6,214	20,872	49.99	3,107	10,436
Sivry	»	»	»	»	»	»	»	»	»	»	»	»	»	»	»	»	»	»	»	»	»
Pont-de-Sambre	»	»	»	»	»	»	»	»	»	5.58	»	558	26.61	84	2,808	32.19	84	3,366	16.10	42	1,683

ANNEXE N° 4.

Commerce de la Belgique avec les pays étrangers.

ARDOISES. — Importation.

DÉSIGNATION DES BUREAUX.	ÉPOQUE DE L'IMPORTATION.					TOTAL. — PÉRIODE DE 5 ANS.	MOYENNE.	POIDS PAR 1,000 PIÈCES.	POIDS TOTAL EN TONNEAUX.
	1838.	1839.	1840.	1841.	1842.				
	Pièces.	Pièces.	Pièces.	Pièces.	Pièces.	Pièces.	Pièces.	Kil.	Tonn.
Heer..........	11,458,630	10,492,100	13,183,100	3,979,962	20,087,000	59,200,792	11,840,159	250	2,960
Bruly	»	»	422,400	809,860	870,300	2,102,560	700,853	»	175
Couvin	»	»	»	»	»	»	»	»	»
Rièzes.........	»	»	»	30,000	16,000	46,000	23,000	»	6
Seloignes......	»	»	»	5,000	»	5,000	2.500	»	1
Chimay........	»	»	»	»	»	»	»	»	»
Macon.........	»	»	»	»	4.000	4,000	4,000	»	1
Sivry..........	»	»	»	»	»	»	»	»	»
Pont-de-Sambre	»	»	»	12,000	125,000	137,000	68,500	»	17

ANNEXE N° 5.

Commerce de la Belgique avec les pays étrangers.

ARDOISES. — Importation en transit.

DÉSIGNATION DES BUREAUX.	ÉPOQUE DU TRANSIT. 1840.	1841.	1842.	TOTAL. — PÉRIODE DE 3 ANS.	MOYENNE.	POIDS PAR 1,000 PIÈCES.	POIDS TOTAL EN TONNEAUX.	PROVENANCE.	DESTINATION.
	Pièces.	Pièces.	Pièces.			Kil.			
Heer.............	3,750,000	7,580,275	15,859,000	27,189,275	9,063,091	250	2,266	France.	France.

Annexe n° 6.

Commerce de la Belgique avec les pays étrangers.

ARDOISES. — Exportation.

DÉSIGNATION DES BUREAUX.	ÉPOQUE DE L'EXPORTATION.					TOTAL. — PÉRIODE DE 5 ANS.	MOYENNE.	POIDS PAR 1,000 PIÈCES.	POIDS TOTAL EN TONNEAUX.
	1838.	1839.	1840.	1841.	1842.				Tonn.
Heer..........	»	»	»	»	25,000	25,000	25,000	250	6
Bruly..........	»	»	12,500	39,400	67,000	118,900	39,634	»	10
Couvin........	»	»	»	»	»	»	»	»	»
Rièzes.........	»	»	»	»	18,000	18,000	18,000	»	4
Seloignes......	»	»	»	»	»	»	»	»	»
Chimay	»	»	»	11,000	»	11,000	5,500	»	1½
Macon.........	»	»	»	»	»	»	»	»	»
Sivry..........	»	»	»	»	»	»	»	»	»
Pont-de-Sambre.	»	»	»	»	»	»	»	»	»

ANNEXE N° 7.

Commerce de la Belgique avec les pays étrangers.

GRAINS. — Importation.

DÉSIGNATION DES BUREAUX.	ÉPOQUE DE L'IMPORTATION.					TOTAL. — PÉRIODE DE 5 ANS.	MOYENNE.
	1838.	1839.	1840.	1841.	1842.		
	Tonn. Kil.	Tonn. Kil.	Tonn. Kil.	Tonn. Kil.	Tonn. Kil.	Tonn. Kil.	Tonn. Kil.
Heer................	2,071	2,446	22,095	1,490,309	823,510	2,340,430	468,086
Bruly................	»	»	247,895	763,598	987,583	1,999,076	666,359
Couvin..............	»	»	»	»	»	»	»
Rièzes...............	»	»	»	20,606	3,160	23,766	11,883
Seloignes............	»	»	»	71,483	54,638	126,121	63,060
Chimay..............	»	»	»	»	»	»	»
Macon...............	»	»	»	94,900	51,629	146,529	73,264
Sivry................	»	»	»	609,000	41,613	650,613	325,306
Pont-de-Sambre.......	»	»	»	22,000	19,228	41,228	20,614

ANNEXE N° 8.

Commerce de la Belgique avec les pays étrangers.

BESTIAUX. — Exportation.

DÉSIGNATION DES BUREAUX.	NOMBRE EN 1838.			1839.			1840.			1841.			1842.			TOTAUX POUR CINQ ANS.			MOYENNE.		
	Chevaux.	Bœufs et vaches.	Cochons, veaux et moutons.	Chevaux.	Bœufs et vaches.	Cochons, veaux et moutons.	Chevaux.	Bœufs et vaches.	Cochons, veaux et moutons.	Chevaux.	Bœufs et vaches.	Cochons, veaux et moutons.	Chevaux.	Bœufs et vaches.	Cochons, veaux et moutons.	Chevaux.	Bœufs et vaches.	Cochons, veaux et moutons.	Chevaux.	Bœufs et vaches.	Cochons, veaux et moutons.
Heer	»	»	»	208	»	»	631	87	1,367	544	122	1,634	556	67	707	1,939	276	3,708	485	92	1,236
Bruly	»	»	»	»	»	»	1,105	39	171	1,421	74	1,929	931	35	1,619	3,457	148	3,719	1,152	49	1,240
Couvin	»	»	»	»	»	»	»	»	»	»	»	»	»	»	»	»	»	»	»	»	»
Rièzes	»	»	»	»	»	»	»	»	»	»	»	»	»	»	»	»	»	»	»	»	»
Seloignes	»	»	»	»	»	»	»	»	»	29	»	»	31	3	»	60	3	»	30	2	»
Chimay	»	»	»	»	»	»	»	»	»	»	»	»	»	»	»	»	»	»	»	»	»
Macon	»	»	»	»	»	»	»	»	»	»	8	401	4	6	611	4	14	1,012	2	7	506
Sivry	»	»	»	»	»	»	»	»	»	12	56	63	»	121	1,235	12	177	1,298	6	89	649
Pont-de-Sambre	»	»	»	»	»	»	»	»	»	»	»	»	2	»	»	2	»	»	2	»	»
																5,474	618	9,797	1,677	230	3,651

Annexe n° 9.

Commerce de la Belgique avec les pays étrangers.

FERS. — Exportation.

DÉSIGNATION DES BUREAUX.	ÉPOQUE DE L'IMPORTATION.					TOTAL. — PÉRIODE DE 5 ANS.	MOYENNE.	POIDS TOTAL EN TONNEAUX.
	1838.	1839.	1840.	1841.	1842.			
	Tonn. Kil.	Tonn. Kil.	Tonn. Kil.	Tonn. Kil.	Tonn. Kil.	Tonn. Kil.	Tonn. Kil.	Tonn.
Heer............	110,079	112,677	22,015	163,041	287,538	695,350	139,070	139
Bruly...........	»	»	4,234	29,585	47,401	81,220	27,073	27
Couvin..........	»	»	104,939	192,770	»	297,709	148,855	148
Rièzes..........	»	»	»	»	»	»	»	»
Seloignes........	»	»	»	32,729	2,765	35,494	17,747	18
Chimay..........	»	»	»	107,691	886,352	994,043	497,022	497
Macon...........	»	»	»	258,625	307,800	566,425	283,213	283
Sivry............	»	»	»	40,378	66,300	106,678	53,339	53
Pont-de-Sambre..	»	»	»	4,926,685	8,999,808	13,926,493	6,963,247	6,963

ANNEXE N° 10.

Province de Hainaut.

TABLEAU DE LA CONSOMMATION ET DE LA PRODUCTION
DES
HAUTS-FOURNEAUX AU COAK.

ANNÉES 1836 A 1842 INCLUSIVEMENT.

(Extrait des Tableaux statistiques, dressés par les ingénieurs des mines.)

ANNEXE N° 10 (*suite*).

Consommation et production des hauts-fourneaux au coak.

N° D'ORDRE.	COMMUNES OÙ LES USINES SONT SITUÉES.	NOMS DES PROPRIÉTAIRES.	DATES DES PERMISSIONS.	HAUTS-FOURNEAUX Actifs.	Inactifs.	En construction.	Total.	NOMBRE DE FOURS A COAK.	NOMBRE, NATURE ET FORCE, EN CHEVAUX, DES MACHINES EMPLOYÉES.	NOMBRE DE JOURS DE TRAVAIL.	CONSOMMATION EN Minerai lavé. (Tonn.)	Castine. (Tonn.)	Houille. (Tonn.)	PRODUCTION EN Fonte. (Tonn.)	Valeur.	Observations.
							ANNÉE 1836.									
1	Monceau-sur-Sambre....	Société anonyme de Monceau.....	•	•	•	•	•	•	•	•	11,789	4,999	11,193	3,731		
2	Marchienne-au-Pont.....	Id. de la Providence.	•	•	•	•	•	•	•	•	•	•	•	•		
3	Marcinelle............	Id. de Couillet.....	1834, 13 mai.	1	•	•	1	•	2 machines à vapeur représentant ensemble 54 chev.	•	36,080	15,300	34,254	11,418		
4	Couillet..............	Id. id.	1829, 2 octob. et 1841, 12 octobre.	4	•	•	•	160	6 machines représentant ensemble 380 chevaux.	(with 3)	(with 3)	(with 3)	(with 3)	(with 3)		
5	Montigny-sur-Sambre....	M. Champeau-Chapelle.........	1841, 3 novemb.	•	•	•	•	•	•	•	12,109	5,134	11.496	3,832		
6	Chatelineau...........	M. Dupont du Fayt............	1829, 16 décemb.	1	•	•	1	30	1 machine de 40 chevaux.	•	10,216	4,332	9,699	3,233		
7	Id.	Société anonyme de Chatelineau..	1830, 25 janv. et 1837, 27 septemb.	•	•	•	•	•	•	•	27,492	11.658	26,100	8,700		
8	Bouffioulx............	M. Dedorlodot-Hoyoux.........	1828, 18 août.	•	•	•	•	•	•	•	19,377	8,216	18.396	6,132		
9	Acoz..................	Id.	1835, 16 mai.	•	•	•	•	•	•	(with 8)	(with 8)	(with 8)	(with 8)	(with 8)		
10	Thuin.................	Société d'Hourpes............	1838, 1er décemb.	•	•	•	•	•	•	•	948	402	900	300		
											118,011	50,041	112.038	37,346		
							ANNÉE 1837.									
1	Monceau-sur-Sambre....	Société anonyme du Monceau.....	1837, 7 septemb.	4	•	•	4	120	4 mach. ensemb. 200 chev.	•	23,068	9.782	21,900	7,300		
2	Marchienne-au-Pont....	Id. de la Providence.	•	•	•	•	•	•	•	•	•	•	•	•		
3	Marcinelle............	Id. de Couillet......	1824, 13 mai.	1	•	•	1	•	2 machines de 54 chevaux.	•	37,218	15.783	35.334	11,778		
4	Couillet..............	Id. id.	1829, 2 octob. et 1841, 12 octobre.	3	4	•	7	160	6 id. ensemb. 380 chev.	(with 3)	(with 3)	(with 3)	(with 3)	(with 3)		
5	Montigny-sur-Sambre....	M. Champeau-Chapelle..........	1841, 3 novemb.	•	•	•	•	•	•	•	12,109	5,134	11,496	3,832		
6	Chatelineau...........	M. Dupont du Fayt............	1829, 16 décemb.	1	1	•	2	•	1 id. de 40 chevaux.	•	10,216	4,332	9,699	3,233		
7	Id.	Société anonyme de Chatelineau..	•	•	•	•	•	•	•	•	41,238	17,487	39,150	13,050		
8	Bouffioulx............	M. Dedorlodot-Hoyoux..........	•	•	•	•	•	•	•	•	19,377	8,216	18,396	6,132		
9	Acoz..................	Id.	•	•	•	•	•	•	•	(with 8)	(with 8)	(with 8)	(with 8)	(with 8)		
10	Thuin.................	Société d'Hourpes............	1838, 1er décemb.	•	•	•	•	•	•	•	2,528	1,072	2,400	800		
											145.754	61,805	138,375	46,125		

ANNEXE N° 10 (*suite*).

Consommation et production des hauts-fourneaux au coak.

N° D'ORDRE.	COMMUNES où LES USINES SONT SITUÉES.	NOMS DES PROPRIÉTAIRES.	DATES DES PERMISSIONS.	HAUTS-FOURNEAUX				NOMBRE DE FOURS A COAK.	NOMBRE, NATURE ET FORCE, EN CHEVAUX, des MACHINES EXPLOITÉES.	NOMBRE de JOURS DE TRAVAIL.	CONSOMMATION EN			PRODUCTION EN		Observations.
				ACTIFS.	INACTIFS.	EN CONSTRUCTION.	TOTAL.				MINERAI LAVÉ.	CASTINE.	HOUILLE.	FONTE.	VALEUR.	
							ANNÉE	1838.								
											Tonn.	Tonn.	Tonn.	Tonn.		
1	Monceau-sur-Sambre....	Société anonyme du Monceau.....	1837, 7 septemb.	2	2	.	4	120	4 mach. ensemb. 200 chev.	365	11,692	4,958	11,100	3,700		
2	Marchienne-au-Pont.....	Id. de la Providence.	1843, 9 janvier.	.	.	.	.	.	.	.	.	.	.	.		
3	Marcinelle............	Id. de Couillet.....	1824, 13 mai.	1	.	.	1	.	2 id. 54 id.	365						
4	Couillet..............	Id. id.	1829, 2 octob. et 1841, 12 octobre.	3	4	.	7	160	6 id. 380 id.	365	38,147	16,176	36,216	12,072		
5	Montigny-sur-Sambre....	M. Champeau-Chapelle.........	1841, 3 novemb.	.	.	.	.	.	.	.	11,634	4,891	10,950	3,650		
6	Chatelineau...........	M. Dupont du Fayt............	1829, 16 décemb.	1	.	.	1	30	1 id. 40 id.	365	10,216	4,332	9,699	3,233		
7	Id.	Société anonyme de Chatelineau..	1830, 25 janv. et 1837, 27 septemb.	3	.	3	6	95	6 id. 390 id.	365	41,238	17,487	39,150	13,050		
8	Bouffioulx............	M. Dedorlodot-Hoyoux..........	1826, 18 août.	.	.	.	.	.	.	.	19,377	8,216	18,306	6,132		
9	Acoz..................	Id.	1835, 16 mai.	.	.	.	.	.	.	.						
10	Thuin.................	Société d'Hourpes............	1838, 1er décemb.	.	.	.	.	.	.	.	316	134	300	100		
				.							132,520	56,194	125,811	41,937		
							ANNÉE	1839.								
1	Monceau-sur-Sambre....	Société anonyme du Monceau....	*Voir* 1838.	1	3	.	4	120	4 mach. ensemb. 200 chev.	.	.	.	.	.		
2	Marchienne-au-Pont.....	Id. de la Providence.	.	.	.	.	.	.	.	.	.	.	.	.		
3	Marcinelle............	Id. de Couillet......	.	.	1	.	1	.	2 id. 54 id.	.	.	.	.	.		
4	Couillet..............	Id. id.	.	2	5	.	7	160	6 id. 380 id.	.	37,351	15,838	35,460	11,830		
5	Montigny-sur-Sambre....	M. Champeau-Chapelle.........	.	.	.	.	.	.	.	.	11,534	4,891	10,950	3,650		
6	Chatelineau...........	M. Dupont du Fayt............	.	1	.	.	1	30	1 id. 40 id.	.	9,470	4,015	8,991	2,997		
7	Id.	Société anonyme de Chatelineau..	.	2	1	3	6	.	6 id. 390 id.	.	27,492	11,658	26,100	8,700		
8	Bouffioulx............	M. Dedorlodot-Hoyoux..........	.	.	.	.	.	.	.	.	9,688	4,108	9,198	3,066		
9	Acoz..................	Id.	.	.	.	.	.	.	.	.						
10	Thuin.................	Société d'Hourpes............	.	1	1	.	2	100	2 id. 100 id.	.	1,106	469	1,050	350		
											98,641	40,879	91,749	30,583		

ANNEXE Nº 10 (*suite*).

Consommation et production des hauts-fourneaux au coak.

Nº d'ordre.	COMMUNES où les usines sont situées.	NOMS des PROPRIÉTAIRES.	DATES des permissions.	HAUTS-FOURNEAUX Actifs.	Inactifs.	En construction.	Total.	NOMBRE de fours à coak.	NOMBRE, NATURE et force, en chevaux, des machines employées.	NOMBRE de jours de travail.	CONSOMMATION en Minerai lavé.	Castine.	Houille.	PRODUCTION en Fonte.	Valeur.	Observations.
											Tonn.	Tonn.	Tonn.	Tonn.		
	ANNÉE 1840.															
1	Monceau-sur-Sambre....	Société anonyme du Monceau....	*Voir* 1838.	2	2	»	4	120	4 mach. ensemb. 200 chev.	»	17,683	7,498	16,788	5,596		
2	Marchienne-au-Pont.....	Id. de la Providence.	»	»	»	»	»	30	»	»	»	»	»	»		
3	Marcinelle............	Id. de Couillet......	»	»	1	»	1	»	»	»	»	»	»	»		
4	Couillet..............	Id. id.	»	2	5	»	7	160	6 id. 380 id.	»	43,130	18,289	40,947	13,649		
5	Montigny-sur-Sambre....	M. Champeau-Chapelle.........	»	»	»	»	»	»	»	»	»	»	»	»		
6	Chatelineau...........	M. Dupont du Fayt............	»	1	»	»	1	30	1 id. 40 id.	»	9,050	3,837	8,502	2,884		
7	Id.	Société anonyme de Chatelineau..	»	2	1	3	6	95	6 id. 390 id.	»	27,492	11,628	26,100	8,700		
8	Bouffioulx............	M. Dedorlodot-Hoyoux..........	»	»	»	»	»	»	»	»	9,688	4,108	9,198	3,066		
9	Acoz..................	Id.	»	»	»	»	»	»	»	»						
10	Thuin.................	Société d'Hourpes............	»	1	1	»	2	100	2 id. 100 id.	»	900	381	855	285		
											107,943	45,771	102,480	34,160		
	ANNÉE 1841.															
1	Monceau-sur-Sambre....	Société anonyme du Monceau....	*Voir* 1838.	2	2	»	4	120	4 mach. ensemb. 200 chev.	»	24,873	11,124	21,147	7,463		
2	Marchienne-au-Pont.....	Id. de la Providence.	»	»	»	»	»	30	»	»	»	»	»	»		
3	Marcinelle............	Id. de Couillet......	»	»	1	»	1	»	»	»	»	»	»	»		
4	Couillet..............	Id. id.	»	2	5	»	7	160	6 id. 380 id.	»	47,891	20,561	46,103	14,358		
5	Montigny-sur-Sambre....	M. Champeau-Chapelle.........	»	»	»	»	»	»	»	»	6,321	2,555	6,615	2,743		
6	Chatelineau...........	M. Dupont du Fayt............	»	1	»	»	1	30	1 id. 40 id.	»	6,025	2,215	5,120	1,656		
7	Id.	Société anonyme de Chatelineau..	»	2	1	3	6	95	6 id. 390 id.	»	24,000	9,000	25,000	8,700		
8	Bouffioulx............	M. Dedorlodot-Hoyoux..........	»	»	»	»	»	»	»	»	10,950	5,475	9,125	3,066		
9	Acoz..................	Id.	»	»	»	»	»	»	»	»						
10	Thuin.................	Société d'Hourpes............	»	1	1	»	2	100	2 id. 100 id.	»	242	48	360	120		
											120,272	50,978	113,370	38,106		

ANNEXE N° 10 (*suite*).

Consommation et production des hauts-fourneaux au coak.

N° D'ORDRE.	COMMUNES où LES USINES SONT SITUÉES.	NOMS DES PROPRIÉTAIRES.	DATES DES PERMISSIONS.	HAUTS-FOURNEAUX				NOMBRE DE FOURS A COAK.	NOMBRE, NATURE ET FORCE, EN CHEVAUX, des MACHINES EMPLOYÉES.	NOMBRE de JOURS DE TRAVAIL.	CONSOMMATION EN			PRODUCTION EN		*Observations.*
				ACTIFS.	INACTIFS.	EN CONSTRUCTION	TOTAL.				MINERAI LAVÉ.	CASTINE.	HOUILLE.	FONTE.	VALEUR.	
											Tonn.	Tonn.	Tonn.	Tonn.		
							ANNÉE 1842.									
1	Monceau-sur-Sambre....	Société anonyme du Monceau	*Voir* 1838.	•	•	•	•	•	•	365	24,538	12,515	28,700	8,343		
2	Marchienne-au-Pont.....	Id. de la Providence.	•	•	•	•	•	•	•	216	6,394	3,430	8,069	2,686		
3	Marcinelle............	Id. du Couillet.....	•	•	•	•	•	•	•	365, 300	33,315	16,967	39,864	12,900		
4	Couillet...............	Id. id.	•	•	•	•	•	•	•	et 210						
5	Montigny-sur-Sambre....	M. Champeau-Chapelle.........	•	•	•	•	•	•	•	365	14,564	4,082	17,300	5,547		
6	Chatelineau...........	M. Dupont du Fayt............	•	•	•	•	•	•	•	294	6,955	2,953	6,612	2,204		
7	Id.	Société anonyme de Chatelineau..	•	•	•	•	•	•	•	365	15,519	5,596	16,650	5,160		
8	Bouffioulx............	M. Dederlodet-Hoyoux..........	•	•	•	•	•	•	•	•	16,425	6,570	16,060	4,380		
9	Acoz................	Id.	•	•	•	•	•	•	•	365						
10	Thuin...............	Société d'Hourpes.............	•	•	•	•	•	•	•	•	•	•	•	•		
											119,710	52,713	133,255	41,240		

RÉCAPITULATION.

ANNEXE N° 10 (*suite*).

RÉCAPITULATION PAR ANNÉE.

ANNÉES.	MINERAI LAVÉ.	CASTINE.	HOUILLE.	FONTE.	*Observations.*
	Tonn.	Tonn.	Tonn.	Tonn.	
1836.	118,011	50,041	112,038	37,346	
1837.	145,754	61,805	138,375	46,125	
1838.	132,520	56,194	125,811	41,937	
1839.	96,641	40,979	91,749	30,583	
1840.	107,943	45,771	102,480	34,160	
1841.	120,272	50,978	113,370	38,106	
1842.	119,710	52,713	133,255	41,240	
Total général . .	840,851	358,481	817,078	269,497	
Moyenne	120,122	51,212	116,725	38,500	

ANNEXE Nº 10 (*suite*).

RÉCAPITULATION GÉNÉRALE

indiquant la consommation et la production moyenne par année et par établissement.

Récapitulation générale indiquant la consommation et la production moyenne par année et par établissement.

N° D'ORDRE.	COMMUNES où LES USINES SONT SITUÉES.	NOMS DES PROPRIÉTAIRES.	NATURE DE CONSOMMATION ET DE PRODUCTION.	1836.	1837.	1838.	1839.	1840.	1841.	1842.	TOTAL pour une période de 7 années.	MOYENNE.	Observations.
				Tonn.	Tonn.	Tonn.	Tonn.	Tonn.	Tonn.	Tonn.	Tonn.	Tonn.	
1	Monceau-sur-Sambre	Société anonyme Monceau.	Minerai lavé	11,789	23,008	11,692	»	17,683	24,873	24.538	113,043	18,940	
			Castine	4,999	9,782	4,958	»	7,498	11,124	12,513	50,876	8,479	
			Houille	11,193	21,900	11.100	»	16,768	21,147	28.700	110,828	18,471	
			Fonte	3,731	7,300	3,700	»	5,596	7,463	8,343	36,133	6.022	
2	Marchienne-au-Pont	Société anonyme de la Providence.	Minerai lavé	»	»	»	»	»	»	8,394	8,394	8,394	
			Castine	»	»	»	»	»	»	3,430	3,430	3,430	
			Houille	»	»	»	»	»	»	8,069	8,069	8,069	
			Fonte	»	»	»	»	»	»	2,686	2,686	2,686	
3	Marcinelle et Couillet	Société anonyme	Minerai lavé	36,080	37,218	38,147	37,351	43.130	47,861	47,879	287,666	41,095	
			Castine	15,300	15,782	16,176	15,838	18,269	20,561	21,649	123,595	17,656	
			Houille	34,254	36,334	36,216	35,400	40,947	46,103	57,164	285,418	40,774	
			Fonte	11,478	11,778	12,072	11,820	13,649	14,356	18,447	93,542	13.363	
4	Montigny-sur-Sambre	Champeau-Chapelle	Minerai lavé	12,109	12,109	11.534	11.534	»	6,321	14,564	68,171	11,362	
			Castine	5,134	5,134	4,891	4.891	»	2.535	4.082	27,287	4,548	
			Houille	11,496	11,496	10,950	10,950	»	6,515	17,300	68,707	11,451	
			Fonte	3,832	3,852	3,650	3.650	»	2.743	5,647	23,354	3,876	
5	Châtelineau	Dupont du Feyt	Minerai lavé	10,216	10,216	10,216	9,470	9,050	6,025	6,955	62,148	8,878	
			Castine	4,332	4,332	4.332	4,015	3,837	2,215	2.953	26,016	3.717	
			Houille	9,699	9,699	9.699	8.991	8,502	5,120	6,612	58,412	8.345	
			Fonte	3,233	3,333	3,233	2,997	2,864	1,666	2,204	19,420	2,774	
6	Châtelineau	Société anonyme de Châtelineau.	Minerai lavé	27,492	41,138	41,238	27,492	27,492	24,000	15,519	204,371	29,196	
			Castine	11,658	17,487	17,487	11,658	11.658	9.000	5,696	84,544	12,078	
			Houille	26,100	39,150	39,150	26,100	26,100	25,000	16,650	198.250	28,321	
			Fonte	8,700	13,050	13,050	8.700	8,700	8.700	5,180	66.080	9,440	
7	Acoz et Bouffioux	Dedorlodot-Hoyoux	Minerai lavé	19,377	19,377	19,377	9,988	9.688	10,930	16,425	104,862	14,983	
			Castine	8,216	8,216	8.216	4,108	4,108	5,475	6,570	44,909	6,415	
			Houille	18,396	18,396	18,396	9.198	9,198	9,125	16,060	98.769	14,110	
			Fonte	6,132	6,132	6,132	3,066	3,066	3.066	4,380	31.974	4,568	
8	Thuin	Société d'Hourpes	Minerai lavé	948	2,528	316	1,106	1,900	242	»	7,040	1,173	
			Castine	402	1,072	134	409	381	48	»	2,506	418	
			Houille	900	2,400	300	1,050	855	300	»	5.865	977	
			Fonte	300	800	100	350	285	120	»	1,955	326	

Annexe n° 11.

Province de Hainaut.

TABLEAU DE LA CONSOMMATION ET DE LA PRODUCTION

DES

HAUTS-FOURNEAUX AU BOIS.

ANNÉES 1836 A 1842 INCLUSIVEMENT.

(Extrait des Tableaux statistiques, dressés par les ingénieurs des mines.)

ANNEXE N° 11 (*suite*).

Consommation et production des hauts-fourneaux au bois.

N° D'ORDRE.	COMMUNES où LES USINES SONT SITUÉES.	NOMS DES PROPRIÉTAIRES.	DATES DES PERMISSIONS.	HAUTS-FOURNEAUX.				NOMBRE, NATURE ET FORCE, EN CHEVAUX, des MACHINES EMPLOYÉES.	NOMBRE de JOURS DE TRAVAIL.	CONSOMMATION EN			PRODUCTION EN		Observations.
				ACTIFS.	INACTIFS.	EN CONSTRUCTION	TOTAL.			MINERAI LAVÉ	CASTINE.	CHARBON DE BOIS.	FONTE.	VALEUR.	
										Tonn.	Tonn.	Tonn.	Tonn.		
ANNÉE 1836.															
1	Couillet	Société anonyme de la Providence.	Non autorisée	1	.	.	.	1 mach. à vap. de 24 chev.		3,257	317	1,594.71	1,131		
2	Gougnies	Id. de Châtelineau	1829, 24 févr. et 1832, 10 août.	1	.	.	.	2 roues hydrauliques		1,999	194	979	694		
3	Solre-St-Gery	M. De Barchifontaine	1822, 26 novemb.	1	.	.	.	1 id.		2,592	252	1,269	900		
				3	.	.	.	1 mach. à vap. de 24 chev. 3 roues hydrauliques.		7,848	763	3,843	2,725		
ANNÉE 1837.															
1	Solre-St-Gery	De Barchifontaine	*Voir* 1836	1	.	.	.	1 roue hydraulique		2,592	252	1,269	900		
2	Gougnies	Société anonyme de Châtelineau	Id.	2	.	.	.	2 id.		3,997	389	1,957	1,388		
				3	.	.	.	3 roues hydrauliques		6,589	641	3,226	3,288		
ANNÉE 1838.															
1	Gougnies	Société anonyme de Châtelineau	*Voir* 1836	2	.	.	.	2 roues hydrauliques		1,999	194	979	694		
2	Solre-St-Gery	De Barchifontaine	Id.	1	.	.	.	1 id.		2,592	252	1,269	900		
				3	.	.	.	3 roues hydrauliques		4,591	446	2,248	1,594		
ANNÉE 1839.															
1	Couillet	Société anonyme de la Providence.	*Voir* 1836	1	.	.	.	1 mach. à vap. de 24 chev.		3,257	317	1,595	1,131		
2	Gougnies	Id. de Châtelineau	Id.	2	.	.	.	2 roues hydrauliques		3,997	389	1,957	1,388		
3	Solre-St-Gery	De Barchifontaine	Id.	1	.	.	.	1 id.		2,160	210	1,058	750		
				4	.	.	.	1 mach. à vap. de 24 chev. et 3 roues hydrauliques.		9,414	916	4,610	3,269		

Annexe n° 11 (*suite*).

Consommation et production des hauts-fourneaux au bois.

N° d'ordre.	Communes où les usines sont situées.	Noms des propriétaires.	Dates des permissions.	Hauts-fourneaux : Actifs.	Inactifs.	En construction.	Total.	Nombre, nature et force, en chevaux, des machines employées.	Nombre de jours de travail.	Consommation en : Minerai lavé.	Castine.	Charbon de bois.	Production en : Fonte.	Valeur.	Observations.
							Année	**1840.**							
										Tonn.	Tonn.	Tonn.	Tonn.		
1	Couillet	Société anonyme de la Providence.	*Voir* 1836	1	»	»	»	1 mach. à vap. de 24 chev.		3,257	317	1,305	1,131		
2	Gougnies	Id. de Châtelineau	Id.	1	»	»	»	2 roues hydrauliques		1,909	194	979	694		
3	Solre-St-Gery	De Barchifontaine	Id.	1	»	»	»	1 id.		2,160	210	1,038	750		
				3	»	»	»	1 mach. à vap. de 24 chev. et 3 roues hydrauliques.		7,416	721	3,322	2,575		
							Année	**1841.**							
1	Thuin	Société d'Hourpes	»	»	1	»	1	1 roue hydraulique		»	»	»	»		
2	Couillet	Société anonyme de la Providence.	*Voir* 1836	1	»	»	1	1 mach. à vap. de 24 chev.		4,435	398	1,780	1,373		
3	Gougnies	Id. de Châtelineau	Id.	1	1	»	2	2 roues hydrauliques		1,486	143	1,008	531		
4	Solre-St-Gery	De Barchifontaine	Id.	1	»	»	1	1 id.		1,161	157	735	558		
5	Monceau-Imbrechies	Lefebvre-Meuret	1829, 7 mars	»	1	»	1	1 id.		»	»	»	»		
6	St-Remy	Le prince De Chimay	Non autorisée	»	1	»	1	1 id.		»	»	»	»		
7	Seloigne	Id.	»	»	1	»	1	1 id.		»	»	»	»		
				3	5	»	8	1 mach. à vap. de 24 chev. et 7 roues hydrauliques.		7,082	698	3,473	2,462		
							Année	**1842.**							
1	Thuin	Société d'Hourpes	»	»	1	»	1	1 roue hydraulique		»	»	»	»		
2	Couillet	Société anonyme de la Providence.	*Voir* 1836	1	»	»	1	1 mach. à vap. de 24 chev.		2,980	561	1,398	1,013		
3	Gougnies	Id. de Châtelineau	Id.	»	2	»	2	2 roues hydrauliques		»	»	»	»		
4	Solre-St-Gery	De Barchifontaine	Id.	1	»	»	1	1 id.		2,005	283	975	682		
5	Monceau-Imbrechies	Lefebvre-Meuret	1829, 7 mars	»	1	»	1	1 id.		»	»	»	»		
6	St-Remy	Le prince De Chimay	Non autorisée	»	1	»	1	1 id.		»	»	»	»		
7	Seloigne	Id.	Id.	»	1	»	1	1 id.		»	»	»	»		
				2	6	»	8	1 mach. à vap. de 24 chev. et 7 roues hydrauliques.		4,985	844	2,373	1,695		

ANNEXE N° 11 (*suite*).

RÉCAPITULATION PAR ANNÉE.

ANNÉES.	MINERAI LAVÉ.	CASTINE.	CHARBON DE BOIS.	FONTE.	*Observations.*
	Tonn.	Tonn.	Tonn.	Tonn.	
1836.	7,848	763	3,843	2,725	
1837.	6,589	641	3,226	2,288	
1838.	4,591	446	2,248	1,594	
1839.	9,414	916	4,610	3,269	
1840.	7,416	721	3,632	2,575	
1841.	7,082	698	3,473	2,462	
1842.	4,985	844	2,373	1,695	
Total général . .	47,925	5,029	23,405	16,608	
Moyenne	6,846	718	3,344	2,373	

ANNEXE N° 11 (*suite*).

RÉCAPITULATION GÉNÉRALE

indiquant la consommation et la production moyenne par année et par établissement.

ANNEXE N° 11 (*suite*).

Récapitulation générale indiquant la consommation et la production moyenne par année et par établissement.

Nos D'ORDRE.	COMMUNES OÙ LES USINES SONT SITUÉES.	NOMS DES PROPRIÉTAIRES.	CONSOMMATION ET PRODUCTION.	1836.	1837.	1838.	1839.	1840.	1841.	1842.	TOTAUX.	MOYENNE.	Observations.
				Tonn.	Tonn.	Tonn.	Tonn.	Tonn.	Tonn.	Tonn.	Tonn.	Tonn.	
1	Couillet	Société anonyme de la Providence.	Minerai lavé	3,257	»	»	3,257	3,257	4,435	2,980	17,186	3,437	
			Castine	317	»	»	317	317	398	561	1,910	382	
			Charbon de bois	1,595	»	»	1,585	1,595	1,730	1,308	7,913	1,582	
			Fonte	1,131	»	»	1,131	1,131	1,373	1,013	5,779	1,156	
2	Gougnies	Société anonyme de Châtelineau.	Minerai lavé	1,999	3,997	1,999	3,997	1,999	1,486	»	15,477	2,579	
			Castine	194	389	194	389	194	143	»	1,503	250	
			Charbon de bois	979	1,957	979	1,957	979	1,008	»	7,859	1,310	
			Fonte	694	1,388	694	1,388	694	531	»	5,389	898	
3	Soire-St-Gery	De Barchifontaine	Minerai lavé	2,592	2,592	2,592	2,160	2,160	1,161	2,005	15,262	2,180	
			Castine	252	252	252	210	210	157	283	1,616	231	
			Charbon de bois	1,269	1,269	1,269	1,058	1,058	735	975	7,633	1,090	
			Fonte	900	900	900	750	750	558	682	5,440	777	

ANNEXE N° 12.

Province de Hainaut.

TABLEAU DE CONSOMMATION ET DE PRODUCTION

DES

AFFINERIES DE FER A L'ANGLAISE.

ANNÉES 1836 A 1842 INCLUSIVEMENT.

(Extrait des tableaux statistiques dressés par les ingénieurs des mines.)

Consommation et production des affineries de fer à l'anglaise.

ANNÉES.	FOURS A PUDLER ACTIFS.	FOURS A CHAUFFER ACTIFS.	CONSOMMATION EN		PRODUCTION.	
			FONTE.	HOUILLE.	FER.	VALEUR.
			Tonn.	Tonn.	Tonn.	
1836	28	15	16,532	24,656	12,328	
1837	37	19	19,321	28,816	14,408	
1838	58	30	31,907	47,588	23,794	
1839	49	26	28,234	42,110	21,055	
1840	48	24	21,639	32,274	16,137	

Annexe n° 12 (*suite*).

Consommation et production des affineries de fer à l'anglaise.

N° d'ordre.	Communes où les usines sont situées.	Noms des propriétaires.	Dates des permissions.	Fineries actives.	Fineries inactives.	Nombre, nature et force, en chevaux, des machines à vapeur.	Fours à puddler actifs.	Fours à puddler inactifs.	Fours à chauffer actifs.	Fours à chauffer inactifs.	Gros marteaux (pilons).	Trains de laminoir.	Fenderies.	Cisailles.	Nombre, nature et force, en chevaux, des machines à vapeur.	Consommation en fonte. — Tonn.	Consommation en houille. — Tonn.	Production fer. — Tonn.	Production valeur.
						Année	**1841.**												
1	Fayt	Dupont	19 février 1824.	1	»	Machine à vapeur des laminoirs.	7	1	4	2	»	4	1	2	2 machines à vapeur, ensemble 105 chevaux.	5,101	8,400	3.900	
2	Monceau-sur-Sambre	Société anonyme du Monceau	Non autorisée.	1	1	Machines à vapeur des hauts-fourneaux.	9	6	4	2	1	4	1	3	1 machine à vapeur de 60 chevaux.	5,116	10,494	3,748	
3	Marchienne-au-Pont	Société anonyme de la Providence.	18 mars et 19 septembre 1835.	1	»	Machines à vapeur des laminoirs.	5	6	3	4	2	4	1	3	2 machines à vapeur, ensemble 120 chevaux.	3,378	6,761	2,510	
4	Mont-sur-Marchienne	Société dite *de Zone*	Non autorisée.	»	»	»	»	6	»	4	»	3	1	1	2 roues hydrauliques	»	»	»	
5	Couillet	Société anonyme de Couillet	12 octobre 1841.	»	4	1 machine à vapeur de 40 chevaux.	17	14	9	3	2	6	1	7	2 machines à vapeur, ensemble 140 chevaux.	7,418	16,164	5,762	
6	Montigny-sur-Sambre	Champeau-Chapelle	3 novem. 1841.	»	»	»	»	»	»	»	»	»	»	»	»	»	»	»	
7	Châtelineau	Dupont du Fayt	16 décem. 1829.	»	1	Machine à vapeur des hauts-fourneaux.	»	»	»	»	»	»	»	»	»	»	»	»	
8	Boufioulx et Acos	Dederlodot-Heyoux	30 décem. 1840.	1	1	1 roue hydraulique	4	5	2	2	»	3	1	3	1 roue hydraulique. 2 machines à vapeur de 70 chevaux.	3,000	7,100	2,000	
9	Solre-sur-Sambre	Wilmet	»	»	»	»	1	»	1	1	»	1	1	1	1 roue hydraulique de 35 chevaux.	839	1,310	468	
				4	7	Une machine à vapeur de 40 chevaux et une roue hydraulique.	43	38	23	18	5	25	7	20	9 machines à vapeur, ensemble une force de 465 chevaux, et 4 roues hydrauliques.	21,647	50,129	18,378	

Annexe n° 12 (*suite*).

Consommation et production des affineries de fer à l'anglaise.

ANNÉE 1842.

N° D'ORDRE.	COMMUNES OU LES USINES SONT SITUÉES.	NOMS DES PROPRIÉTAIRES.	DATES DES PERMISSIONS.	FINERIES. Actives.	FINERIES. Inactives.	NOMBRE, NATURE ET FORCE, EN CHEVAUX, DES MACHINES A VAPEUR.
1	Fayt	Dupont	*Voir* 1841.	1	»	*Voir* 1841.
2	Monceau-sur-Sambre	Société anonyme du Monceau	»	1	1	»
3	Marchienne-au-Pont	Société anonyme de la Providence	»	»	1	»
4	Mont-sur-Marchienne	Société dite *de Zone*	»	»	»	»
5	Couillet	Société anonyme de Couillet	»	1	3	»
6	Montigny-sur-Sambre	Champeau-Chapelle	»	1	»	»
7	Châtelineau	Dupont du Fayt	»	»	1	»
8	Bouffioulx et Acoz	Dederlodet-Moyaux	»	1	1	»
9	Soire-sur-Sambre	Wilmet	»	»	»	»
				5	7	Une machine à vapeur de 40 chevaux et une roue hydraulique.

N° D'ORDRE.	FOURS A PUDLER. Actifs.	FOURS A PUDLER. Inactifs.	FOURS A CHAUFFER. Actifs.	FOURS A CHAUFFER. Inactifs.	GROS MARTEAUX.	TRAIN DE LAMINOIR.	FENDERIES.	CISAILLES.	NOMBRE, NATURE ET FORCE, EN CHEVAUX, DES MACHINES A VAPEUR.	CONSOMMATION DE FONTE. — Tonn.	CONSOMMATION DE HOUILLE. — Tonn.	PRODUCTION. FER. — Tonn.	PRODUCTION. VALEUR.
1	7	1	4	2	»	4	1	2	2 machines à vapeur, ensemble 105 chevaux.	4,373	8,896	3,261	
2	9	6	3	3	1	4	1	3	1 machine à vapeur de 60 chevaux.	3,846	7,510	2,968	
3	6	5	3	4	2	4	1	3	2 machines à vapeur, ensemble 120 chevaux.	3,488	7,321	2,642	
4	»	6	»	4	»	3	1	1	2 roues hydrauliques	»	»	»	
5	10	21	5	7	2	6	1	7	2 machines à vapeur, ensemble 140 chevaux.	5,017	10,910	4,000	
6	5	1	2	»	1	3	1	3	2 machines à vapeur, ensemble 66 chevaux.	3,402	7,114	2,624	
7	»	»	»	»	»	»	»	»	»	»	»	»	
8	8	1	3	1	»	3	1	3	1 roue hydraulique. 2 machines à vapeur de 70 chevaux.	4,432	7,473	2,400	
9	»	1	»	2	»	1	1	1	1 roue hydraulique de 25 chevaux.	»	»	»	
	45	42	20	23	6	28	8	23	11 machines à vapeur, ensemble 561 chevaux, et 4 roues hydrauliques.	24,538	49,224	17,895	

ANNEXE Nº 12 (*suite*).

RÉCAPITULATION PAR ANNÉE.

ANNÉES.	FONTE.	HOUILLE.	FER.	VALEUR.	*Observations.*
	Tonn.	Tonn.	Tonn.		
1836	16,532	24,656	12,328		
1837	19,321	28,816	14,408		
1838	31,907	47,588	23,794		
1839	28,234	42,110	21,055		
1840	21,639	32,274	16,137		
1841	24,647	50,129	18,378		
1842	24,538	49,224	17,895		
Totaux.	166,818	274,797	123,995		
Moyennes . . .	23,831	39,257	17,714		

ANNEXE N° 12 (*suite*).

RÉCAPITULATION *générale indiquant la consommation et la production moyenne, par année et par établissement.*

N° D'ORDRE.	COMMUNES OU LES USINES SONT SITUÉES.	NOMS DES PROPRIÉTAIRES.	CONSOMMATION ET PRODUCTION.	1841.	1842.	TOTAUX.	MOYENNE.
1	Fayt.............	Dupont.............	Fonte...	5,101	4,373	9,474	4.737
			Houille..	8,400	8,896	17,296	8,648
			Fer.....	3,900	3,261	7,161	3,581
2	Monceau-sur-Sambre.	Société anonyme du Monceau.	Fonte...	5,116	3,846	8,962	4,481
			Houille..	10,494	7,510	18,004	9,002
			Fer.....	3,748	2,968	6,716	3,358
3	Marchienne-au-Pont.	Société anonyme de la Providence.	Fonte...	3,376	3,468	6,844	3,422
			Houille..	6,761	7,321	14,082	7,041
			Fer.....	2,510	2,642	5,152	2,576
4	Mont-sur-Marchienne.	Société dite *de Zone*..	Fonte...	»	»	»	»
			Houille..	»	»	»	»
			Fer.....	»	»	»	»
5	Couillet..........	Société anonyme de Couillet.	Fonte...	7,415	5,017	12,432	6,216
			Houille..	16,164	10,910	27,074	13,537
			Fer.....	5,752	4,000	9,752	4,878
6	Montigny-sur-Sambre.	Champeau-Chapelle...	Fonte...	»	3,402	3,402	3,402
			Houille..	»	7,114	7,114	7,114
			Fer.....	»	2,624	2,624	2,624
7	Châtelineau........	Dupont du Fayt......	Fonte...	»	»	»	»
			Houille..	»	»	»	»
			Fer.....	»	»	»	»
8	Bouffioulx et Acoz ..	Dedorlodot-Hoyoux...	Fonte...	3,000	4,432	7,432	3,716
			Houille..	7,000	7,473	14,473	7,237
			Fer.....	2,000	2,400	4,400	2,200
9	Solre-sur-Sambre...	Wilmet.............	Fonte...	639	»	639	639
			Houille..	1,810	»	1,310	1,310
			Fer.....	468	»	468	468

ANNEXE N° 13.

Province de Hainaut.

TABLEAU DE CONSOMMATION ET DE PRODUCTION

DES

AFFINERIES DE FER AU CHARBON DE BOIS.

ANNÉES 1836 A 1842 INCLUSIVEMENT.

(Extrait des Tableaux statistiques dressés par les ingénieurs des mines.)

Consommation et production des affineries de fer au charbon de bois.

N° D'ORDRE.	COMMUNES OÙ LES USINES SONT SITUÉES.	NOMS DES PROPRIÉTAIRES.	DATES DES PERMISSIONS.	FOYERS D'AFFINERIES		MARTEAUX.	BOCARDS.	NOMBRE, NATURE ET FORCE, EN CHEVAUX, DES MACHINES EMPLOYÉES.	CONSOMMATION EN		PRODUCTION EN		Observations.
				ACTIFS.	INACTIFS.				FONTE.	CHARBON DE BOIS.	FER.	VALEUR.	
						ANNÉE 1836.							
									Tonn.	Tonn.	Tonn.		
1	Mont-sur-Marchienne . . .	Société dite de *Zone* . . .	»	1	1	1	»	2 roues hydrauliques.	288	338	200		
2	Couillet.	Société anonyme de la Providence.	»	1	»	1	1	1 »	288	388	200		
3	Aiseau	Lambrecht	1829, 25 avril.	1	1	1	»	2 »	324	380	225		
4	Gougnies	Société anonyme de Châtelineau.	1829, 24 février	2	1	4	»	6 »	518	608	360		
5	Montigny-le-Tilleul	Diesbecq	1830, 18 mai.	1	1	1	»	2 »	288	338	200		
6	Ham-sur-Heure	Lottin.	1831, 15 octob.	1	1	1	1	3 »	230	270	160		
7	Id.	Paul De Barchifontaine . .	1827, 10 nov.	2	1	2	»	5 »	389	456	270		
8	Bossu-lez-Walcourt	Dupont d'Ahérée	1829, 18 mai.	1	1	1	»	2 »	272	319	189		
9	Solre-St-Géry	Paul De Barchifontaine . .	1832, 29 nov.	2	2	2	1	5 »	331	389	230		
10	Chimay	Dupont d'Ahérée	1830, 16 février	1	»	1	»	2 »	112	132	78		
11	Id.	François De Ranse	1830, 10 avril.	1	»	1	»	2 »	104	123	72		
12	Virelles	Prince de Chimay	»	»	2	1	1	3 »	»	»	»		
13	Lompret.	Id.	»	»	2	1	1	3 »	»	»	»		
14	Seloigne.	Id.	»	»	2	1	1	3 »	»	»	»		
15	Momignies	Deschamps-Dubroquet. . .	1840, 14 juillet.	1	»	1	»	2 »	230	270	160		
16	Id.	Puschet.	»	1	1	1	»	3 »	256	301	178		
17	Baileux	Desprez (François).	1831, 22 février	2	»	1	1	5 »	403	473	280		
18	Id.	Lieut	1830, 7 sept.	1	»	1	»	2 »	228	260	158		
19	Id.	Id.	1830, 6 sept.	1	»	1	»	2 »	176	206	122		
20	Id.	Lefebvre-Meuret	»	»	1	1	»	2 »	»	»	»		
				20	17	25	7	55 roues hydrauliques.	4,437	5,201	3,082		

Consommation et production des affineries de fer au charbon de bois.

N° d'ordre.	Communes où les usines sont situées.	Noms des propriétaires.	Dates des permissions.	Foyers d'affineries actifs.	Foyers d'affineries inactifs.	Marteaux.	Bocards.	Nombre, nature et force, en chevaux, des machines employées.	Consommation en fonte.	Consommation en charbon de bois.	Production en fer.	Production en valeur.	Observations.
						Année	**1837.**						
									Tonn.	Tonn.	Tonn.		
1	Mont-sur-Marchienne	Société dite de *Zone*	*Voir* 1836.	»	»	»	»	2 roues hydrauliques.	»	»	»		
2	Couillet	Société anonyme de la Providence.	»	»	»	»	»	1 »	»	»	»		
3	Aiseau	Lambrecht	»	1	»	»	»	2 »	324	360	228		
4	Gougnies	Société anonyme de Châtelineau.	»	2	»	»	»	6 »	518	608	360		
5	Montigny-le-Tilleul	Diesbecq	»	1	»	»	»	2 »	288	338	200		
6	Ham-sur-Heure	Lottin	»	1	»	»	»	3 »	210	247	146		
7	Id.	Paul De Barchifontaine	»	2	»	»	»	5 »	307	431	255		
8	Bossu-lez-Walcourt	Dupont d'Ahérée	»	1	»	»	»	2 »	307	360	213		
9	Solre-St-Géry	Paul De Barchifontaine	»	2	»	»	»	5 »	302	355	210		
10	Chimay	Dupont d'Ahérée	»	1	»	»	»	2 »	124	145	86		
11	Id.	François De Rause	»	1	»	»	»	2 »	108	127	75		
12	Virelles	Prince de Chimay	»	1	»	»	»	3 »	55	64	38		
13	Lompret	Id.	»	»	»	»	»	3 »	»	»	»		
14	Seloigne	Id.	»	»	»	»	»	3 »	»	»	»		
15	Momignies	Deschamps-Dubroquet	»	1	»	»	»	2 »	225	264	156		
16	Id.	Poschet	»	1	»	»	»	3 »	238	279	165		
17	Baileux	Desprez (François)	»	2	»	»	»	3 »	446	524	310		
18	Id.	Licot	»	1	»	»	»	2 »	220	259	153		
19	Id.	Id.	»	1	»	»	»	2 »	194	228	135		
20	Id.	Lefebvre-Meuret	»	»	»	»	»	2 »	»	»	»		
				19	»	»	»	55 roues hydrauliques.	3,926	4,609	2,727		

Annexe n° 13 (*suite*).

Consommation et production des affineries de fer au charbon de bois.

N° D'ORDRE.	COMMUNES OÙ LES USINES SONT SITUÉES.	NOMS DES PROPRIÉTAIRES.	DATES DES PERMISSIONS.	FOYERS D'AFFINERIES ACTIFS.	FOYERS D'AFFINERIES INACTIFS.	MARTEAUX.	BOCARDS.	NOMBRE, NATURE ET FORCE, EN CHEVAUX, DES MACHINES EMPLOYÉES.	CONSOMMATION EN FONTE.	CONSOMMATION EN CHARBON DE BOIS.	PRODUCTION EN FER.	PRODUCTION EN VALEUR.	Observations.
						ANNÉE	**1838.**						
									Tonn.	Tonn.	Tonn.		
1	Mont-sur-Marchienne . . .	Société dite de *Zone* . . .	*Voir* 1836.	»	»	»	»	2 roues hydrauliques.	»	»	»		
2	Couillet.	Société anonyme de la Providence.	»	»	»	»	»	1 »	»	»	»		
3	Aiseau	Lambrecht	»	1	»	»	»	2 »	324	380	225		
4	Gougnies.	Société anonyme de Châteneau.	»	2	»	»	»	6 »	518	606	360		
5	Montigny-le-Tilleul	Diesbecq	»	1	»	»	»	2 »	288	338	200		
6	Ham-sur-Heure	Lottin.	»	1	»	»	»	3 »	216	254	150		
7	Id.	Paul De Barchifontaine . .	»	2	»	»	»	3 »	321	377	223		
8	Bossu-lez-Walcourt	Dupont d'Abérée	»	1	»	»	»	2 »	298	350	207		
9	Solre-St-Géry	Paul De Barchifontaine . .	»	2	»	»	»	3 »	317	372	220		
10	Chimay	Dupont d'Abérée	»	1	»	»	»	2 »	121	135	84		
11	Id.	François De Ranse.	»	1	»	»	»	2 »	112	182	78		
12	Virelles	Prince de Chimay.	»	1	»	»	»	3 »	302	355	210		
13	Lompret	Id.	»	»	»	»	»	3 »	»	»	»		
14	Seloigne	Id.	»	»	»	»	»	3 »	»	»	»		
15	Momignies	Deschamps-Dubroquet. . .	»	1	»	»	»	2 »	194	228	135		
16	Id	Poschet.	»	1	»	»	»	3 »	204	240	142		
17	Baileux	Desprez (François).	»	2	»	»	»	3 »	469	551	326		
18	Id.	Licot	»	1	»	»	»	2 »	241	282	167		
19	Id.	Id.	»	1	»	»	»	2 »	189	221	131		
20	Id.	Lefebvre-Meurat	»	»	»	»	»	2 »	»	»	»		
				19	»	»	»	53 roues hydrauliques.	4,114	4,833	2,858		

Consommation et production des affineries de fer au charbon de bois.

N° d'ordre.	Communes où les usines sont situées.	Noms des propriétaires.	Dates des permissions.	Foyers d'affineries — actifs.	Foyers d'affineries — inactifs.	Marteaux.	Bocards.	Nombre, nature et force, en chevaux, des machines employées.	Consommation en fonte.	Consommation en charbon de bois.	Production en fer.	Production en valeur.	Observations.
						Année	**1839.**						
1	Mont-sur-Marchienne . . .	Société dite de *Zone* . . .	*Voir* 1838.	»	»	»	»	2 roues hydrauliques.	Tonn. »	Tonn. »	Tonn. »		
2	Couillet.	Société anonyme de la Providence.	»	»	»	»	»	1 »	»	»	»		
3	Aiseau.	Lambrecht.	»	1	»	»	»	2 »	324	380	225		
4	Gougnies	Société anonyme de Châtelineau.	»	2	»	»	»	6 »	518	608	360		
5	Montigny-le-Tilleul	Diesbecq	»	1	»	»	»	2 »	288	338	200		
6	Ham-sur-Heure	Lottin.	»	1	»	»	»	3 »	204	240	142		
7	Id.	Paul De Barchifontaine . .	»	2	»	»	»	5 »	266	313	185		
8	Bossu-lez-Walcourt	Dupont d'Abérée	»	1	»	»	»	2 »	288	338	200		
9	Solre-St-Géry	Paul De Barchifontaine . .	»	2	»	»	»	5 »	243	287	170		
10	Chimay	Dupont d'Abérée	»	1	»	»	»	2 »	156	183	108		
11	Id.	François De Ranse.	»	1	»	»	»	2 »	116	135	80		
12	Virelles	Prince de Chimay.	»	1	»	»	»	3 »	199	233	138		
13	Lompret	Id.	»	»	»	»	»	3 »	»	»	»		
14	Seloigne	Id.	»	»	»	»	»	3 »	»	»	»		
15	Momignies	Deschamps-Dubroquet. . .	»	1	»	»	»	2 »	144	169	100		
16	Id.	Posschet.	»	1	»	»	»	3 »	173	203	120		
17	Baileux	Despret (François).	»	2	»	»	»	3 »	332	390	231		
18	Id.	Licot	»	1	»	»	»	2 »	181	213	126		
19	Id.	Id.	»	1	»	»	»	2 »	178	210	124		
20	Id.	Lefebvre-Meuret.	»	»	»	»	»	2 »	»	»	»		
				19	»	»	»	55 roues hydrauliques.	3,612	4,240	2,509		

Consommation et production des affineries de fer au charbon de bois.

N° d'ordre.	Communes où les usines sont situées.	Noms des propriétaires.	Dates des permissions.	Foyers d'affinerie actifs.	Foyers d'affinerie inactifs.	Marteaux.	Bocards.	Nombre, nature et force, en chevaux, des machines employées.	Consommation en fonte.	Consommation en charbon de bois.	Production en fer.	Production en valeur.	Observations.
						Année	**1840.**						
									Tonn.	Tonn.	Tonn.		
1	Mont-sur-Marchienne . . .	Société dite de *Zone* . . .	*Voir* 1836.	»	»	»	»	2 roues hydrauliques.	»	»	»		
2	Couillet.	Société anonyme de la Providence.	»	»	»	»	»	1 »	»	»	»		
3	Aiseau	Lambrecht	»	1	»	»	»	2 »	324	380	225		
4	Gougnies	Société anonyme de Châtelineau.	»	2	»	»	»	6 »	518	608	360		
5	Montigny-le-Tilleul	Diesbecq	»	1	»	»	»	2 »	288	338	200		
6	Ham-sur-Heure	Lottin.	»	1	»	»	»	3 »	215	252	149		
7	Id.	Paul De Barchifontaine . .	»	1	»	»	»	5 »	197	282	137		
8	Bossu-lez-Walcourt	Dupont d'Ahérée	»	1	»	»	»	2 »	318	373	221		
9	Solre-St-Géry	Paul De Barchifontaine . .	»	2	»	»	»	5 »	230	270	160		
10	Chimay	Dupont d'Ahérée	»	1	»	»	»	2 »	101	118	76		
11	Id.	François De Rause	»	1	»	»	»	2 »	111	130	77		
12	Virelles	Prince de Chimay.	»	1	»	»	»	3 »	222	200	184		
13	Lompret	Id.	»	1	»	»	»	3 »	109	128	76		
14	Seloigne.	Id.	»	»	»	»	»	3 »	»	»	»		
15	Momignies	Deschamps-Dubroquet. . .	»	1	»	»	»	2 »	86	101	60		
16	Id.	Poschet.	»	1	»	»	»	3 »	43	»	30		
17	Baileux	Desprez (François).	»	2	»	»	»	3 »	333	390	231		
18	Id.	Licot	»	1	»	»	»	2 »	111	130	77		
19	Id.	Id.	»	1	»	»	»	2 »	98	115	68		
20	Id.	Lefebvre-Mouret.	»	»	»	»	»	2 »	»	»	»		
				19	»	»	»	55 roues hydrauliques.	3,304	3,825	2,295		

Consommation et production des affineries de fer au charbon de bois.

N° d'ordre.	Communes où les usines sont situées.	Noms des propriétaires.	Dates des permissions.	Foyers d'affineries — actifs.	Foyers d'affineries — inactifs.	Marteaux.	Bocards.	Nombre, nature et force, en chevaux, des machines employées.	Consommation en fonte.	Consommation en charbon de bois.	Production en fer.	Production en valeur.	Observations.
						Année	**1841.**						
									Tonn.	Tonn.	Tonn.		
1	Mont-sur-Marchienne . . .	Société dite de *Zone* . . .	*Voir* 1836.	»	2	1	»	2 roues hydrauliques.	»	»	»		
2	Couillet.	Société anonyme de la Providence.	»	1	»	1	1	1 »	133	157	92		
3	Aiseau	Lambrecht	»	2	»	1	»	2 »	320	353	223		
4	Gougnies	Société anonyme de Châtelineau.	»	2	1	4	»	6 »	304	000	360		
5	Montigny-le-Tilleul	Diesbecq	»	2	»	1	»	2 »	280	280	200		
6	Ham-sur-Heure	Lottin.	»	2	»	1	1	3 »	216	218	159		
7	Id.	Paul De Barchifontaine . .	»	1	2	2	»	3 »	200	277	137		
8	Bossu-lez-Walcourt	Dupont d'Ahérée	»	2	»	1	»	2 »	277	327	198		
9	Solre-St-Géry	Paul De Barchifontaine . .	»	2	2	2	1	5 »	280	297	160		
10	Chimay.	Dupont d'Ahérée	»	1	»	1	»	2 »	137	185	112		
11	Id.	François De Ranse.	»	1	»	1	»	2 »	106	125	70		
12	Virelles.	Prince de Chimay.	»	1	1	1	1	3 »	231	277	154		
13	Lompret	Id.	»	1	1	1	1	3 »	114	136	76		
14	Seloigne.	Id.	»	»	2	1	1	3 »	»	»	»		
15	Momignies	Deschamps-Dubroquet. . .	»	1	»	1	»	2 »	90	108	60		
16	Id.	Poschet	»	1	1	1	»	3 »	45	54	30		
17	Baileux.	Desprez (François).	»	2	»	1	1	3 »	346	415	231		
18	Id.	Licot	»	1	»	1	»	2 »	150	1[illegible]0	100		
19	Id.	Id.	»	1	»	1	»	2 »	150	180	100		
20	Id.	Lefebvre-Mouret	»	»	1	1	»	2 »	»	»	»		
				24	18	25	7	83 roues hydrauliques.	3,551	4,160	2,470		

ANNEXE N° 15 (*suite*).

Consommation et production des affineries de fer au charbon de bois.

N° D'ORDRE.	COMMUNES OÙ LES USINES SONT SITUÉES.	NOMS DES PROPRIÉTAIRES.	DATES DES PERMISSIONS.	FOYERS D'AFFINERIES		MARTEAUX.	BOCARDS.	NOMBRE, NATURE ET FORCE, EN CHEVAUX, DES MACHINES EMPLOYÉES.	CONSOMMATION EN		PRODUCTION EN		Observations.
				ACTIFS.	INACTIFS.				FONTE.	CHARBON DE BOIS.	FER.	VALEUR.	
						ANNÉE 1842.							
									Tonn.	Tonn.	Tonn.		
1	Mont-sur-Marchienne. . .	Société dite de *Zone* . . .	*Voir* 1836.	»	2	1	»	2 roues hydrauliques.	»	»	»		
2	Couillet.	Société anonyme de la Providence.	»	1	»	1	1	1 »	144	147	99		
3	Aiseau.	Lambrecht	»	2	»	1	»	2 »	320	353	225		
4	Gougnies	Société anonyme de Châtelineau.	»	»	3	4	»	6 »	»	»	»		
5	Montigny-le-Tilleul	Diesbecq	»	2	»	1	»	2 »	380	361	270		
6	Ham sur-Heure	Lottin.	»	2	»	1	1	3 »	216	218	150		
7	Id.	Paul De Barchifontaine . .	»	1	2	2	»	8 »	256	293	183		
8	Bossu-lez-Walcourt	Dupont d'Ahérée	»	2	»	1	»	2 »	341	375	242		
9	Solre-St-Géry	Paul De Barchifontaine . .	»	1	3	2	1	5 »	207	306	193		
10	Chimay.	Dupont d'Ahérée	»	»	1	1	»	2 »	»	»	»		
11	Id.	François De Ranse	»	1	»	1	»	2 »	107	106	76		
12	Virelles.	Prince de Chimay.	»	»	»	»	»	» »	»	»	»		
13	Lompret.	Id.	»	»	»	»	»	» »	»	»	»		
14	Seloigne	François De Ranse.	»	»	2	1	1	3 »	»	»	»		
15	Momignies	Deschamps-Dubroquet . .	»	»	1	1	»	2 »	»	»	»		
16	Id.	Poschet.	»	»	2	1	»	3 »	»	»	»		
17	Baileux.	Desprez, frères	»	1	1	1	1	3 »	320	321	225		
18	Id.	Licot	»	1	»	1	»	2 »	78	82	54		
19	Id.	Id.	»	1	»	1	»	2 »	47	49	32		
20	Id.	Lefebvre-Meuret.	»	»	1	1	»	2 »	»	»	»		
				18	18	23	5	40 roues hydrauliques.	2,479	2,612	1,758		

Annexe n° 15 (*suite*).

Tableau statistique des affineries de fer par la méthode champenoise ou mixte.

N° d'ordre.	Communes où les usines sont situées.	Noms des propriétaires.	Dates des permissions.	Foyers d'affineries.	Marteaux.	Bocards.	Nombre, nature et force, en chevaux, des machines employées.	Consommation en fonte.	Consommation en charbon de bois.	Production en fer.	Production en valeur.	Observations.
								Tonn.	Tonn.	Tonn.		
1	Virelles.	Prince de Chimay.	*Voir* 1836.	1 four à puddler.	1	1	3 roues hydrauliques.	520	600	400		
2	Lompret	Id.	»	2 »	1	1	3 »	»	»	»		
					2	2	6 roues hydrauliques.	520	600	400		

RÉCAPITULATION PAR ANNÉE.

Années.	Fonte.	Charbon de bois.	Fer.	Valeur.	Observations.
	Tonn.	Tonn.	Tonn.		
1836.	4,437	3,201	3,082		
1837.	3,926	4,609	2,727		
1838.	4,114	4,823	2,858		
1839.	3,612	4,240	2,509		
1840.	3,304	3,825	2,295		
1841.	3,551	4,169	2,470		
1842.	2,999	3,213	2,158		
Totaux	25,943	30,080	18,099		
Moyennes.	3,706	4,297	2,586		

ANNEXE Nº 13 (*suite*).

Récapitulation générale indiquant la consommation et la production moyenne par année et par établissement.

Nº D'ORDRE.	COMMUNES OÙ LES USINES SONT SITUÉES.	NOMS DES PROPRIÉTAIRES.	CONSOMMATION ET PRODUCTION.	1836.	1837.	1838.	1839.	1840.	1841.	1842.	TOTAUX.	MOYENNES.	Observations.
				Tonn.	Tonn.	Tonn.	Tonn.	Tonn.	Tonn.	Tonn.	Tonn.	Tonn.	
1	Mont-sur-Marchienne	Société dite de *Zone*	Fonte	288	»	»	»	»	»	»	288	288	
			Charbon de bois	338	»	»	»	»	»	»	338	338	
			Fer produit	200	»	»	»	»	»	»	200	200	
2	Couillet	Société anon. de la Providence	Fonte	288	»	»	»	»	135	144	567	189	
			Charbon de bois	338	»	»	»	»	157	147	642	214	
			Fer produit	200	»	»	»	»	92	99	391	130	
3	Aiseau	Lambrecht	Fonte	324	324	324	324	324	320	320	2,260	323	
			Charbon de bois	380	380	380	380	380	353	353	2,606	372	
			Fer produit	225	225	225	225	225	225	235	1,575	225	
4	Gougnies	Société de Châtelineau	Fonte	518	518	518	518	518	504	»	3,094	516	
			Charbon de bois	608	608	608	608	608	600	»	3,640	607	
			Fer produit	360	360	360	360	360	360	»	2,160	360	
5	Montigny-le-Tilleul	Diesbecq	Fonte	288	288	288	288	288	280	380	2,100	300	
			Charbon de bois	338	338	338	338	338	280	361	2,331	333	
			Fer produit	200	200	200	200	200	200	270	1,470	210	
6	Ham-sur-Heure	Lottin	Fonte	230	210	216	204	215	216	216	1,507	215	
			Charbon de bois	270	247	254	240	252	218	218	1,699	243	
			Fer produit	160	146	130	142	149	159	159	1,065	152	
7	Ham-sur-Heure	Paul De Barchifontaine	Fonte	389	367	321	266	197	200	256	1,996	285	
			Charbon de bois	456	431	377	313	232	277	293	2,379	340	
			Fer produit	270	255	223	185	137	137	183	1,390	199	
8	Bossu-lez-Walcourt	Dupont d'Ahérée	Fonte	272	307	298	288	318	277	341	2,101	300	
			Charbon de bois	319	300	360	338	373	327	378	2,442	349	
			Fer produit	189	213	207	200	221	196	242	1,470	210	

Annexe n° 13 (*suite*).

Récapitulation générale indiquant la consommation et la production moyenne, par année et par établissement.

N° D'ORDRE.	COMMUNES OÙ LES USINES SONT SITUÉES.	NOMS DES PROPRIÉTAIRES.	CONSOMMATION ET PRODUCTION.	1836.	1837.	1838.	1839.	1840.	1841.	1842.	TOTAUX.	MOYENNES	*Observations.*
				Tonn.	Tonn.	Tonn.	Tonn.	Tonn.	Tonn.	Tonn.	Tonn.	Tonn.	
9	Solre-St-Géry	Paul De Barchifontaine	Fonte	331	302	317	245	230	230	270	1,925	275	
			Charbon de bois	369	355	372	287	270	297	308	2,278	324	
			Fer produit	230	210	220	170	160	160	193	1,343	192	
10	Chimay	Dupont d'Ahérée	Fonte	112	124	121	156	100	157	»	770	128	
			Charbon de bois	132	145	135	183	118	185	»	898	150	
			Fer produit	78	86	84	108	70	112	»	538	90	
11	Id.	François De Ranse	Fonte	104	106	112	115	111	106	107	763	109	
			Charbon de bois	123	127	132	135	130	125	106	878	125	
			Fer produit	72	75	78	80	77	76	76	534	76	
12	Virelles	Prince de Chimay	Fonte	»	55	302	199	222	231	520	1,529	255	
			Charbon de bois	»	64	355	233	260	277	600	1,789	298	
			Fer produit	»	38	210	138	154	154	400	1,094	182	
13	Lompret	Id.	Fonte	»	»	»	»	109	114	»	223	111	
			Charbon de bois	»	»	»	»	128	136	»	264	132	
			Fer produit	»	»	»	»	76	76	»	152	76	
14	Seloigne	Id.	Fonte	»	»	»	»	»	»	»	»	»	
			Charbon de bois	»	»	»	»	»	»	»	»	»	
			Fer produit	»	»	»	»	»	»	»	»	»	
15	Momignies	Deschamps-Dubroquet	Fonte	230	225	194	144	86	90	»	969	161	
			Charbon de bois	270	264	228	169	101	108	»	1,140	190	
			Fer produit	100	156	135	100	60	60	»	671	112	
16	Id.	Puschet	Fonte	256	238	204	173	43	45	»	959	160	
			Charbon de bois	301	279	240	208	52	54	»	1,129	188	
			Fer produit	178	165	142	120	30	30	»	665	111	

ANNEXE N° 15 (*suite*).

Récapitulation générale indiquant la consommation et la production moyenne, par année et par établissement.

N° D'ORDRE.	COMMUNES OÙ LES USINES SONT SITUÉES.	NOMS DES PROPRIÉTAIRES.	CONSOMMATION ET PRODUCTION.	1836.	1837.	1838.	1839.	1840.	1841.	1842.	TOTAUX.	MOYENNES	Observations.
				Tonn.	Tonn.	Tonn.	Tonn.	Tonn.	Tonn.	Tonn.	Tonn.	Tonn.	
17	Baileux	Desprez (François)	Fonte	403	446	460	532	323	346	320	2,849	407	
			Charbon de bois	473	524	551	390	390	415	321	3,064	438	
			Fer produit	280	310	326	231	231	231	225	1,834	262	
18	Id.	Licot	Fonte	228	220	241	181	111	150	78	1,209	173	
			Charbon de bois	260	259	282	213	130	180	82	1,406	201	
			Fer produit	158	153	167	126	77	100	54	835	119	
19	Id.	Id.	Fonte	176	194	189	79	98	150	47	933	133	
			Charbon de bois	206	228	221	210	115	180	49	1,209	173	
			Fer produit	122	135	131	124	68	100	32	712	102	
20	Id.	Lefebvre-Meuret	»	»	»	»	»	»	»	»	»	»	

ANNEXE N° 14.

Province de Hainaut.

TABLEAU DE CONSOMMATION ET DE PRODUCTION

DES

FENDERIES, PLATINERIES, MARTINETS ET FONDERIES.

ANNÉES 1836 A 1842 INCLUSIVEMENT.

(Extrait des Tableaux statistiques dressés par les ingénieurs des mines.)

Consommation et production des fenderies, platineries, martinets et fonderies.

N° D'ORDRE.	COMMUNES où LES USINES SONT SITUÉES.	NOMS DES PROPRIÉTAIRES.	DATES DES PERMISSIONS.	NATURE DES USINES.	FOYERS actifs.	FOYERS inactifs.	FOURS À RÉVERBÈRE actifs.	FOURS À RÉVERBÈRE inactifs.	CUBILOTS actifs.	CUBILOTS inactifs.	MARTEAUX.	PAIRES DE CYLINDRES.	NOMBRE, NATURE ET FORCE, EN CHEVAUX, DES MACHINES EMPLOYÉES.	CONSOMMATION EN HOUILLE. — TONN.	CONSOMMATION EN FER BRUT. — TONN.	CONSOMMATION EN MITRAILLE. — TONN.	CONSOMMATION EN FONTE. — TONN.	PRODUCTION EN FORGÉ. — TONN.	PRODUCTION EN FER OUVRÉ. — TONN.	PRODUCTION EN MOULÉ. — TONN.	VALEUR.	Observations.
											ANNÉE		**1836.**									
1	Charleroy	Ve Rucloux		*Fenderies.*	.	.	1	.	.	.	.	1	1 roue hydraulique.	213	498	.	.	485	.	.		
2	Id.	Gauthier-Puissant			.	.	1	.	.	.	.	1	2 .	151	353	.	.	344	.	.		
					.	.	2	.	.	.	.	2	3 roues hydrauliques.	364	851	..	.	829	.	.		
1	Carnières	Laurent		*Platineries.*	1	.	.	.	.	.	1	.	2 roues hydrauliques.	101	46	.	.	.	40	.		
2	Fontaine-l'Évêque	Renaud			1	.	.	.	.	.	1	.	2 .	40	18	.	.	.	16	.		
3	Marchienne-au-Pont	Hanolet			1	.	.	.	.	.	1	.	2 .	43	19	.	.	.	17	.		
4	Jemioulx	Scohier			2	.	.	.	.	.	1	.	2 .	73	33	.	.	.	29	.		
5	Montigny-le-Tilleul	Diesbecq			.	.	.	.	.	.	1	.	2 .	.	.	.	.	.	.	.		
6	Solre-St-Géry	Barchifontaine			.	.	.	.	.	.	1	.	1 .	.	.	.	.	.	.	.		
7	Aiseau	Lambrecht			.	.	.	.	.	.	2	.	2 .	.	.	.	.	.	.	.		
8	Bouffioulx	De Cartier d'Yves.			1	.	.	.	.	.	2	.	2 .	.	.	.	.	.	.	.		
					6	.	.	.	.	.	10	.	15 roues hydrauliques.	237	116	.	.	.	102	.		
1	Haine-St-Pierre	Société de Haine.		*Martinets.*	.	.	.	.	.	.	.	.	.	.	.	.	.	.	.	.		
2	Solre-sur-Sambre	Wilmet			2	.	1	.	.	.	.	.	.	104	.	81	.	.	60	.		
3	Arquennes	Dupont			2	.	1	.	.	.	.	.	.	368	.	287	.	.	212	.		
4	Morlanwelz	Société d'Hourpes			.	.	.	.	.	.	.	.	.	.	.	.	.	.	.	.		
5	Montigny-le-Tilleul	Diesbecq			1	.	1	.	.	.	.	.	.	104	.	81	.	.	60	.		
6	Charleroy	Ve Rucloux			2	.	1	.	.	.	.	.	.	141	.	110	.	.	81	.		
					7	.	[illegible]	.	.	.	.	.	.	717	.	559	.	.	413	.		

Annexe n° 14 (*suite*).

Consommation et production des fenderies, platineries, martinets et fonderies.

N° d'ordre.	COMMUNES où LES USINES SONT SITUÉES.	NOMS DES PROPRIÉTAIRES.	DATES DES PERMISSIONS	NATURE DES USINES.	FOYERS DÉCOUVERTS actifs.	FOYERS DÉCOUVERTS inactifs.	FOURS À RÉVERBÈRE actifs.	FOURS À RÉVERBÈRE inactifs.	CUBILOTS actifs.	CUBILOTS inactifs.	MARTEAUX.	PAIRES DE CYLINDRES-FENDERIES.	NOMBRE, NATURE ET FORCE, EN CHEVAUX, DES MACHINES EMPLOYÉES.	CONSOMMATION EN houille. Tonn.	CONSOMMATION EN fer brut. Tonn.	CONSOMMATION EN mitraille. Tonn.	CONSOMMATION EN fonte. Tonn.	PRODUCTION EN verge. Tonn.	PRODUCTION EN fer ouvré. Tonn.	PRODUCTION EN moulé. Tonn.	VALEUR.	Observations.
													ANNÉE 1837.									
1	Charleroy	Ve Rueloux		*Fenderie.*	»	»	1	»	»	»	»	1	1 roue hydraulique.	278	648	»	»	631	»	»		
2	Id.	Gauthier-Puissant			»	»	1	»	»	»	»	1	2 »	216	503	»	»	490	»	»		
					»	»	2	»	»	»	»	2	3 roues hydrauliques.	494	1,151	»	»	1,121	»	»		
1	Carnières	Laurent		*Platineries.*	1	»	»	»	»	»	1	»	2 roues hydrauliques.	101	46	»	»	40	»	»		
2	Fontaine-l'Évêque	Renaud			1	»	»	»	»	»	1	»	2 »	40	18	»	»	16	»	»		
3	Marchienne-au-Pont	Hamelet			1	»	»	»	»	»	1	»	2 »	43	19	»	»	17	»	»		
4	Jemioulx	Seohier			2	»	»	»	»	»	1	»	2 »	101	46	»	»	40	»	»		
5	Montigny-le-Tilleul	Diesbecq			»	»	»	»	»	»	1	»	2 »	»	»	»	»	»	»	»		
6	Solre-St-Géry	De Berchifontaine			»	»	»	»	»	»	1	»	1 »	»	»	»	»	»	»	»		
7	Aiseau	Lambrecht			»	»	»	»	»	»	2	»	2 »	»	»	»	»	»	»	»		
8	Bouffioulx	De Cartier d'Yves.			1	»	»	»	»	»	2	»	2 »	»	»	»	»	»	»	»		
					6	»	»	»	»	»	10	»	15 roues hydrauliques.	285	129	»	»	113	»	»		
1	Haine-St-Pierre	Société de Haine.		*Martinets.*	2	»	1	»	»	»	»	»	»	458	»	356	»	264	»	»		
2	Solre-sur-Sambre	Wilmet			2	»	1	»	»	»	»	»	»	104	»	81	»	60	»	»		
3	Arquennes	Dupont			2	»	1	»	»	»	»	»	»	368	»	287	»	212	»	»		
4	Morlanwez	Société d'Hourpes			»	»	»	»	»	»	»	»	»	»	»	»	»	»	»	»		
5	Montigny-le-Tilleul	Diesbecq			1	»	1	»	»	»	»	»	»	106	»	83	»	61	»	»		
6	Charleroy	Ve Rueloux			2	»	1	»	»	»	»	»	»	155	»	121	»	89	»	»		
					7	»	5	»	»	»	»	»	»	1,191	»	830	»	686	»	»		

Annexe n° 14 (suite).

Consommation et production des fonderies, platineries, martinets et fonderies.

N° d'ordre.	COMMUNES où LES USINES SONT SITUÉES.	NOMS DES PROPRIÉTAIRES.	DATES DES PERMISSIONS	NATURE DES USINES.	FOYERS DÉCOUVERTS — Actifs.	FOYERS DÉCOUVERTS — Inactifs.	FOURS À RÉVERBÈRE — Actifs.	FOURS À RÉVERBÈRE — Inactifs.	CUBILOTS — Actifs.	CUBILOTS — Inactifs.	MARTEAUX.	PAIRES DE CYLINDRES.	NOMBRE, NATURE ET FORCE, EN CHEVAUX, DES MACHINES EMPLOYÉES.	CONSOMMATION EN HOUILLE. — Tonn.	CONSOMMATION EN FER BRUT. — Tonn.	CONSOMMATION EN MITRAILLE. — Tonn.	CONSOMMATION EN FONTE. — Tonn.	PRODUCTION EN VERGES. — Tonn.	PRODUCTION EN FER OUVRÉ. — Tonn.	PRODUCTION EN MOULÉ. — Tonn.	VALEUR.	Observations.
													ANNÉE 1828.									
1	Charleroy	Vᵉ Rucloux		*Fonderies.*	»	»	1	»	»	»	»	1	1 roue hydraulique.	268	620	»	»	610	»	»		
2	Id.	Gauthier Puissant			»	»	1	»	»	»	»	1	2 »	206	483	»	»	469	»	»		
					»	»	2	»	»	»	»	2	3 roues hydrauliques.	474	1,108	»	»	1,079	»	»		
1	Carnières	Laurent		*Platineries.*	1	»	»	»	»	»	1	»	2 roues hydrauliques.	101	46	»	»	»	40	»		
2	Fontaine-l'Évêque	Renaud			1	»	»	»	»	»	1	»	2 »	40	18	»	»	»	16	»		
3	Marchienne-au-Pont	Hanolet			1	»	»	»	»	»	1	»	2 »	43	19	»	»	»	17	»		
4	Jamioulx	Scohier			2	»	»	»	»	»	1	»	2 »	101	46	»	»	»	40	»		
5	Montigny-le-Tilleul	Diesbecq			»	»	»	»	»	»	1	»	2 »	»	»	»	»	»	»	»		
6	Solre-St-Géry	De Barchifontaine			»	»	»	»	»	»	1	»	1 »	»	»	»	»	»	»	»		
7	Aiseau	Lambrecht			»	»	»	»	»	»	2	»	2 »	»	»	»	»	»	»	»		
8	Boufflouls	De Cartier d'Yves.			1	»	»	»	»	»	2	»	2 »	»	»	»	»	»	»	»		
					6	»	»	»	»	»	10	»	15 roues hydrauliques.	285	129	»	»	»	113	»		
1	Haine-St-Pierre	Société de Haine.		*Martinets.*	2	»	1	»	»	»	»	»	»	456	»	358	»	»	284	»		
2	Solre-sur-Sambre	Wilmot			2	»	1	»	»	»	»	»	»	69	»	54	»	»	40	»		
3	Arquennes	Dupont			2	»	1	»	»	»	»	»	»	368	»	287	»	»	212	»		
4	Marlanwelz	Société d'Hourpes			»	»	»	»	»	»	»	»	»	»	»	»	»	»	»	»		
5	Montigny-le-Tilleul	Diesbecq			1	»	1	»	»	»	»	»	»	54	»	40	»	»	30	»		
6	Charleroy	Vᵉ Rucloux			2	»	1	»	»	»	»	»	»	120	»	93	»	»	69	»		
					9	»	5	»	»	»	»	»	»	1,069	»	832	»	»	615	»		

Annexe n° 14 (*suite*).

Consommation et production des fonderies, platineries, martinets et fonderies.

N° d'ordre.	COMMUNES où LES USINES SONT SITUÉES.	NOMS DES PROPRIÉTAIRES.	DATES DES PERMISSIONS	NATURE DES USINES.	FOYERS découverts — actifs.	FOYERS découverts — inactifs.	FOURS à réverbère — actifs.	FOURS à réverbère — inactifs.	CUBILOTS — actifs.	CUBILOTS — inactifs.	MARTEAUX.	PAIRES	NOMBRE, NATURE ET FORCE, EN CHEVAUX, DES MACHINES EMPLOYÉES.	CONSOMMATION de houille. — tonn.	CONSOMMATION de fer brut. — tonn.	CONSOMMATION de mitraille. — tonn.	CONSOMMATION de fonte. — tonn.	PRODUCTION en verge. — tonn.	PRODUCTION en fer ouvré. — tonn.	PRODUCTION en moulé. — tonn.	VALEUR.	Observations.
												ANNÉE	1839.									
1	Charleroy	Ve Rucloux		*Fonderies.*	»	»	1	»	»	»	»	1	1 roue hydraulique.	235	548	»	»	534	»	»		
2	Id.	Gauthier-Puissant			»	»	1	»	»	»	»	1	2 »	173	404	»	»	393	»	»		
					»	»	2	»	»	»	»	2	3 roues hydrauliques.	408	952	»	»	927	»	»		
1	Carnières	Laurent		*Platineries.*	1	»	»	»	»	»	1	»	2 roues hydrauliques.	101	46	»	»	»	40	»		
2	Fontaine-l'Évêque	Renaud			1	»	»	»	»	»	1	»	2 »	83	38	»	»	»	33	»		
3	Marchienne-au-Pont	Banolet			1	»	»	»	»	»	1	»	2 »	43	19	»	»	»	17	»		
4	Jamioulx	Scohier			2	»	»	»	»	»	1	»	2 »	86	39	»	»	»	34	»		
5	Montigny-le-Tilleul	Diesbecq			»	»	»	»	»	»	1	»	2 »	»	»	»	»	»	»	»		
6	Solre-St-Géry	De Barchifontaine			»	»	»	»	»	»	1	»	1 »	»	»	»	»	»	»	»		
7	Aiseau	Lambrecht			1	»	»	»	»	»	2	»	2 »	86	39	»	»	»	34	»		
8	Bouffioulx	De Cartier d'Yves.			1	»	»	»	»	»	2	»	2 »	86	39	»	»	»	34	»		
					7	»	»	»	»	»	10	»	15 roues hydrauliques.	485	220	»	»	»	192	»		
1	Haine-St-Pierre	Société de Haine.		*Martinets.*	2	»	1	»	»	»	»	»	»	468	»	358	»	»	264	»		
2	Solre-sur-Sambre	Wilmet			2	»	1	»	»	»	»	»	»	35	»	27	»	»	20	»		
3	Arquennes	Dupont			2	»	1	»	»	»	»	»	»	368	»	287	»	»	212	»		
4	Morlanwez	Société d'Hourpes			»	»	»	»	»	»	»	»	»	»	»	»	»	»	»	»		
5	Montigny-le-Tilleul	Diesbecq			1	»	1	»	»	»	»	»	»	36	»	28	»	»	21	»		
6	Charleroy	Ve Rucloux			2	»	1	»	»	»	»	»	»	115	»	89	»	»	66	»		
					9	»	5	»	»	»	»	»	»	1,012	»	789	»	»	583	»		

Consommation et production des fenderies, platineries, martinets et fonderies.

N° d'ordre.	COMMUNES où LES USINES SONT SITUÉES.	NOMS des PROPRIÉTAIRES.	DATES des PERMISSIONS	NATURE des USINES.	FOYERS découverts: actifs.	FOYERS découverts: inactifs.	FOURS à réverbère: actifs.	FOURS à réverbère: inactifs.	CUBILOTS: actifs.	CUBILOTS: inactifs.	MARTEAUX.	PAIRES de cylindres-fenderies.	NOMBRE, NATURE ET FORCE, en chevaux, DES MACHINES EMPLOYÉES.	CONSOMMATION en houille. — Tonn.	CONSOMMATION en fer brut. — Tonn.	CONSOMMATION en mitraille. — Tonn.	CONSOMMATION en fonte. — Tonn.	PRODUCTION en verge. — Tonn.	PRODUCTION en fer ouvré. — Tonn.	PRODUCTION en moulé. — Tonn.	VALEUR.	Observations.
												ANNÉE	**1840.**									
1	Charleroy	Ve Ruclous		*Fenderies.*	·	·	1	·	·	·	·	1	1 roue hydraulique.	238	555	·	·	540	·	·		
2	Id.	Gauthier-Puissant.			·	·	1	·	·	·	·	1	2 ·	176	410	·	·	399	·	·		
					·	·	2	·	·	·	·	2	3 roues hydrauliques.	414	965	·	·	939	·	·		
1	Carnières	Laurent		*Platineries.*	1	·	·	·	·	·	1	·	2 roues hydrauliques.	101	46	·	·	·	40	·		
2	Fontaine-l'Évêque	Renaud			1	·	·	·	·	·	1	·	2 ·	83	38	·	·	·	33	·		
3	Marchienne-au-Pont	Henolet			1	·	·	·	·	·	1	·	2 ·	43	19	·	·	·	17	·		
4	Jamioulx	Scohier			2	·	·	·	·	·	1	·	2 ·	86	39	·	·	·	34	·		
5	Montigny-le-Tilleul	Diesbecq			1	·	·	·	·	·	1	·	2 ·	·	·	·	·	·	·	·		
6	Solre-St-Géry	De Barchifontaine.			·	·	·	·	·	·	1	·	1 ·	·	·	·	·	·	·	·		
7	Aiseau	Lambrecht			1	·	·	·	·	·	2	·	2 ·	86	39	·	·	·	34	·		
8	Bouffioulx	De Cartier d'Yves			1	·	·	·	·	·	2	·	2 ·	86	39	·	·	·	34	·		
					8	·	·	·	·	·	10	·	15 roues hydrauliques.	485	220	·	·	·	192	·		
1	Haine-St-Pierre	Société de Haine.		*Martinets.*	2	·	1	·	·	·	·	·	·	458	·	358	·	·	264	·		
2	Solre-sur-Sambre	Wilmet			2	·	1	·	·	·	·	·	·	35	·	27	·	·	20	·		
3	Arquennes	Dupont			2	·	2	·	·	·	·	·	·	368	·	287	·	·	212	·		
4	Morlanwez	Société d'Houpes.			1	·	1	·	·	·	·	·	·	328	·	256	·	·	189	·		
5	Montigny-le-Tilleul	Diesbecq			1	·	1	·	·	·	·	·	·	36	·	28	·	·	21	·		
6	Charleroy	Ve Ruclous			2	·	1	·	·	·	·	·	·	70	·	54	·	·	40	·		
					10	·	7	·	·	·	·	·	·	1,295	·	1,010	·	·	746	·		

ANNEXE N° 14 (*suite*).

Consommation et production des fonderies, platineries, martinets et fonderies.

ANNÉE 1841.

N° D'ORDRE	COMMUNES OÙ LES USINES SONT SITUÉES.	NOMS DES PROPRIÉTAIRES.	DATES DES PERMISSIONS.	NATURE DES USINES.	FOYERS DÉCOUVERTS actifs.	FOYERS DÉCOUVERTS inactifs.	FOURS À RÉVERBÈRE actifs.	FOURS À RÉVERBÈRE inactifs.	CUBILOTS actifs.	CUBILOTS inactifs.	MARTEAUX.	PAIRES DE CYLINDRES-ÉTIREURS.	NOMBRE, NATURE ET FORCE, EN CHEVAUX, DES MACHINES EMPLOYÉES.	CONSOMMATION EN HOUILLE. — TONN.	CONSOMMATION EN FER BRUT. — TONN.	CONSOMMATION EN MITRAILLE. — TONN.	CONSOMMATION EN FONTE. — TONN.	PRODUCTION EN VERGES. — TONN.	PRODUCTION EN FER OUVRÉ. — TONN.	PRODUCTION EN MOULÉ. — TONN.	VALEUR.	Observations.
1	Charleroy	Ve Rucloux		*Fonderies.*	.	.	1	.	.	.	.	1	1 roue hydraulique.	158	380	.	.	370	.	.		
2	Id.	Gauthier-Puissant			.	.	1	1	.	.	.	1	2 .	105	235	.	.	229	.	.		
					.	.	2	1	.	.	.	2	3 roues hydrauliques.	263	615	.	.	599	.	.		
1	Carnières	Laurent		*Platineries.*	1	.	.	.	.	.	1	.	2 roues hydrauliques.	120	50	.	.	.	40	.		
2	Fontaine-l'Évêque	Renaud			1	1	.	.	.	.	1	.	2 .	86	36	.	.	.	33	.		
3	Marchienne-au-Pont	Hanolet			1	1	.	.	.	.	1	.	2 .	85	38	.	.	.	34	.		
4	Jamioulx	Soohier			2	.	.	.	.	.	1	.	2 .	73	33	.	.	.	29	.		
5	Montigny-le-Tilleul	Diesbecq			1	.	.	.	.	.	1	.	2 .	90	39	.	.	.	35	.		
6	Solre-St-Gery	De Burchifontaine			.	.	.	.	.	.	1	.	1 .	.	.	.	.	.	.	.		
7	Aiseau	Lambrecht			1	1	.	.	.	.	2	.	2 .	85	38	.	.	.	34	.		
8	Boufflouls	De Cartier d'Yves			1	1	.	.	.	.	2	.	2 .	85	38	.	.	.	34	.		
					8	5	.	.	.	.	10	.	15 roues hydrauliques.	604	272	.	.	.	239	.		
1	Haine-St-Pierre	Société de Haine		*Martinets.*	2	.	1	.	.	.	3	.	1 mach. à vap. de 25 ch.	528	.	355	.	.	264	.		
2	Solre-sur-Sambre	Wilmet			2	.	.	.	.	.	2	.	2 roues hydrauliques.	40	.	27	.	.	20	.		
3	Arquennes	Dupont			1	1	1	2	.	.	5	.	4 .	214	.	142	.	.	106	.		
4	Morlanwez	Société d'Hourpes			2	.	1	1	.	.	2	.	3 .	532	.	518	.	.	378	.		
5	Montigny-le-Tilleul	Diesbecq			1	.	1	.	.	.	2	.	1 .	42	.	28	.	.	21	.		
6	Charleroy	Ve Ruelens			2	1	1	.	.	.	3	.	3 .	48	.	25	.	.	19	.		
					10	2	5	3	.	.	17	.	1 mach. à vap. de 25 ch. 15 roues hydrauliques.	1,404	.	1,095	.	.	808	.		
1	Haine-St-Pierre	Société de Haine		*Fonderies.*	.	.	.	.	1	2	.	.	Mach. à vap. de martinet.	92	.	.	298	.	.	275		
2	Morlanwez	Cambier et Ce			.	.	.	.	1	1	.	.	Id. de 8 chev.	155	.	.	297	.	.	278		
3	Thuin	Société d'Hourpes			.	.	.	.	2	1	.	.	Id. des hts-fourn.	380	.	.	795	.	.	733		
4	Monceau	Société du Monceau			.	.	.	.	1	1	.	.	Id. Id.	122	.	.	233	.	.	218		
5	Marchienne-au-Pont	Dugettier et Ce			.	.	.	.	1	.	.	.	Id. de 20 chev.	122	.	.	235	.	.	218		
6	Id.	Jacquemin			.	.	.	.	2	.	.	.	Id. de 5 .	285	.	.	596	.	.	549		
7	Id.	Société de la Providence.			.	.	.	.	.	2	.	.	Id. du laminoir.	.	.	.	.	.	.	.		
8	Marcinelle	Puch			.	.	.	.	1	1	.	.		122	.	.	235	.	.	218		
9	Couillet	Société de la Providence.			.	.	.	.	1	.	.	.	Id. des hts-fourn.	75	.	.	112	.	.	105		
10	Id.	Société de Couillet			.	.	.	.	3	.	.	.	Id. Id.	570	.	.	1,192	.	.	1,099		
11	Châtelineau	Société de Châtelineau.			.	.	.	.	1	1	.	.	Id. de 10 chev.	80	.	.	190	.	.	176		
12	Id.	Jacquemin			.	.	.	.	1	1	.	.		75	.	.	145	.	.	133		
					.	.	.	.	15	10	.	.		2,079	.	.	4,330	.	.	4,000		

ANNEXE N° 14 (*suite*).

Consommation et production des fenderies, platineries, martinets et fonderies.

N° D'ORDRE.	COMMUNES OÙ LES USINES SONT SITUÉES.	NOMS DES PROPRIÉTAIRES.	DATES DES PERMISSIONS	NATURE DES USINES.	FOYERS DÉCOUVERTS. Actifs.	FOYERS DÉCOUVERTS. Inactifs.	FOURS À RÉVERBÈRE. Actifs.	FOURS À RÉVERBÈRE. Inactifs.	CUBILOTS. Actifs.	CUBILOTS. Inactifs.	MARTEAUX.	PAIRES DE CYLINDRES-FENDERIES.	NOMBRE, NATURE ET FORCE, EN CHEVAUX, DES MACHINES EMPLOYÉES.	CONSOMMATION EN HOUILLE. — Tonn.	CONSOMMATION EN FER BRUT. — Tonn.	CONSOMMATION EN MITRAILLE. — Tonn.	CONSOMMATION EN FONTE. — Tonn.	PRODUCTION EN VERGES. — Tonn.	PRODUCTION EN FER OUVRÉ. — Tonn.	PRODUCTION EN MOULÉ. — Tonn.	VALEUR.	Observations.
												ANNÉE	1842.									
1	Charleroy	Ve Rucloux		*Fenderies.*	»	»	1	»	»	»	»	1	1 roue hydraulique.	162	378	»	»	370	»	»		
2	Id.	Gauthier-Puissant.			»	»	1	1	»	»	»	1	2 »	490	900	»	»	935	»	»		
					»	»	2	1	»	»	»	2	3 roues hydrauliques.	662	1,338	»	»	1,305	»	»		
1	Carnières	Laurent		*Platineries.*	1	»	»	»	»	»	1	»	2 roues hydrauliques.	120	50	»	»	»	40	»		
2	Fontaine-l'Évêque	Renaud			1	1	»	»	»	»	1	»	2 »	42	21	»	»	»	19	»		
3	Marchienne-au-Pont	Honolet			1	1	»	»	»	»	1	»	2 »	116	45	»	»	»	40	»		
4	Jamioulx	Soohier			1	1	»	»	»	»	1	»	2 »	23	12	»	»	»	11	»		
5	Montigny-le-Tilleul	Diesbecq			»	1	»	»	»	»	1	»	2 »	»	»	»	»	»	»	»		
6	Solre-St-Géry	De Barchifontaine.			1	»	»	»	»	»	1	»	1 »	15	8	»	»	»	7	»		
7	Aiseau	Lambrecht			2	»	»	»	»	»	2	»	2 »	94	64	»	»	»	59	»		
8	Boufflouls	De Cartier d'Yves.			2	»	»	»	»	»	2	»	2 »	110	45	»	»	»	41	»		
					9	4	»	»	»	»	10	»	15 roues hydrauliques.	514	246	»	»	»	217	»		
1	Arquennes	Dupont		*Martinets.*	2	1	2	1	»	»	5	»	4 roues hydrauliques.	428	»	281	»	»	212	»		
2	Haine-St-Pierre	Société de Haine.			1	1	1	»	»	»	3	»	1 mach. à vapr de 25 ch.	590	»	42	132	»	118	»		
3	Morlanwez	Société d'Hourpes.			2	»	1	1	»	»	2	»	3 roues hydrauliques.	379	»	350	»	»	250	»		
4	Solre-sur-Sambre	Wilmet			1	»	»	»	»	»	2	»	3 »	40	»	27	»	»	20	»		
5	Montigny-le-Tilleul	Diesbecq			»	1	»	1	»	»	2	»	1 »	»	»	»	»	»	»	»		
6	Charleroy	Ve Rucloux			2	1	1	»	»	»	3	»	5 »	48	»	25	»	»	19	»		
					8	4	5	3	»	»	17	»	18 roues hydrauliques et 1 mach. à vapr de 25 ch.	1,485	»	728	182	»	619	»		
1	Haine-St-Pierre	Société de Haine.		*Fonderies.*	»	»	»	»	3	»	»	»	Mach. à vapr du martinet.	300	»	»	325	»	»	300		
2	Morlanwez	Cambier et compe.			»	»	»	»	1	1	»	»	Id. 8 chevaux.	280	»	»	208	»	»	277		
3	Thuin	Société d'Hourpes.			»	»	»	»	»	3	»	»	Id. des hts-fourn.	»	»	»	»	»	»	»		
4	Monceau	Société du Monceau			»	»	»	»	»	2	»	»	Id. Id.	»	»	»	»	»	»	»		
5	Marchienne-au-Pont	Dugettier et compe			»	»	»	»	1	»	»	»	Id. 20 chevaux.	122	»	»	245	»	»	218		
6	Id.	Jacquemin			»	»	»	»	»	2	»	»	Id. 5 »	»	»	»	»	»	»	»		
7	Id.	Société de la Providence.			»	»	»	»	»	2	»	»	Id. du laminoir.	»	»	»	»	»	»	»		
8	Marcinelle	Puch			»	»	»	»	»	2	»	»	Id. 8 chevaux.	»	»	»	»	»	»	»		
9	Couillet	Société de la Providence.			»	»	»	»	1	»	»	»	Id. des hts-fourn.	134	»	»	279	»	»	267		
10	Id.	Société de Couillet			»	»	»	»	1	2	»	»	Id. Id.	622	»	»	951	»	»	863		
11	Châtelineau	Société de Châtelineau.			»	»	»	»	1	1	»	»	Id. 10 chevaux.	226	»	»	276	»	»	250		
12	Id.	Jacquemin			»	»	»	»	1	1	»	»	Un tour.	102	»	»	220	»	»	201		
					»	»	»	»	9	16	»	»		1,796	»	»	2,504	»	»	2,385		

ANNEXE N° 14 (*suite*).

RÉCAPITULATION PAR ANNÉE.

ANNÉES.	NATURE DES USINES.	CONSOMMATION EN				PRODUCTION EN			VALEUR.
		HOUILLE. TONN.	FER BRUT. TONN.	MITRAILLE. TONN.	FONTE. TONN.	VERGE. TONN.	FER OUVRÉ. TONN.	MOULÉ. TONN.	
1836.	Fenderies..	364	851	»	»	829	»	»	
	Platineries.	257	116	»	»	»	102	»	
	Martinets..	717	»	559	»	»	413	»	
1837.	Fenderies..	494	1,151	»	»	1,121	»	»	
	Platineries.	285	129	»	»	113	»	»	
	Martinets..	1,191	»	930	»	686	»	»	
1838.	Fenderies..	474	1,108	»	»	1,079	»	»	
	Platineries.	285	129	»	»	»	113	»	
	Martinets..	1,069	»	832	»	»	615	»	
1839.	Fenderies..	408	952	»	»	927	»	»	
	Platineries.	485	220	»	»	»	192	»	
	Martinets..	1,012	»	789	»	»	583	»	
1840.	Fenderies..	414	965	»	»	939	»	»	
	Platineries.	485	220	»	»	»	192	»	
	Martinets..	1,295	»	1,010	»	»	746	»	
1841.	Fenderies..	263	615	»	»	599	»	»	
	Platineries.	604	272	»	»	239	»	»	
	Martinets..	1,404	»	1,095	»	»	808	»	
1842.	Fenderies..	562	1,338	»	»	1,305	»	»	
	Platineries.	514	245	»	»	»	217	»	
	Martinets..	1,485	»	728	132	»	619	»	
Totaux.........		14,067	8,311	5,943	132	7,837	4,600	»	
Moyennes..............		2,009	1,187	849	132	1,119	657	»	
Moyennes pour les fonderies (*voir* page 89 ci-après).		1,937	»	»	3,457	»	»	3,193	
Consommation et production moyennes........		3,946	1,187	849	3,589	1,119	657	3,193	

Annexe n° 14 (*suite*).

RÉCAPITULATION POUR LES FONDERIES.

ANNÉES.	CONSOMMATION EN HOUILLE.	CONSOMMATION EN FONTE.	PRODUCTION EN FER MOULÉ.	*Observations.*
1841	2,078	4,330	4,000	
1842	1,796	2,584	2,385	
Totaux	3,874	6,914	6,385	
Moyennes	1,937	3,457	3,193	

Récapitulation générale indiquant la consommation et la production moyenne, par année et par établissement.

N° D'ORDRE.	COMMUNES OÙ LES USINES SONT SITUÉES.	NOMS DES PROPRIÉTAIRES.	CONSOMMATION ET PRODUCTION.	1836.	1837.	1838.	1839.	1840.	1841.	1842.	TOTAUX.	MOYENNES.	*Observations.*
				Tonn.	Tonn.	Tonn.	Tonn.	Tonn.	Tonn.	Tonn.	Tonn.	Tonn.	
	Fonderies.		Houille	213	278	266	235	238	158	162	1,552	222	
1	Charleroy	Vᵉ Rucloux	Fer brut	498	646	626	548	555	380	378	3,633	519	
			Verge	485	631	610	534	540	370	370	3,540	506	
			Houille	151	216	206	173	170	105	410	1,437	206	
2	Id.	Gauthier-Puissant	Fer brut	353	503	482	404	410	235	960	3,347	478	
			Verge	344	490	409	393	399	229	935	3,259	466	
	Platineries.		Houille	101	101	101	101	101	120	120	745	106	
1	Carnières	Laurent	Fer brut	46	46	46	46	46	50	50	330	47	
			Fer ouvré	40	40	40	40	40	40	40	280	40	
			Houille	40	40	40	83	83	66	42	394	56	
2	Fontaine-l'Evêque	Renaud	Fer brut	18	18	18	38	38	36	21	187	27	
			Fer ouvré	16	16	16	33	33	33	19	166	24	
			Houille	43	43	43	43	43	85	110	410	58	
3	Marchienne-au-Pont	Hanolet	Fer brut	19	19	19	19	19	38	45	178	25	
			Fer ouvré	17	17	17	17	17	34	40	159	23	
			Houille	73	101	101	86	86	73	23	543	78	
4	Jamioulx	Scohier	Fer brut	33	46	46	39	39	33	12	248	35	
			Fer ouvré	29	40	40	34	34	29	11	217	31	
			Houille	»	»	»	»	»	90	»	90	90	
5	Montigny-le-Tilleul	Diesbecq	Fer brut	»	»	»	»	»	39	»	39	39	
			Fer ouvré	»	»	»	»	»	35	»	35	35	
			Houille	»	»	»	»	»	»	[illegible]	15	15	
6	Solre-St-Géry	De Barchifontaine	Fer brut	»	»	»	»	»	»	8	8	8	
			Fer ouvré	»	»	»	»	»	»	7	7	7	

Récapitulation générale indiquant la consommation et la production moyenne, par année et par établissement.

N° d'ordre.	Communes où les usines sont situées.	Noms des propriétaires.	Consommation et production.	1836.	1837.	1838.	1839.	1840.	1841.	1842.	Totaux.	Moyennes.	Observations.
				Tonn.	Tonn.	Tonn.	Tonn.	Tonn.	Tonn.	Tonn.	Tonn.	Tonn.	
7	Aiseau	Lambrecht	Houille	»	»	»	86	86	85	94	351	88	
			Fer brut	»	»	»	39	39	38	64	180	45	
			Fer ouvré	»	»	»	34	34	34	59	161	40	
8	Bouffioulx	De Cartier d'Yves	Houille	»	»	»	86	86	85	101	358	89	
			Fer brut	»	»	»	39	39	38	45	161	40	
			Fer ouvré	»	»	»	34	34	34	41	143	36	
	Martinets.												
1	Haine-St-Pierre	Société des forges de Haine.	Fonte	»	»	»	»	»	»	132	»	»	
			Houille	»	455	458	458	456	528	590	2,950	492	
			Mitraille	»	358	358	358	358	355	42	1,829	305	
			Fer ouvré	»	264	264	264	264	264	118	1,570	262	
2	Solre-sur-Sambre	Wilmet	Houille	104	104	69	35	35	40	40	427	61	
			Mitraille	81	81	54	27	27	27	27	324	46	
			Fer ouvré	60	60	40	20	20	20	20	240	34	
3	Arquennes	Dupont	Houille	368	368	368	368	368	214	428	2,482	355	
			Mitraille	287	287	287	287	287	142	284	1,861	268	
			Fer ouvré	212	212	212	212	212	106	212	1,378	197	
4	Morlanwez	Société d'Hourpes	Houille	»	»	»	»	328	352	379	1,059	353	
			Mitraille	»	»	»	»	256	518	350	1,124	375	
			Fer ouvré	»	»	»	»	189	378	250	817	272	
5	Montigny-le-Tilleul	Diesbecq	Houille	104	106	54	36	36	42	»	378	63	
			Mitraille	81	83	40	28	28	28	»	288	48	
			Fer ouvré	60	61	30	21	21	21	»	214	36	
6	Charleroy	Ve Rucloux	Houille	141	155	120	115	70	48	48	697	100	
			Mitraille	110	121	93	89	54	25	25	517	74	
			Fer ouvré	81	89	69	66	40	19	19	383	55	

Récapitulation générale indiquant la consommation et la production moyenne, par année et par établissement.

N° d'ordre.	Communes où les usines sont situées.	Noms des propriétaires.	Consommation et production.	1836.	1837.	1838.	1839.	1840.	1841.	1842.	Totaux.	Moyennes.	Observations.
				Tonn.	Tonn.	Tonn.	Tonn.	Tonn.	Tonn.	Tonn.	Tonn.	Tonn.	
	Fonderies.		Houille	»	»	»	»	»	92	300	392	196	
1	Haine-St Pierre	Société des forges de Haine.	Fonte	»	»	»	»	»	298	325	623	312	
			Fer moulé. . . .	»	»	»	»	»	275	300	575	288	
			Houille	»	»	»	»	»	155	290	445	223	
2	Morlanwez	Cambier et Cie	Fonte	»	»	»	»	»	297	298	595	298	
			Fer moulé. . . .	»	»	»	»	»	276	277	553	277	
			Houille	»	»	»	»	»	380	»	380	380	
3	Thuin.	Société d'Hourpes . .	Fonte	»	»	»	»	»	795	»	795	795	
			Fer moulé. . . .	»	»	»	»	»	733	»	733	733	
			Houille	»	»	»	»	»	122	»	122	122	
4	Monceau	Société du Monceau .	Fonte	»	»	»	»	»	235	»	235	235	
			Fer moulé. . . .	»	»	»	»	»	218	»	218	218	
			Houille	»	»	»	»	»	122	122	244	122	
5	Marchienne-au-Pont.	Dugottier et Cie . . .	Fonte	»	»	»	»	»	235	235	470	235	
			Fer moulé. . . .	»	»	»	»	»	218	218	436	218	
			Houille	»	»	»	»	»	285	»	285	285	
6	Id.	Jacqmain	Fonte	»	»	»	»	»	596	»	596	596	
			Fer moulé. . . .	»	»	»	»	»	549	»	549	549	
			Houille	»	»	»	»	»	»	»	»	»	
7	Id.	Société anonyme de la Providence.	Fonte	»	»	»	»	»	»	»	»	»	
			Fer moulé. . . .	»	»	»	»	»	»	»	»	»	
			Houille	»	»	»	»	»	122	»	122	122	
8	Marcinelle.	Puch	Fonte	»	»	»	»	»	235	»	235	235	
			Fer moulé. . . .	»	»	»	»	»	218	»	218	218	

Récapitulation générale indiquant la consommation et la production moyenne, par année et par établissement.

N° D'ORDRE.	COMMUNES OÙ LES USINES SONT SITUÉES.	NOMS DES PROPRIÉTAIRES.	CONSOMMATION ET PRODUCTION.	1836.	1837.	1838.	1839.	1840.	1841.	1842.	TOTAUX.	MOYENNES.	Observations.
				Tonn.	Tonn.	Tonn.	Tonn.	Tonn.	Tonn.	Tonn.	Tonn.	Tonn.	
9	Couillet	Société anonyme de la Providence.	Houille	»	»	»	»	»	75	134	209	105	
			Fonte	»	»	»	»	»	112	279	391	196	
			Fer moulé	»	»	»	»	»	105	267	372	186	
10	Id.	Société anonyme de Couillet.	Houille	»	»	»	»	»	570	622	1,192	596	
			Fonte	»	»	»	»	»	1,192	951	2,143	1,072	
			Fer moulé	»	»	»	»	»	1,096	865	1,962	981	
11	Châtelineau	Société anonyme de Châtelineau.	Houille	»	»	»	»	»	80	226	306	153	
			Fonte	»	»	»	»	»	190	276	466	233	
			Fer moulé	»	»	»	»	»	176	259	435	218	
12	Id.	Jacquain	Houille	»	»	»	»	»	75	102	177	89	
			Fonte	»	»	»	»	»	145	220	365	183	
			Fer moulé	»	»	»	»	»	133	201	334	167	

Annexe n° 15.

Province de Hainaut.

TABLEAU DE L'EXTRACTION DU MINERAI DE FER.

ANNÉES 1836 A 1842 INCLUSIVEMENT.

(Extrait des Tableaux statistiques, dressés par les ingénieurs des mines.)

ANNEXE N° 15 (*suite*).

Extraction du minerai de fer.

N° D'ORDRE.	SITUATION DES EXPLOITATIONS.	NOMS DES CONCESSIONNAIRES OU DES PROPRIÉTAIRES DES TERRAINS.	DATES DES CONCESSIONS OU DES PERMISSIONS.	ÉTENDUE SUPERFICIELLE À EXPLOITER EN HECTARES.	NOMBRE DES PUITS EN ACTIVITÉ.	NOMBRE, nature et force, en chevaux, des machines employées à l'extraction ou à l'épuisement.	PROFONDEUR moyenne DE L'EXPLOITATION.	NOMBRE D'OUVRIERS.	QUANTITÉ EXTRAITE EN MINERAI BRUT.	LAVÉ.	VALEUR DU MINERAI LAVÉ.	OBSERVATIONS sur la nature et le gisement du minerai, sur la puissance des gîtes.	Observations.
					ANNÉE	**1836.**							
				H. A. C.			m.		Tonneaux.	Tonneaux.	fr.	m.	
1	Erquelinnes	Goffart		1 00 00	6		24.00	22	6,366	3,183	8.33	En amas de 3 d'épaiss'.	
2	Morbes-le-Château	Gillain		1 25 00	3		24.00	11	3,600	1,800	7.33	» 3 »	
3	Thuillies	Société de Couillet		4 00 00	10		24.10	38	13,500	6,760	7.33	» 2 à 3 »	
4	Id.	Blondeau, Kinard, Goffart et c^e		»	40		24.10	80	45,000	22,500	»	» 2 à 8 »	
5	Cour-sur-Heure	Bataille, Courthéou, Goffart		»	16		24.20	40	18,000	9,000	»	» 2 à 3 »	
6	Montigny-le-Tilleul	Goffart		1 00 00	4		24.20	16	5,400	2,700	7.96	» 1 à 4 »	
7	Id.	Wilmet		1 25 00	3		24.20	6	2,700	1,350	»	» 2 »	
8	Presles	Comte d'Oultremont		2 00 00	8		10.20	18	10,800	5,400	»	» 3 »	
9	Id.	Remomertin		3 00 00	3		15.20	9	5,400	2,700	»	» 3 »	
10	Bouffioulx	Dederlodot		0 98 00	3		24.20	11	3,600	1,800	7.33	» 1 à 2 »	
11	Id.	De Cartier		1 00 00	4		24.20	18	4,500	2,250	6.66	» 2 »	
12	Acoz	Plusieurs ouvriers		»	5		24.00	12	5,400	2,700	»	» 3 »	
13	Villers-Poterie	Cornil		2 00 00	5		26.20	15	6,300	3,150	»	» 2 à 3 »	
14	Gougnies	Plusieurs ouvriers		3 00 00	8		24.20	24	12,000	6,000	»	» 3 »	
15	Id.	Dupont		0 98 00	2		24.20	6	2,700	1,350	6.45	» 1 à 4 »	
					119			326	145,266	72,033			

ANNEXE N° 15 (*suite*).

Extrait du minerai de fer.

N° D'ORDRE.	SITUATION DES EXPLOITATIONS.	NOMS DES CONCESSIONNAIRES OU DES PROPRIÉTAIRES DES TERRAINS.	DATES DES CONCESSIONS OU DES PERMISSIONS.	ÉTENDUE SUPERFICIELLE À EXPLOITER EN HECTARES.	NOMBRE DES PUITS EN ACTIVITÉ.	NOMBRE, nature et force, en chevaux, des machines employées à l'extraction ou à l'épuisement.	PROFONDEUR moyenne DE L'EXPLOITATION.	NOMBRE D'OUVRIERS.	QUANTITÉ EXTRAITE EN MINERAI BRUT. Tonneaux.	QUANTITÉ EXTRAITE EN MINERAI LAVÉ. Tonneaux.	VALEUR DU MINERAI LAVÉ.	OBSERVATIONS sur la nature et le gisement du minerai, sur la puissance des gîtes.	*Observations.*
					ANNÉE	**1837.**							
1	Merbes-le-Château	Gillain		H. a. c. 1 00 00	6		m. 24	19	7,200	3,600	Fr. 7.33	En amas de 3 m. d'épaiss^r.	
2	Ragnies	Société de Thy-le-Château		»	12		24.20	30	16,200	8,100	»	» 2 à 3 »	
3	Id.	Defuisseau et Gillain		»	10		26.20	56	13,500	6,750	8.00	» 3 »	
4	Thuillies	Kinard, Goffart et comp^e		»	4		24.20	12	900	450	»	» 2 à 6 »	
5	Id.	Plusieurs ouvriers		0 58 00	3		24.00	8	4,500	2,250	»	» 2 à 3 »	
6	Id.	Société de Couillet		»	5		24.00	18	5,400	2,700	7.48	» 2 à 3 »	
7	Biesme-sous-Thuin	Balbecq		»	6		24.20	18	8,100	4,050	»	» 2 »	
8	Cour-sur-Heure	N. Dumoulin		0 58 00	1		24.00	3	1,200	600	»	» 2 »	
9	Leugnies	De Paul		»	6		24.00	15	6,300	3,150	»	» 3 »	
10	Montigny-le-Tilleul	Wilmet		1 25 00	2		24.20	6	2,100	1,050	»	» 2 »	
11	Presles	Remomartin		3 00 00	1		20	3	1,350	675	»	» 3 »	
12	Boufioulx	Piton-Carré		»	1		20	3	1,200	600	»	» 1 à 3 »	
13	Acoz	Plusieurs ouvriers		»	14		24.20	32	18,900	9,450	»	» 2 à 3 »	
14	Villers-Poterie	Coreil		»	7		30.20	18	9,000	4,500	»	» 2 à 3 »	
15	Id.	Plusieurs ouvriers		»	11		30.20	33	14,400	7,200	»	» 1 à 3 »	
16	Id.	Dupont et autres		»	7		24.20	29	9,900	4,950	7.33	» 2 à 3 »	
17	Joncret	Plusieurs ouvriers		»	7		26.24	20	9,000	4,500	»	» 2 à 3 »	
18	Gougnies	Id.		»	10		26.20	30	15,000	7,500	»	» 3 à 4 »	
19	St-Amand	St-Amand		»	2		11.18	4	3,000	1,500	»	» 5 »	
					115			367	147,150	73,575			
					ANNÉE	**1838.**							
1	Erquelinnes	Goffart et Gillain		1 00 00	12		24	35	10,176	5,088	9.41	En amas de 4 d'épaiss^r.	
2	Ragnies	Defuisseaux, Oly et comp^e		»	20		20 à 26	48	18,000	9,000	8.33	» 3 »	
3	Acoz	Dedorlodot		1 03 00	4		20 à 24	18	5,400	2,700	3.75	» 2 à 3 »	
4	Villers-Poterie	Dupont		2 00 00	4		20 à 24	14	5,400	2,700	5.66	» 2 à 3 »	
5	Id.	Dedorlodot		»	4		20 à 28	16	4,500	2,250	6.00	» 2 à 3 »	
6	Id.	Plusieurs ouvriers		»	5		20 à 24	11	4,266	2,133	»	» 2 à 3 »	
7	Gougnies	Id.		1 50 00	4		20 à 28	12	4,500	2,250	»	» 3 »	
					53			157	52,242	26,121			

ANNEXE N° 15 (*suite*).

Extrait du minerai de fer.

N° D'ORDRE.	SITUATION DES EXPLOITATIONS.	NOMS DES CONCESSIONNAIRES OU DES PROPRIÉTAIRES DES TERRAINS.	DATES DES CONCESSIONS OU DES PERMISSIONS.	ÉTENDUE SUPERFICIELLE À EXPLOITER EN HECTARES.	NOMBRE DES PUITS EN ACTIVITÉ.	NOMBRE, nature et force, en chevaux, des machines employées à l'extraction ou à l'épuisement.	PROFONDEUR moyenne DE L'EXPLOITATION.	NOMBRE D'OUVRIERS.	QUANTITÉ EXTRAITE EN MINERAI BRUT. — Tonneaux.	QUANTITÉ EXTRAITE EN MINERAI LAVÉ. — Tonneaux.	VALEUR DU MINERAI LAVÉ.	OBSERVATIONS sur la nature et le gisement du minerai, sur la puissance des gîtes.	*Observations.*
				ANNÉE 1839.									
				H. A. C.			m.				fr.	m.	
1	Ragnies	Defussiaux et comp^e		»	»		»	»	»	»	»	En amas de 2 à 3 d'ép^r.	
2	Acoz	Commune d'Acoz		»	2		20 à 24	6	1,800	900	»	» 2 à 3 »	
3	Villers-Poterie	Plusieurs ouvriers		»	6		20 à 26	18	6,000	3,000	»	» 2 à 3 »	
4	Id.	Dupont		2 00 00	2		28	6	2,100	1,050	6.00	» 2 à 3 »	
5	Gougnies	Thomas		0 98 00	2		20 à 26	6	1,800	900	»	» 3 »	
					12			36	11,700	5,850			
				ANNÉE 1840.									
1	Acoz	Dupont		1 00 00	3		20 à 24	13	5,400	2,700	5.17	En amas de 2 d'épaiss^r.	
2	Villers-Poterie	Id.		2 00 00	4		20 à 26	18	4,200	2,100	6.66	» 2 à 3 »	
3	Id.	Plusieurs ouvriers		3 00 00	5		20 à 26	15	6,300	3,150	»	» 2 à 3 »	
4	Acoz	Dedorlodot		1 00 00	3		20 à 24	16	4,800	2,400	5.33	» 2 »	
5	Gougnies	Plusieurs ouvriers		1 27 00	5		20 à 26	12	5,400	2,700	»	» 2 à 3 »	
6	Ragnies	Defussiaux et comp^e		»	6		20 à 26	22	7,200	3,600	8.33	» 3 »	
					26			96	33,300	16,650			
				ANNÉE 1841.									
1	Erquelinnes	Lévêque, Stockart et Dassy		1	2	Treuils	20 à 24	9	1,800	900		En amas de 1 à 4 d'ép^r.	
2	Ragnies	Oly, Defussiaux et comp^e		45 00 00	7	Id. et 1 vis d'Archimède.	20 à 24	38	13,680	6,740		» 3 à 4 »	
3	Thuillies	Buisseret de Thuin		0 93 00	3		8 à 10	22	3,206	1,588		» 3 »	
4	Id.	Ve Pierard		0 50 00	3		16 à 20	17	2,700	1,389		» 2 à 8 »	
5	Acoz	Piret, d'Hudeghem, etc.		1 82 00	3		8 à 16	22	4,200	2,100		» 2 à 3 »	
6	Id.	Xavier Demen et d'Hudeghem		1 00 00	3		10 à 20	10	2,295	1,147		» 1 à 2 »	
7	Villers-Poterie	Communes de Villers-Poterie, d'Hudeghem, J.-B. Henry et F. Gravier.		1 88 00	6		20 à 24	35	9,000	4,500		» 2.50 »	
8	Id.	George Gravier		0 50 00	1		26 à 55	3	1,350	675		» 2 à 4 »	
9	Id.	Commune de Villers-Poterie.		2 00 00	7		20 à 26	37	9,000	4,500		» 2 à 4 »	
10	Id.	Romain		0 90 00	1		28	3	1,200	600		» 2 à 4 »	
11	Id.	Commune de Villers-Poterie.		0 25 00	1		24	3	1,125	562		» 1 à 4 »	
12	Gougnies	T. Paschet, Grég. et Henri Binon		1 00 00	4		24	19	4,200	2,100		» 2 à 3 »	
	Mines concédées.												
13	La Buissière	Société d'Hourpes	1827, 16 août.	20 03 00	5	Treuils et 1 machine de 8 chevaux.	20 à 24	16	2,988	1,494		» 2 »	
14	Gerpinnes	Société anonyme de Châtelineau	1828, 23 décembre.	23 56 00	7	Treuils	20 à 24	20	15,900	7,950		» 3 »	
					53			256	72,804	30,253			

Extraction du minerai de fer.

N° d'ordre.	Situation des exploitations.	Noms des concessionnaires ou des propriétaires des terrains.	Dates des concessions ou des permissions.	Étendue superficielle à exploiter en hectares.	Nombre des puits en activité.	Nombre, nature et force, en chevaux, des machines employées à l'extraction ou à l'épuisement.	Profondeur moyenne de l'exploitation.	Nombre d'ouvriers.	Quantité extraite en minerai — Brut. — Tonneaux.	Quantité extraite en minerai — Lavé. — Tonneaux.	Valeur du minerai lavé.	Observations sur la nature et le gisement du minerai, sur la puissance des gîtes.	Observations.
					Année	**1842.**							
1	Merbes-le-Château	Gillain		H. a. c. 0 50 00	2	Treuils	17 m.	4	600	300		En amas de 4 m. d'épaisr.	
2	Erquelinnes	Goffart et Gillain		3 00 00	4		18	10	1,290	645		. 3 .	
3	Ragnies	Defussiaux, Gillain et Oly		45 00 00	10		24 à 26	35	10,350	5,175		. 3 à 4 .	
4	Thuillies	Société de Couillet		.	3		24	7	3,150	1,575		. 4 .	
5	Id.	Id. de la Providence		.	5		13 à 24	16	4,500	2,250		.	
6	Id.	Goffart		.	4		20 à 25	14	4,380	2,190		. 3 à 4 .	
7	Acoz	Dedorlodot		2 00 00	7		15 à 24	22	9,450	4,725		. 3 à 4 .	
8	Id.	Dupont		1 25 00	3		9 à 20	8	3,600	1,800		. 4 .	
9	Villers-Poterie	Fidel Gravier		0 06 00	1		26	2	900	450		. 3 .	
10	Id.	Dedorlodot		2 00 00	4		24 à 28	15	4,500	2,250		. 3 .	
11	Id.	Joseph Cornil		0 05 00	1		24	3	1,350	675		. 3 .	
12	Gougnies	Th.-Jh. Grégoire		0 50 00	2		21	4	2,700	1,350		. 4 .	
13	Id.	Meaudoux et Flaraust		0 50 00	1		21	2	900	450		. 3 .	
14	Id.	J.-B. Simons		0 53 00	1		24	2	750	375		. 3 .	
15	Id.	Charlier		0 19 00	1		22	2	336	168		. 3 .	
	Mines concédées.												
16	La Buissière	Lejeune	1827, 16 août.	2 03 00	3	Treuils et 1 machine de 8 chevaux.	24	17	2,382	1,191		Très variable.	
17	Gerpinnes	De Cartier aîné et Puissant	1828, 23 décembre.	23 56 00	6	Id.	20 à 24	32	22,374	11,187		. 3 à 4 .	
					58			195	73,512	36,756			

ANNEXE N° 15 (*suite*).

RÉCAPITULATION PAR ANNÉE.

ANNÉES.	MINERAI LAVÉ. — TONNEAUX.	*Observations.*
1836.	72,633	
1837.	73,575	
1838.	26,121	
1839.	5,850	
1840.	16,650	
1841.	36,253	
1842.	36,858	
Total général . .	267,838	
Moyenne	38,262.5	

ANNEXE Nº 15 (*suite*).

RÉCAPITULATION GÉNÉRALE

indiquant la quantité moyenne de minerai extraite par année et par établissement.

ANNEXE N° 15 (*suite*).

Récapitulation générale indiquant la quantité moyenne de minerai extraite par année et par établissement.

N° D'ORDRE.	SITUATION DES EXPLOITATIONS.	NOMS DES CONCESSIONNAIRES.	QUANTITÉ EXTRAITE.	1836.	1837.	1838.	1839.	1840.	1841.	1842.	TOTAUX.	MOYENNES.	*Observations.*
				Tonn.	Tonn.	Tonn.	Tonn.	Tonn.	Tonn.	Tonn.	Tonn.	Tonn.	
1	Erquelinnes	Goffard	Minerai brut	6,366	7,200	10,176	»	»	»	1,290	25,032	6,258	
			» lavé	3,183	3,600	5,088	»	»	»	645	12,516	3,129	
2	Merbes-le-Château	Gillain	» brut	3,600	7,200	»	»	»	»	600	11,400	3,800	
			» lavé	1,800	3,600	»	»	»	»	300	5,700	1,900	
3	Thuillies	Société de Couillet	» brut	13,500	5,400	»	»	»	»	3,150	22,050	7,350	
			» lavé	6,750	2,700	»	»	»	»	1,575	11,025	3,675	
4	Id.	Blondeau, Kinard et Ce.	» brut	45,000	900	»	»	»	»	4,380	50,280	16,760	
			» lavé	22,500	450	»	»	»	»	2,190	25,140	8,380	
5	Cour-sur-Heure	Bataille, Courthéou, Goffart.	» brut	18,000	»	»	»	»	»	»	18,000	18,000	
			» lavé	9,000	»	»	»	»	»	»	9,000	9,000	
6	Montigny-le-Tilleul	Goffart.	» brut	5,400	»	»	»	»	»	»	5,400	5,400	
			» lavé	2,700	»	»	»	»	»	»	2,700	2,700	
7	Id.	Wilmet	» brut	2,700	2,100	»	»	»	»	»	4,800	2,400	
			» lavé	1,350	1,050	»	»	»	»	»	2,400	1,200	
8	Presles	Comte d'Oultremont	» brut	10,800	»	»	»	»	»	»	10,800	10,800	
			» lavé	5,400	»	»	»	»	»	»	5,400	5,400	
9	Id.	Remomartin	» brut	5,400	1,350	»	»	»	»	»	6,750	3,375	
			» lavé	2,700	675	»	»	»	»	»	3,375	1,687	
10	Bouffioulx	De Cartier	» brut	4,500	»	»	»	»	»	»	4,500	4,500	
			» lavé	2,250	»	»	»	»	»	»	2,250	2,250	
11	Id.	Dedorlodot	» brut	3,600	»	»	»	»	»	»	3,600	3,600	
			» lavé	1,800	»	»	»	»	»	»	1,800	1,800	

Annexe n° 15 (*suite*).

Récapitulation générale indiquant la quantité moyenne de minerai extraite par année et par établissement.

N° D'ORDRE.	SITUATION DES EXPLOITATIONS.	NOMS DES CONCESSIONNAIRES.	QUANTITÉ EXTRAITE.	1836.	1837.	1838.	1839.	1840.	1841.	1842.	TOTAUX.	MOYENNE.	*Observations.*
12	Acoz	Plusieurs ouvriers . .	Minerai brut . .	5,400	18,900	»	1,800	»	»	»	26,100	8,700	
			» lavé . .	2,700	9,450	»	900	»	»	»	13,050	4,350	
13	Villers-Poterie.	Cornil	» brut . .	6,300	9,000	»	»	»	»	1,350	16,650	5,550	
			» lavé . .	3,150	4,500	»	»	»	»	675	8,325	2,775	
14	Gougnies	Plusieurs ouvriers . .	» brut . .	12,000	15,000	4,500	»	5,400	4,200	1,986	43,086	7,181	
			» lavé . .	6,000	7,500	2,250	»	2,700	2,100	993	21,543	3,590	
15	Id.	Dupont	» brut . .	2,700	»	»	»	»	»	»	2,700	2,700	
			» lavé . .	1,350	»	»	»	»	»	»	1,350	1,350	
16	Ragnies	Société de Thy-le-Château.	» brut . .	»	16,200	»	»	»	»	»	16,200	16,200	
			» lavé . .	»	8,100	»	»	»	»	»	8,100	8,100	
17	Id.	Defussiaux, Oly et Ce.	» brut . .	»	13,500	18,000	»	7,200	13,680	10,350	62,730	12,546	
			» lavé . .	»	6,750	9,000	»	3,600	6,840	5,175	31,365	6,273	
18	Thuillies	Plusieurs ouvriers . .	» brut . .	»	4,500	»	»	»	»	»	4,500	4,500	
			» lavé . .	»	2,250	»	»	»	»	»	2,250	2,250	
19	Id.	Buisseret.	» brut . .	»	»	»	»	»	3,366	»	3,366	3,366	
			» lavé . .	»	»	»	»	»	1,596	»	1,596	1,596	
20	Id.	Société de la Providence.	» brut . .	»	»	»	»	»	»	4,500	4,500	4,500	
			» lavé . .	»	»	»	»	»	»	2,250	2,230	2,250	
21	Id.	Ve Pierard	» brut . .	»	»	»	»	»	2,700	»	2,700	2,700	
			» lavé . .	»	»	»	»	»	1,389	»	1,389	1,389	
22	Biesme-sous-Thuin.	Halbecq	» brut . .	»	8,100	»	»	»	»	»	8,100	8,100	
			» lavé . .	»	4,050	»	»	»	»	»	4,050	4,050	

ANNEXE N° 15 (*suite*).

Récapitulation générale indiquant la quantité moyenne de minerai extraite par année et par établissement.

N° D'ORDRE.	SITUATION DES EXPLOITATIONS.	NOMS DES CONCESSIONNAIRES.	QUANTITÉ EXTRAITE.	1836.	1837.	1838.	1839.	1840.	1841.	1842.	TOTAUX.	MOYENNES.	Observations.
				Tonn.	Tonn.	Tonn.	Tonn.	Tonn.	Tonn.	Tonn.	Tonn.	Tonn.	
23	Cour-sur-Heure	Dumoulin Nicolas	Minerai brut	»	1,200	»	»	»	»	»	1,200	1,200	
			» lavé	»	600	»	»	»	»	»	600	600	
24	Leugnies	De Paul	» brut	»	6,300	»	»	»	»	»	6,300	6,300	
			» lavé	»	3,150	»	»	»	»	»	3,150	3,150	
25	Bouffioulx	Piton-Carrez	» brut	»	1,200	»	»	»	»	»	1,200	1,200	
			» lavé	»	600	»	»	»	»	»	600	600	
26	Villers-Poterie	Plusieurs ouvriers	» brut	»	14,400	4,266	6,000	6,300	1,350	»	32,316	6,463	
			» lavé	»	7,200	2,133	3,000	3,150	675	»	16,158	3,231	
27	Id.	Dupont et autres	» brut	»	9,900	5,400	2,100	4,200	»	»	21,600	5,400	
			» lavé	»	4,950	2,700	1,050	2,100	»	»	10,800	2,700	
28	Joncret	Plusieurs ouvriers	» brut	»	15,000	»	»	»	»	»	15,000	15,000	
			» lavé	»	7,500	»	»	»	»	»	7,500	7,500	
29	St-Amand	St-Amand	» brut	»	3,000	»	»	»	»	»	3,000	3,000	
			» lavé	»	1,500	»	»	»	»	»	1,500	1,500	
30	Acoz	Dedorlodot	» brut	»	»	5,400	»	4,800	»	9,450	19,650	6,550	
			» lavé	»	»	2,700	»	2,400	»	4,725	9,825	3,275	
31	Id.	Dupont	» brut	»	»	»	»	5,400	»	3,600	9,000	4,500	
			» lavé	»	»	»	»	2,700	»	1,800	4,500	2,250	
32	Villers-Poterie	Dedorlodot	» brut	»	»	4,500	»	»	»	4,500	9,000	4,500	
			» lavé	»	»	2,250	»	»	»	2,250	4,500	2,250	
33	Gougnies	Thomas	» brut	»	»	»	1,800	»	4,200	2,700	8,700	2,900	
			» lavé	»	»	»	900	»	2,100	1,350	4,350	1,450	

ANNEXE N° 15 (*suite*).

Récapitulation générale indiquant la quantité moyenne de minerai extraite par année et par établissement.

N° D'ORDRE.	SITUATION DES EXPLOITATIONS.	NOMS DES CONCESSIONNAIRES.	QUANTITÉ EXTRAITE.	1836.	1837.	1838.	1839.	1840.	1841.	1842.	TOTAUX.	MOYENNES.	Observations.
				Tonn.	Tonn.	Tonn.	Tonn.	Tonn.	Tonn.	Tonn.	Tonn.	Tonn.	
34	Acoz	. . . .	Minerai brut . .	»	»	»	»	»	»	6,495	6,495	6,495	
			» lavé . .	»	»	»	»	»	»	3,248	3,248	3,248	
35	Villers-Poterie.	Commune et autres. .	» brut . .	»	»	»	»	»	20,325	900	21,225	10,613	
			» lavé . .	»	»	»	»	»	10,163	450	10,613	5,307	
36	La Buissière	Société d'Hourpes. . .	» brut . .	»	»	»	»	»	2,988	2,382	5,370	2,685	
			» lavé . .	»	»	»	»	»	1,494	1,191	2,685	1,343	
37	Gerpinnes.	Id. de Châtelineau.	» brut . .	»	»	»	»	»	15,900	22,374	38,274	19,137	
			» lavé . .	»	»	»	»	»	7,950	11,187	19,137	9,568	

ANNEXE N° 16.

Province de Hainaut.

CARRIÈRES.

TABLEAU DE L'EXTRACTION DE MATÉRIAUX DE CONSTRUCTION, EN 1842.

(Extrait des Tableaux statistiques dressés par les ingénieurs des mines.)

Annexe n° 16 (*suite*).

Carrières du Hainaut. — 1842.

N° d'ordre.	Communes.	Hameaux ou lieux dits.	Noms des propriétaires.	Étendue superficielle. — Exploitation approximative en hectares, etc.	Nombre, nature et force en chevaux, des machines employées à l'extraction ou bien à l'exploitation.	Nombre d'ouvriers.	Nombre de chevaux.	Valeur des produits, en francs. Calcaire pour route et pour four.	Grès de toute espèce.	Pierre de taille et autres pierres à bâtir.	Marbre de toute espèce.	Pierre à chaux.	Sable de toute espèce.	Argile à poterie et à creusets.	Marne.	Valeur attribuée au mètre cube.	Cube.	Pesanteur spécifique.	Extraction, en tonneaux.	Observations.
				H. a. c.				Fr.	Fr.	Fr.	Fr.	Fr.	Fr.	Fr.	Fr.	Fr.	M³.	Kilog.	Tonn. kilog.	
1	Marcinelle	Hameau de Haies	Commune de Marcinelle	0 60 00	Treuil	6	•	•	•	•	•	•	2,000	•	•	1.00	2,000	1,600	3,200,000	Exploitation à ciel ouvert.
2	Id.	— de la Tombe	Jacques Hubeaux	0 04 00	•	1	•	•	•	•	•	•	500	•	•	1.00	500	1,600	800,000	Id. à 4 mèt. de profondeur.
3	Id.	— id.	Deglimes.	0 08 00	•	1	•	•	•	•	•	•	600	•	•	1.00	600	1,600	960,000	Id. à 2 id.
4	Mont-sur-Marchienne.	— de Haies	Lefebvre	0 20 00	Treuils et cabestan	25	•	•	•	12,000	•	•	•	•	•	40.00	300	2,700	810,000	Id. à 8 id.
5	Id.	— id.	Lejon frère	0 10 00	Treuil	3	•	•	•	2,000	•	•	•	•	•	40.00	63	2,700	170,100	Id. à 5 id.
6	Id.	— id.	Jean Heureux	0 10 00	•	4	•	•	•	•	•	4,500	•	•	•	5.00	900	2,700	2,430,000	
7	Id.	— id.	Commune de Mont-sur-Marchienne.	0 15 00	•	5	•	•	•	3,000	•	•	•	•	•	40.00	75	2,700	202,000	Id. à 5 id.
8	Montigny-le-Tilleul	Lieu dit Couturelle	Cambier	0 20 00	•	4	•	•	•	1,600	•	•	•	•	•	40.00	40	2,700	108,000	Id. à 5 id.
9	Id.	— id.	Delcorte	0 07 00	•	2	•	1,000	•	•	•	•	•	•	•	1.40	715	2,700	1,930,500	Id. à 3 id.
10	Id.	— id.	Jean-Joseph Henri.	0 10 00	•	2	•	•	•	•	•	1,170	•	•	•	5.00	234	2,700	631,800	
11	Id.	— St-Martin.	Bayet	0 20 00	•	6	•	•	•	5,000	•	•	•	•	•	40.00	125	2,700	337,500	Id. à 10 id.
12	Id.	— id.	Decrollière	0 30 00	•	58	•	•	•	5,000	•	•	•	•	•	40.00	125	2,700	337,500	Id. à 12 id.
13	Id.	— id.	Wilmet	0 10 00	•	3	•	•	•	•	•	•	500	•	•	1.00	500	1,600	800,000	Id. à 4 id.
14	Gozée.	— id.	Douly, Alexandre	0 04 00	•	3	•	•	1,800	•	•	•	•	•	•	30.00	60	3,000	180,000	
15	Merbais	— id.	Buisseret, François.	0 06 00	•	1	•	•	•	•	•	•	600	•	•	1.00	600	1,600	960,000	
16	Hom-sur-Heure	— id.	Berchifontaine, Paul	0 03 00	•	2	•	600	•	•	•	•	•	•	•	1.40	428	2,700	1,155,600	Id. à 3 id.
17	Nalinnes.	— Borgnies	La commune.	0 30 00	•	2	•	600	•	•	•	•	•	•	•	1.40	428	2,700	1,155,600	Id. à 12 id.
18	Id.	— Petrie.	Id.	0 40 00	•	2	•	600	•	•	•	•	•	•	•	1.40	428	2,700	1,155,600	
19	Thuillies	— Lazée.	Gueriat, Adrien.	0 37 00	Treuils et cabestan	4	•	•	•	1,500	•	•	•	•	•	40.00	38	2,700	102,600	Id. à 9 id.
20	Cour-sur-Heure	— id.	Bierlère, Henri	0 12 00	•	3	•	•	•	2,000	•	•	•	•	•	40.00	50	2,700	135,000	Id. à 2 id.
21	Strée	— id.	Lecocq, Jean	1 00 00	•	10	2	•	12,000	•	•	•	•	•	•	30.00	400	3,000	1,200,000	Id. à 6 id.
22	Id.	— id.	Dubois, Pierre	0 12 00	•	1	•	•	•	600	•	•	•	•	•	40.00	15	2,700	40,500	Id. à 4 id.
23	Beaumont	— id.	De Caraman	0 03 00	•	2	•	•	•	800	•	•	•	•	•	40.00	20	2,700	54,000	Id. à 5 à 6 id.
24	Id.	— id.	Hancart, Alexis.	1 00 00	•	6	•	•	•	•	•	•	•	•	•	•	•	•	•	
25	Leugnies	— Répréau	Dutrent	0 40 00	Tours.	2	•	•	•	•	•	•	800	•	•	1.00	800	1,600	1,280,000	Exploitation souterraine de 45 mètres de profondeur.
26	Id.	— Lumina	Veuve Royer	0 01 00	•	•	•	•	•	•	•	•	•	•	•	•	•	•	•	Id. de sable pour les habitants.
27	Grand-Rieu.	— la Ville	Dubois	0 02 00	•	3	•	•	•	•	•	•	400	•	•	1.00	400	1,600	640,000	Id. à ciel ouvert de 4 à 6 mèt.
28	Id.	— id.	Bricourt	0 02 00	•	1	•	•	•	•	•	•	100	•	•	1.00	100	1,600	160,000	Id. de 4 à 6 mèt. de profondr.
29	Id.	— le Marché	Willain, Jean-Baptiste.	0 01 00	•	2	•	500	•	•	•	•	•	•	•	1.40	358	2,700	966,600	Id. de 5 mèt. id.
30	Id.	— l'Estrun	Faustrois.	0 01 00	•	2	•	500	•	•	•	•	•	•	•	1.40	358	2,700	966,600	Id.
31	Renlies	— Cuttin	La commune	0 01 00	•	2	•	•	•	600	•	•	•	•	•	40.00	15	27,00	40,500	Id. de 6 mèt. id.
																	A reporter.		22,910,500	

Carrières du Hainaut. — 1832.

N° d'ordre.	Communes.	Hameaux ou lieux dits.	Noms des propriétaires.	Étendue superficielle. — Exploitation approximative en hectares, etc.	Nombre, nature et force, en chevaux, des machines employées à l'extraction ou bien à l'exploitation.	Nombre d'ouvriers.	Nombre de chevaux.	Valeur des produits, en francs. Calcaire pour route et pour four.	Grès de toute espèce.	Pierre de taille et autres pierres à bâtir.	Marbre de toute espèce.	Pierres à chaux.	Sable de toute espèce.	Argile à potier et à carreaux.	Marne.	Valeur attribuée au mètre cube.	Cube.	Pesanteur spécifique.	Extraction, en tonneaux.	Observations.
				H. a. c.				Fr.	Fr.	Fr.	Fr.	Fr.	Fr.	Fr.	Fr.	Fr.	M³.	Kilog.	Tonn. kilog.	
																Report	. .	.	22,910,500	
32	Sivry	Lieu dit Grand-Rieux	Mercier, François	»	»	»	»	»	»	»	»	»	»	»	»	»	»	»	»	Cette carrière de marbre est abandonnée.
33	Id.	— id.	Drognet, Jacques	0 01 02	Tours.	3	»	150	»	»	»	»	»	»	»	1.40	107	2,700	288,900	
34	Id.	Hameau du Long-du-Bois	Duriaux, Jean-Baptiste	0 00 02	»	3	»	»	»	»	»	»	»	80	»	2.00	40	1,800	72,000	
35	Id.	— Mont-Jument	La commune.	1 00 00	»	»	»	»	»	»	»	»	»	»	»	»	»	»	»	Cette carrière est exploitée par les habitants.
36	Id.	— Vieux-Sart	Id.	0 25 00	»	»	»	»	»	»	»	»	»	»	»	»	»	»	»	Id.
37	Id.	— Carreauterie.	Id.	0 07 00	»	3	»	»	»	»	»	»	»	200	»	2.00	100	1,800	180,000	
38	Boucé	— Chauffour	Id.	0 05 00	»	3	»	»	»	2,000	»	»	»	»	»	40.00	50	2,700	135,000	
39	Id.	— id.	Id.	0 04 00	»	2	»	»	»	1,500	»	»	»	»	»	40.00	38	2,700	103,600	
40	Mont-Bliard.	— id.	Id.	»	»	»	»	»	»	»	»	»	»	»	»	»	»	»	»	
41	Barbançon	Lieu dit Gobiefort	Wautier	0 15 00	»	8	»	»	»	»	16,000	»	»	»	»	100.00	160	2,700	432,000	Exploitation à ciel ouvert de 7 à 9 mèt. de profondeur.
42	Id.	— id.	Colman	0 15 00	»	6	»	»	»	2,000	»	»	»	»	»	40.00	50	2,700	135,000	Id.
43	Id.	— id.	Ravinet	0 10 00	»	3	»	»	»	1,000	»	»	»	»	»	40.00	25	2,700	67,500	Id.
44	Id.	— id.	Roussel	0 10 00	»	3	»	»	»	1,000	»	»	»	»	»	40.00	25	2,700	67,500	Id.
45	Id.	— id.	Hauteur, Eloy	0 10 00	»	1	»	»	»	»	»	»	200	»	»	1.00	200	1,600	320,000	Id.
46	Bossu-lez-Walcourt	— id.	La commune	0 02 00	»	5	»	»	»	1,000	»	»	»	»	»	40.00	25	2,700	67,500	
47	Id.	— id.	Id.	0 03 00	»	5	»	»	»	1,000	»	»	»	»	»	40.00	25	2,700	67,500	
48	Erpion	— id.	Id.	»	»	»	»	»	»	»	»	»	»	»	»	»	»	»	»	
49	Vergnies.	— id.	Id.	»	»	»	»	»	»	»	»	»	»	»	»	»	»	»	»	
50	Froid-Chapelle.	— id.	Id.	»	»	»	»	»	»	»	»	»	»	»	»	»	»	»	»	
51	Baillièvre	— Campagne-Pleine	Dethier, Alexandre.	»	»	»	»	»	»	»	»	»	»	»	»	»	»	»	»	Cette carrière de marbre rouge est inactive.
52	Robechies	»	»	»	»	»	»	»	»	»	»	»	»	»	»	»	»	»	»	
53	Momignies	Fosse-au-Marché	Ostelet	0 00 05	»	2	»	»	»	»	»	400	»	»	»	5.00	80	2,700	216,000	
54	Id.	Aux Haies	Pecheux, Joachim	0 00 06	»	1	»	»	»	»	»	»	100	»	»	1.00	100	1,600	160,000	
55	Id.	Aux Arbres.	Popin-Fulgant	0 00 25	»	2	»	»	»	»	»	»	»	50	»	2.00	25	1,800	45,000	
56	Salles.	Fond de Marouval.	Joniaux, Ferdinand-Joseph	0 09 00	Un cabestan	5	1	»	»	4,500	»	»	»	»	»	40.00	113	2,700	305,100	
57	Monceau-Imbrechies	»	»	»	»	»	»	»	»	»	»	»	»	»	»	»	»	»	»	
58	Villers-la-Tour.	Tribaivy.	Lebrun, Remy	»	»	»	»	»	»	»	»	»	»	»	»	»	»	»	»	Cette carrière de marbre est en réserve.
59	Momignies	Grande-Calvaire	Leclercq, Pierre	0 00 07	»	»	»	»	»	»	»	»	»	»	»	»	»	»	»	
60	Bauwelz.	»	»	»	»	»	»	»	»	»	»	»	»	»	»	»	»	»	»	
61	Seloignes	La Loge	Prince De Chimay	»	»	»	»	»	»	»	»	»	»	»	»	»	»	»	»	Cette carrière de grès est en réserve.
																A reporter.	. .	.	25,572,100	

Annexe n° 16 (*suite*).

Carrières du Hainaut. — 1842.

N° d'ordre	Communes.	Hameaux ou lieux dits.	Noms des propriétaires.	Étendue superficielle. — Exploitation approximative en hectares, etc.	Nombre, nature et force, en chevaux, des machines employées à l'extraction ou bien à l'exploitation.	Nombre d'ouvriers.	Nombre de chevaux.	Valeur des produits, en francs. Calcaire pour constructions pour fours.	Grès de toute espèce.	Pierre de taille et autres pierres à bâtir.	Marbre de toute espèce.	Pierre à chaux.	Sable de toute espèce.	Argile à poterie et à briques.	Marne.	Valeur attribuée au mètre cube.	Cube.	Pesanteur spécifique.	Extraction, en tonneaux.	Observations.
				H. a. c.				Fr.	Fr.	Fr.	Fr.	Fr.	Fr.	Fr.	Fr.	Fr.	M³.	kilog.	Tonn. kilog.	
																Report.	.	.	25,572,100	
62	Seloignes	La Saboterie	La commune	.	.	.	.	.	.	.	.	.	.	.	.	.	.	.	.	Cette carrière de grès est en réserve.
63	Virelles	Courti-Pieret	Derobaux	.	.	.	.	.	.	.	.	.	.	.	.	.	.	.	.	Cette carrière de marbre est en réserve.
64	Vaux	Bit-de-Vaux	La commune	0 01 00	.	2	.	.	.	1,200	.	.	.	.	.	40.00	30	2.700	81.000	
65	Lompret	Id.	Id.	0 01 00	.	3	.	.	.	1,200	.	.	.	.	.	40.00	30	2,700	81,000	
66	St-Remy	Id.	Lalot, J.-J. et frères	0 06 00	Un cabestan.	4	.	.	.	3,000	.	.	.	.	.	40.00	75	2.700	202.500	
67	Id.	Id.	Lenoir, C., et Mary, Adolphe	0 04 00	.	4	.	.	.	.	.	.	1,500	.	.	1.00	1,500	1,600	2,400,000	
68	Id.	Moulin-Henrot	Lefebvre, de Tournay	.	.	.	.	.	.	.	.	.	.	.	.	.	.	.	.	Cette carrière de marbre est en réserve.
69	Chimay	Chapelle-Jean-Bossarde	Docquier	0 06 25	.	6	.	.	.	.	3,000	.	.	.	.	100.00	30	2.700	81,000	Id.
70	Id.	Id.	Derobaux	.	.	.	.	.	.	.	.	.	.	.	.	.	.	.	.	Id.
71	Id.	Mont-Joli	Docquier	.	.	.	.	.	.	.	.	.	.	.	.	.	.	.	.	Id.
72	Id.	La Maladrie	Donseur	0 00 84	.	3	.	.	.	900	.	.	.	.	.	40.00	22	2,700	59,400	Id.
73	Id.	Beauchamp	Prince De Chimay	.	.	.	.	.	.	.	.	.	.	.	.	.	.	.	.	Cette carrière est abandonnée.
74	Id.	Borreau	La commune	0 15 00	.	3	.	.	.	1,800	.	.	.	.	.	40.00	45	2,700	121.500	
75	Id.	Id.	Id.	0 02 00	.	3	.	.	.	1,500	.	.	.	.	.	40.00	38	2.700	102.600	
76	Id.	Id.	Id.	0 00 21	.	3	.	.	.	1,500	.	.	.	.	.	40.00	38	2,700	102,600	
77	Forges	La Poterie	Delpire, Hubert	0 04 61	.	3	.	.	.	.	.	.	.	100	.	2.00	50	1.800	90.000	
78	Id.	Id.	Poulez, Grégoire	0 00 23	.	2	.	.	.	.	.	.	.	100	.	2.00	50	1,800	90,000	
79	Id.	Id.	François, Joseph	0 00 02	.	2	.	.	.	.	.	.	.	100	.	2.00	50	1,800	90,000	
80	Id.	Id.	Dandonelle, Jean-Baptiste	0 00 08	Tours	2	.	.	.	.	.	.	.	100	.	2.00	50	1,800	90,000	
81	Id.	Id.	Pousel, Jean-Baptiste	0 08 83	.	2	.	.	.	.	.	.	.	100	.	2.00	50	1,900	90,000	
82	Id.	Id.	Gobeau, Pierre-Joseph	0 01 38	.	2	.	.	.	.	.	.	.	100	.	2.00	50	1.800	90,000	
83	Baulers	Id.	Leclercq, Constant	0 04 00	.	3	.	.	.	.	.	.	.	300	.	2.00	150	1,800	270,000	
84	Id.	Id.	Gobeau, frères	0 04 60	.	3	.	.	.	.	.	.	.	150	.	2.00	75	1.800	135,000	
85	Id.	Id.	Hancard, Louis	0 00 09	.	2	.	.	.	.	.	.	.	40	.	2.00	20	1,800	36,000	
86	Id.	Id.	Brion, Pierre-Joseph	0 02 76	.	2	.	.	.	.	.	.	.	50	.	2.00	25	1.800	45.000	
87	Id.	Id.	Lambiot, Nicolas	0 02 78	.	3	.	.	.	.	.	.	.	150	.	2.00	75	1,800	135.000	
88	Id.	Lowant	Boyart, Jean-Baptiste	0 00 36	.	2	.	.	.	.	.	.	.	.	.	.	.	.	.	
89	Id.	Id.	Prince De Chimay	0 03 00	.	6	.	.	2.000	.	.	.	.	.	.	30.00	67	3.000	201,000	
90	Id.	Trieugeon de France	Decleroq, veuve, Jean-Baptiste	0 00 36	.	1	.	.	.	.	.	.	30	.	.	1.00	30	1.600	48.000	
91	Baileux	Blanche-Terre	Magoteau, Joseph	0 50 00	Treuils	2	.	.	.	.	.	.	.	2,000	.	2.00	1,000	1,800	1.800,000	
																A reporter	.	.	32.013.700	

ANNEXE N° 16 (*suite*).

Carrières du *du Hainaut.* — 1482.

N° d'ordre.	Communes.	Hameaux ou lieux dits.	Noms des propriétaires.	Étendue superficielle. — Exploitation approximative en hectares, etc.	Nombre, nature et force, en chevaux, des machines employées à l'extraction ou bien à l'exploitation.	Nombre d'ouvriers.	Nombre de chevaux.	Valeur des produits, en francs. Calcaire pour route et pour four.	Grès de toute espèce.	Pierre de taille et autres pierres à bâtir.	Marbre de toute espèce.	Pierre à chaux.	Sable de toute espèce.	Argile à poterie et à faïence.	Marne.	Valeur attribuée au mètre cube.	Cube.	Pesanteur spécifique.	Extraction, en tonneaux.	Observations.
				H. a. c.				Fr.	Fr.	Fr.	Fr.	Fr.	Fr.	Fr.	Fr.	Fr.	m³.	Kilog.	Tonn. kilog.	
																Report.	. .	.	32,013,700	
92	Baileux	Blanche-Terre	Canivet, Pierre	0 33 00	Treuils	2	•	•	•	•	•	•	•	1,000	•	2.00	500	1,800	900,000	
93	Id.	Id.	Boudart, frères	0 40 00	•	2	•	•	•	•	•	•	•	800	•	2.00	400	1,800	720,000	
94	Id.	Id.	Huart, Jacques	0 40 00	•	3	•	•	•	•	•	•	•	700	•	2.00	350	1,800	630,000	
95	Id.	Fosse-Lombart	Devry, Henri	•	•	•	•	•	•	•	•	•	•	•	•	•	•	•	•	Cette carrière est en réserve (calcaire).
96	Id.	Id.	•	0 08 00	•	4	•	•	•	3,000	•	•	•	•	•	40.00	75	2,700	202,500	
97	Id.	Fond-du-Pachy	Fostier, Henri	0 00 40	•	2	•	•	•	600	•	•	•	•	•	40.00	15	2,700	40,500	
98	Id.	Au Moulin	La commune	0 01 00	•	2	•	•	•	600	•	•	•	•	•	40.00	15	2,700	40,500	
99	Id.	Id.	Id.	0 01 00	•	2	•	•	•	600	•	•	•	•	•	40.00	15	2,700	40,500	
100	Id.	Grisière	Id.	0 00 40	•	2	•	•	400	•	•	•	•	•	•	30.00	13	3,000	39,000	
101	Id.	Le Gâte	Id.	0 00 50	•	2	•	•	400	•	•	•	•	•	•	30.00	13	3,000	39,000	
102	Id.	Terre-Blanche	Mugeteau, Joseph	0 00 15	•	2	•	•	•	•	•	•	100	•	•	1.00	100	1,600	160,000	
																Total.	. .	.	34,825,700	

Annexe n° 16 (*suite*).

RÉCAPITULATION.

INDICATION DES PRODUITS.	EXTRACTION, EN TONNEAUX.	*Observations.*
Calcaire pour routes et pour hauts-fourneaux.	7,619,400	
Grès de toute espèce	1,659,000	
Pierre de taille et autres à bâtir.	4,360,500	
Marbres de toute espèce	513,000	
Pierres à chaux	3,277,800	
Sable de toute espèce.	11,888,000	
Argile à poterie et carreaux	5,508,000	
Marne	»	
Extraction totale	34,825,700	

ANNEXE N° 17.

Provinces de Hainaut et de Namur.

TABLEAU DE LA CONSOMMATION EN HOUILLE DES MACHINES A VAPEUR,

EN 1842.

(Extrait des Tableaux statistiques dressés par les ingénieurs des mines.)

Annexe n° 17 (*suite*).

Tableau de la consommation en houille des machines à vapeur du Hainaut et de Namur.

N° d'ordre.	Noms des propriétaires.	Indication des lieux où les machines à vapeur sont situées.	Destination.	Année de l'établissement.	Système.	Force en chevaux.	Pression autorisée de la vapeur par un centimètre carré, en kilog.	Nombre de chevaux-vapeur, 75 kilogrammètres produits par la vapeur.	Charbon consommé par heure, en kilog.	Consommation de charbon par journée.	Consommation de charbon par année.	Heures de travail.	Observations.
			Province de Hainaut.										
1	Ardoisière de Ste-Barbe	Baileux	Épuisement	1842.	Haute pression.	15	3,099		135	3,240	972.000	24	
			Province de Namur.										
2	Morel	Couvin	Extraction de la minière la Suédoise.	1827.	Moyenne pression.	12			87	2,088	626,400	24	
			Mouvoir des alesoirs, tours, etc.	1828.	Id.	4			29	348	104,400	12	
			Id. des laminoirs, ciseaux, etc.	1831.	Id.	45			326 ½	3,915	1,174,500	12	
3	Société St-Nicolas	Cul-des-Sarts	Épuisement	1837.	Haute pression.	20	3,099		180	4,320	1,296,000	24	
4	Société générale pour favoriser l'industrie nationale.	Jamiolle	Id.	1828.	Id.	10			90	2,160	648,000	24	
5	Amand (J.)	Laneffe	Soufflerie	1828.	Basse pression.	35	2,060		192 ½	4,620	1,386,000	24	
6	De Cartier d'Yves	Morialmé	Épuisement	1835.	Haute pression.	8	350		72	1,728	518,400	24	
7	Société de la Flache	Id.	Id.	1827.	Id.	30	3,099		270	6,480	1,944,000	24	
8	Domaine de l'État	St-Aubin (Bois-des-Minières).	Id.	1830.	Id.	10	3,099		90	2,160	648,000	24	
9	Wilmar et Ce	Id. id.	Id.	1837.	Id.	12			108	2,592	777,600	24	
10	Sturbois	Yves-Gomesée	Broyer les matières	1836.	Basse pression.	1	1,549		5 ½	6,600	19,800	12	
11		Bouvignes	Soufflerie du haut-fourneau.		Id.	16			88	2,112	633,600	24	
12		Stave	Épuisement		Id.	15			82 ½	1,980	594,000	24	
13		Nogrinsart	Id.		Id.	8			44	1,056	316,800	24	
14		Florenne	Id.		Id.	8			44	1,056	316,800	24	
15		Thy-le-Château	Soufflerie										Cette machine n'est pas achevée.
16		Fairoul	Id.		Id.	8			44	1,056	316,800	24	
17		A la Croix de Fer	Épuisements		Id.	8			44	1,056	316,800	24	
18		Id.	Id.		Id.	8			44	1,056	316,800	24	
19		Olloy	Id.		Id.	14			77	1,848	554,400	24	
20		Petigny	Id.		Id.	4			22	528	158,400	24	
21		Frasnes	Atelier de construction		Id.	2			11	132	39,600	12	
										52,131	13,679,100		

Annexe n° 18.

Arrondissement de Charleroy.

TABLEAU DE LA CONSOMMATION DES BOIS DE SOUTÈNEMENT

DANS LES HOUILLÈRES.

(Extrait des tableaux statistiques dressés par les ingénieurs des mines de la province de Hainaut.)

ANNEXE N° 18 (*suite*).

Tableau de la consommation des bois de soutènement dans les houillères (arrondissement de Charleroy).

DÉSIGNATION DES BOIS EMPLOYÉS.	VALEUR TOTALE DES BOIS EMPLOYÉS, EN 1836.	1837.	1838.	1839.	1840.	1841.	1842.	VALEUR ATTACHÉE AU MÈTRE CUBE.	CUBE EMPLOYÉ EN 1842.	POIDS PAR MÈTRE CUBE.	POIDS EN TONNEAUX. — 1842.	*Observations.*
	Fr.	Fr.	Fr.	Fr.	Fr.	Fr.	Fr.	Fr. c.	M³.	Kilog.	Tonn.	
Perches et bois divers	»	»	424,859	399,728	415,859	386,710	460,528	16.33	28,201	900	25,381	
Baliveaux	»	»	424,859	399,725	415,859	386,710	460,528	14.13	32,592	900	29,333	
							921,056		60,793		54,714	

ANNEXE N° 19.

Arrondissement de Charleroy.

EXTRACTION DE HOUILLE.

ANNÉE DE L'EXTRACTION.	QUANTITÉ, EN TONNEAUX.	*Observations.*
1836.	743,216	
1837.	754,697	
1838.	846,987	
1839.	838,551	
1840.	893,114	
1841.	1,097,199	
1842.	1,133,168	

Extrait des tableaux statistiques dressés par les ingénieurs des mines de la province de Hainaut.

ANNEXE N° 20.

Arrondissement de Mons.

TABLEAU DE LA CONSOMMATION DES BOIS DE SOUTÈNEMENT

DANS LES HOUILLÈRES.

(Extrait des tableaux statistiques dressés par les ingénieurs des mines de la province de Hainaut.)

ANNEXE N° 20 (*suite*).

Tableau de la consommation des bois de soutènement dans les houillères (arrondissement de Mons).

DÉSIGNATION DES BOIS EMPLOYÉS.	VALEUR TOTALE DES BOIS EMPLOYÉS, EN							TOTAL.	VALEUR MOYENNE.	PRIX MOYEN DU MÈTRE CUBE.	CUBE MOYEN.	POIDS DU MÈTRE CUBE.	POIDS MOYEN EN TONNEAUX.	*Observations.*
	1836.	1827.	1838.	1839.	1840.	1841.	1842.							
					Fr. c.	Fr. c.	Fr. c.	Fr. c.	Fr. c.	Fr. c.	M³.	Kil.	Tonn.	
Bois divers.	»	»	»	»	2,728,612.14	2,447,771.87	2,548,416.83	7,724,799.84	2,574,933.28	15.23	169,069.81	900	152,163	

ANNEXE N° 21.

Province de Hainaut.

DISTRICT DE CHARLEROY.

TABLEAU

de la consommation des baliveaux, perches et bois divers dans les 6 principales houillères, placées sous le patronage de la Société Générale à Bruxelles.

(Extrait des tableaux dressés par les agents de la Société de Commerce.)

SOCIÉTÉS ANONYMES PLACÉES SOUS LE PATRONAGE DE LA SOCIÉTÉ DE COMMERCE A BRUXELLES.

État mensuel du prix de revient par dix hectolitres de charbon, aux charbonnages du bassin de la Sambre, pendant le mois de janvier 1843.

DÉSIGNATION DES CHARBONNAGES.	EXTRACTION obtenue en hectolitres pendant le mois à chaque fosse.	SALAIRE D'OUVRIERS.				TRAVAUX PRÉPARATOIRES.	BOIS			FRAIS DIRECTS D'EXTRACTION					FRAIS INDIRECTS ET PROPORTIONNELS.								TOTAL GÉNÉRAL.	PRIX DE REVIENT par DIX HECTOLITRES.
		Mineurs.	Traîneurs.	Du jour.	Divers.		Baliveaux.	Perches.	Divers.	Huiles et graisses.	Cordage.	Charbon.	Frais divers, tels que poudre, fer, etc.	Total des frais divers d'extraction.	Frais d'exhaure.	Amortissement des fosses.	Amortissement du matériel.	Redevances, [illegible] et contributions.	Pertes franches.	Transport inhérent à l'exploitation.	Frais d'administration du charbonnage.	Total des frais indirects et proportionnels.		
Grand-Conty	8,726	1.25	» 65	» 85	»	»	» 22	» 04	» 02	» 32	»	» 98	1.37	5.70	»	»	»	»	»	»	» 60	» 60	»	6.30
Lodelinsart	86,601	1.47	1.04	» 33	»	»	» 52	» 33	» 15	» 16	» 15	» 55	» 14	4.61	» 68	» 12	» 05	» 06	» 18	» 09	» 50	1.68	»	6.29
Mambour	29,680	1.51	1.11	» 38	» 04	» 92	» 44	» 46	» 10	» 12	» 04	» 10	» 75	5.92	» 51	»	» 30	»	»	» 07	» 21	1.09	»	7.01
Couillet	72,133	1.33	1.08	» 37	» 10	»	» 31	» 20	» 02	» 10	» 09	» 15	» 16	3.91	» 32	» 52	» 28	» 23	»	» 02	» 12	1.49	»	5.40
Monceau	24,096	1.18	1.54	» 50	»	1.03	» 19	» 30	» 13	» 13	»	» 18	» 06	4.28	» 30	»	» 16	»	»	»	1.27	1.84	»	6.12
Châtelineau	81,318	1.65	» 86	» 43	» 17	» 28	» 53	» 22	»	» 17	» 10	» 18	» 18	4.77	» 48	»	»	» 05	»	» 07	» 18	» 78	»	5.55

Annexe n° 22.

Extrait du cahier des charges, clauses et conditions auxquelles devront se conformer les adjudicataires pour la fourniture de trois mille baliveaux pour le besoin des charbonnages de Marcinelle et Châtelet.

Article premier.

Les soumissions devront, etc.

Art. 5.

Un tiers de ces baliveaux devra être en bois de chêne, et les deux tiers restant en toute autre qualité de ce pays, le peuplier et le sapin exceptés; ils devront être de bonne essence, nouvellement abattus, c'est-à-dire dans l'année, à saison convenable, etc.

Art. 6.

Les réceptions, etc.

Art. 9.

Chaque lot sera divisé en deux séries comme suit :

1re série, 1,500 baliveaux, dont la moitié de 27 à 30 pouces de circonférence au gros bout et 13 à 15 pouces à la longueur de 30 pieds.

L'autre moitié de 24 à 27 pouces de circonférence au gros bout et 12 à 14 pouces à la longueur de 27 pieds.

2e série, 1,500 baliveaux, dont la moitié de 21 à 24 pouces de circonférence au gros bout et 10 à 12 pouces à la longueur de 24 pieds; l'autre moitié de 18 à 21 pouces de circonférence au gros bout et 9 à 10 pouces à la longueur de 21 pieds.

Art. 10.

La mesure mentionnée à l'article précédent est le pied St-Lambert; tous ces baliveaux seront mesurés au gros bout, à 50 centimètres au-dessus du pied de l'arbre et à l'extrémité par le mince bout.

Art. 11.

Bien que les quantités, etc.

Je soussigné Joseph Balle, marchand de bois, domicilié à Marcinelle, entreprends la fourniture de :

400 baliveaux	à la fosse n°	1,	à Marcinelle,
400	id.	5,	id.
500	id.	6,	id.
700	id.	8,	id.
et 1,000	id.	1 et 2,	à Châtelet,

au prix de trois francs vingt-cinq centimes la pièce rendue *franco* aux fosses susdites, le tout conformément aux clauses et conditions du cahier des charges ci-dessus, que j'accepte.

Marcinelle, le 13 février 1843.

Jos. Balle.

Le régisseur,

J.-B. Bellière.

Annexe n° 23.

Poids, nombre et valeur d'un tas de perches de chacune des dimensions employées aux houillères.

90	perches ordinaires	pèsent	1,800 kil.,	fr. 16
50	id. de compte	id.	1,780	20
165	petites perches	id.	1,530	13

Fr. 49 soit en moyenne 16-33.

Lorsque les perches doivent être transportées immédiatement après la coupe, elles pèsent 15 de plus.

Couillet, le 21 septembre 1843.

Henrard

Annexe n° 24.

Province de Namur.

TABLEAU DU MOUVEMENT DU MINERAI DE MORIALMÉ PAR ROUILLON VERS NAMUR,

DE 1836 A 1842 INCLUSIVEMENT.

ANNÉES.	QUANTITÉ EN METRES CUBES.	MOYENNE.	EN TONNEAUX.	*Observations.*
1836.	4,000			
1837.	2,000			
1838.	5,000			
1839.	3,000			
1840.	"			
1841.	2,000			
1842.	4,000			
Total. . .	20,000	2,857	4,771	On a calculé le mètre cube à 1,670 kilog.

(Dressé par le conducteur des ponts et chaussées Adam, d'après les renseignements pris au point d'embarquement sur la Meuse, à Rouillon.)

ANNEXE N° 25.

Provinces de Hainaut et de Namur.

TABLEAU DE LA POPULATION DES COMMUNES

LONGEANT LE RAIL-WAY PROJETÉ

DE L'ENTRE-SAMBRE-ET-MEUSE DANS UN RAYON D'UNE LIEUE.

(Extrait de l'Almanach royal.)

Annexe n° 25 (*suite*).

PROVINCE DE HAINAUT.

CANTONS ET COMMUNES.	POPULATION	CANTONS ET COMMUNES.	POPULATION
Canton de Beaumont.		*Canton de Fontaine-l'Évêque.*	
Bossu-lez-Walcourt	666	Montigny-le-Tilleul	1,439
Erpion	303	*Canton de Thuin.*	
Froid-Chapelle	1,781	Cour-sur-Heure	344
Vergnies	308	Ham-sur-Heure	1,740
Total	3,058	Jamioulx	623
Canton de Chimay.		Marbaix.	507
Baileux	1,467	Total	3,214
Bourlers	631		
Chimay	2,867	RÉCAPITULATION PAR CANTON.	
Forges	586		
Lompret	150	Beaumont.	3,058
St-Remy	382		
Salles	384	Chimay	7,824
Vaux	158		
Villers-la-Tour	603	Fontaine-l'Évêque	1,439
Virelles.	596	Thuin.	3,214
Total	7,824	Total	15,535

ANNEXE N° 25 (*suite*).

PROVINCE DE NAMUR.

CANTONS ET COMMUNES.	POPULATION	CANTONS ET COMMUNES.	POPULATION
Canton de Couvin.		*Canton de Philippeville.*	
Aublain.	555	Cerfontaine	1,152
Boussu en Fagne	481	Jamagne	300
Bruly de Couvin	874	Mazée	328
Couvin	2,288	Neuville	506
Cul-des-Sarts	1,163	Philippeville	1,132
Dailly.	282	Roly	258
Dourbes	311	Sautour.	348
Fagnolles.	260	Senzeille	749
Frasne	513	Treigne.	624
Gonrieux	880	Villers-deux-Églises	385
Mariembourg.	646	Villers-en-Fagne.	190
Matagne-la-Grande	208	Vaucelle	98
Mesnil	374	Total	6,070
Nismes	910		
Oignie	1,062	*Canton de Walcourt.*	
Olloy.	831	Berzée	498
Pesche	1,032	Castillon	453
Petigny.	645	Daussois	736
Vierves	538	Fraire.	825
		Hanzinelle	583
Total	13,853	Laneffe	451
		Morialmé.	1,006
Canton de Florennes.		Pry.	378
Corenne	321	Rognée	344
Flavion	613	Silenrieux	928
Florennes.	1,398	Soumois	245
Franchimont	265	Thy-le-Château	681
Stave.	664	Walcourt	900
Villers-le-Gambon	398	Yves-Gomezée	1,472
Total	3,659	Total	9,500

Annexe n° 25 (*suite*).

RÉCAPITULATION PAR CANTON.

	POPULATION.
Couvin	13,853
Florennes	3,659
Philippeville	6,070
Walcourt	7,500
Total	33,082
Report du Hainaut	15,535
Total général	48,617

ANNEXE N° 26.

Province de Hainaut.

TABLEAU DES PRIX MOYENS DES TRANSPORTS PAR COLLIERS,

DES MINERAIS DE FER,

DEPUIS LES MINIÈRES JUSQU'A COUILLET.

ANNÉES 1836 A 1842 INCLUSIVEMENT.

(Dressé par le directeur-gérant de la Société des hauts-fourneaux et usines de Couillet.)

Tableau des mines entrées à l'établissement de COUILLET *et de leurs frais de transport, depuis 1836 jusqu'en 1842 inclusivement.*

TRANSPORT PAR TERRE.

(a)	LOCALITÉS.	1836. Quantités.	1836. Transport.	1836. Prix.	1837. Quantités.	1837. Transport.	1837. Prix.	1838. Quantités.	1838. Transport.	1838. Prix.	1839. Quantités.	1839. Transport.	1839. Prix.
T.	Acoz	12,837	4,555.17	» 35	22,610	8,903.60	» 39	50,045	16,486.30	» 33	1,360	460.80	» 30
T.	Bertransart	»	»	»	»	»	»	1,172	410.20	» 35	»	»	»
T.	Berrée	»	»	»	»	»	»	»	»	»	»	»	»
M.	Biesmes	29,815	22,230.15	» 81	31,887	27,078.45	» 85	11,359	7,118.15	» 63	»	»	»
T.	Bois des Chevaliers	»	»	»	»	»	»	»	»	»	2,780	970.15	» 35
F.	» de la Flache	»	»	»	»	»	»	»	»	»	»	»	»
M.	» du Prince	»	»	»	»	»	»	»	»	»	»	»	»
F.	» des Minières	»	»	»	»	»	»	»	»	»	»	»	»
M.	Biesmerée	»	»	»	»	»	»	»	»	»	»	»	»
M.	Chambergniaux	»	»	»	»	»	»	»	»	»	1,336	602.10	» 45
M.	Chastrès	»	»	»	»	»	»	»	»	»	326	203.40	» 90
F.	Clair-Chêne	»	»	»	»	»	»	»	»	»	»	»	»
M.	Denée	»	»	»	»	»	»	»	»	»	»	»	»
F.	Deumois	»	»	»	»	»	»	»	»	»	»	»	»
F.	Fraire	5,319	3,444.10	» 64	8,063	6,343.83	» 79	2,084	1,193.10	» 57	1,360	870.40	» 64
F.	Florennes	»	»	»	»	»	»	»	»	»	27,171	29,436.50	1 08
M.	Furneaux	»	»	»	»	»	»	»	»	»	»	»	»
M.	Gerpinnes	7,001	3,120.45	» 45	11,240	4,496.00	» 40	11,886	4,160.10	» 35	16,534	8,315.60	» 49
M.	Gourdinne	»	»	»	»	»	»	»	»	»	5,440	2,898.35	» 53
M.	Hansinelle	11,876	5,106 68	» 43	12,030	7,215.84	» 60	12,347	4,099.20	» 40	480	376.00	» 80
M.	Horet	1,775	1,491 00	» 84	10,934	10,087.10	» 92	13,370	11,590.80	» 88	29,563	28,725.99	» 97
M.	Hansinne	»	»	»	»	»	»	»	»	»	20,944	15,567.30	» 74
F.	Jamioulles	»	»	»	»	»	»	»	»	»	»	»	»
T.	Joncret	»	»	»	»	»	»	»	»	»	»	»	»
F.	Lignies	26,768	13,504.10	» 50	34,072	30,204.05	» 36	32,029	15,771.15	» 48	5,720	3,357.40	» 58
F.	Morialmé	17,232	17,070.68	» 99	16,710	14,283.10	» 85	1,037	1,500.10	» 96	25,050	23,742.73	» 95
M.	Mettet	»	»	»	»	»	»	»	»	»	7,715	7,604.84	» 98
M.	Maison	»	»	»	»	»	»	»	»	»	9,943	10,937.30	1.10
T.	Presles	»	»	»	»	»	»	»	»	»	»	»	»
T.	Roux	»	»	»	280	210.35	» 75	»	»	»	141	103.73	» 75
M.	Stave	»	»	»	»	»	»	»	»	»	230	230.00	1.00
F.	St-Aubin	»	»	»	334	370.30	1 10	34	22.10	» 65	6,523	5,870.70	» 90
M.	Somzée	18,301	6,300 83	» 40	18,846	9,230.10	» 49	»	»	»	»	»	»
M.	Thuillies	»	»	»	1,700	1,110.80	» 65	1,003	1,101.35	» 58	»	»	»
T.	Thy-le-Château	5,796	4,037.20	» 70	6,005	5,031.30	» 84	3,031	1,577.60	» 54	»	»	»
M.	Thy-le-Bauduin	»	»	»	»	»	»	»	»	»	»	»	»
T.	Villers-Poterie	»	»	»	»	»	»	»	»	»	6,760	2,041.30	» 27
F.	Yves	8,002	5,601.40	» 70	»	»	»	»	»	»	»	»	»
	A reporter	150,367	96,990.82		190,216	124,037.70		147,190	63,974.34		171,457	140,735.80	

(a)	LOCALITÉS.	1840. Quantités.	1840. Transport.	1840. Prix.	1841. Quantités.	1841. Transport.	1841. Prix.	1842. Quantités.	1842. Transport.	1842. Prix.	TOTAUX. Quantités.	TOTAUX. Transport.	TOTAUX. Prix moyen.
T.	Acoz	1,316	395.40	» 30	»	»	»	»	»	»	89,376	30,810 36	» 34
T.	Bertransart	»	»	»	»	»	»	»	»	»	1,172	410.20	» 35
T.	Berrée	»	»	»	3,675	2,203.60	» 60	11,379	7,240.34	» 60	15,053	9,444.04	» 60
M.	Biesmes	334	201.00	» 60	36	23.40	» 90	20,123	14,188.60	» 71	103,424	80,860.44	» 78
T.	Bois des Chevaliers	8,412	2,288.91	» 27	»	»	»	»	»	»	11,201	3,303.06	» 29
F.	» de la Flache	»	»	»	»	»	»	23,128	16,137.75	» 70	23,128	16,137.75	» 70
M.	» du Prince	»	»	»	»	»	»	4,712	4,005.20	» 85	4,712	4,005.20	» 85
F.	» des Minières	31,809	19,131.40	» 60	2,222	1,333.20	» 60	14,250	8,121.70	» 57	48,330	28,576.30	» 59
M.	Biesmerée	9	9.00	1.00	»	»	»	»	»	»	9	9.00	1.00
M.	Chambergniaux	»	»	»	2,331	1,048.65	» 45	»	»	»	3,669	1,651.05	» 45
M.	Chastrès	707	430.38	» 54	»	»	»	»	»	»	1,033	633.78	» 62
F.	Clair-Chêne	5,840	4,870.04	» 84	11,801	10,030.85	» 85	12,989	9,589.50	» 74	30,630	24,498.39	» 80
M.	Denée	»	»	»	1,437	1,580 70	1.10	»	»	»	1,437	1,580.70	1.10
F.	Deumois	1,534	1,196.52	» 78	»	»	»	»	»	»	1,534	1,196.52	» 78
F.	Fraire	»	»	»	3,915	1,974.55	» 50	25,884	16,379.00	» 63	46,637	30,109.50	» 65
F.	Florennes	5,052	4,294.20	» 85	1,213	1,043.18	» 86	2,023	1,780.24	» 88	35,459	36,554.12	1.03
M.	Furneaux	4,413	4,033.60	» 91	7,332	8,063.20	1.10	4,709	4,993 00	1.06	16,454	17,090.80	1.04
M.	Gerpinnes	4,473	1,565.55	» 35	2,862	1,287.90	» 45	»	»	»	53,996	21,143.00	» 39
M.	Gourdinne	6,749	2,029.50	» 30	13,427	7,030.21	» 49	4,680	2,325.42	» 50	30,296	13,403.80	» 44
M.	Hansinelle	»	»	»	»	»	»	»	»	»	37,533	17,537.62	» 47
M.	Horet	22,853	14,495.49	» 63	13,796	8,940.23	» 65	19,071	13,072.23	» 68	111,533	88,334.86	» 79
M.	Hansinne	21,700	13,123.65	» 60	5,330	3,564.85	» 67	29,764	19,328.44	» 65	77,821	51,785.60	» 66
F.	Jamioulles	6,687	3,811.80	» 57	2,385	1,408.30	» 57	18,375	11,313.83	» 57	27,447	16,531.74	» 57
T.	Joncret	46,033	19,217.30	» 40	»	»	»	»	»	»	46,033	19,217.30	» 40
F.	Lignies	11,861	6,032.05	» 69	»	»	»	15,100	9,060.60	» 60	146,490	79,469.63	» 54
F.	Morialmé	3,327	1,969.01	» 59	18,491	12,349.55	» 66	32,501	25,046.80	» 77	114,344	93,982.94	» 82
M.	Mettet	34,677	24,373.00	» 70	15,040	12,029.70	» 80	10,444	8,631.58	» 82	67,876	52,537.02	» 77
M.	Maison	17,313	18,408.30	1.06	6,906	7,593.83	1.10	»	»	»	34,162	37,039.43	1.08
T.	Presles	145	58.00	» 40	9,580	5,320.22	» 56	32,023	16,186.36	» 50	41,757	21,572.58	» 51
T.	Roux	237	177.75	» 75	»	»	»	»	»	»	667	500.25	» 75
M.	Stave	8,929	7,240 05	» 81	8,120	7,230.85	» 89	6,941	6,140.49	» 88	24,130	20,855.39	» 86
F.	St-Aubin	7,501	5,705.31	» 77	673	501.00	» 75	»	»	»	15,067	12,505.41	» 83
M.	Somzée	»	»	»	»	»	»	»	»	»	37,147	15,530.93	» 40
M.	Thuillies	»	»	»	20,983	13,538.00	» 66	22,243	14,983.04	» 67	47,909	30,813.24	» 64
T.	Thy-le-Château	»	»	»	7,053	3,747.05	» 53	10,834	6,099.64	» 56	32,719	19,315.65	» 59
M.	Thy-le-Bauduin	»	»	»	»	»	»	8,421	4,547.34	» 54	8,421	4,547.34	» 54
T.	Villers-Poterie	343	153.75	» 45	7,083	2,702.10	» 38	»	»	»	14,186	5,479.71	» 39
F.	Yves	5,279	2,649.50	» 50	7,811	4,107.10	» 53	4,807	2,689.60	» 56	25,899	15,277.60	» 59
	A reporter	230,577	151,862.32		176,363	118,365 98		236,265	221,230.39		1,402,721	926,695 53	» 65

Observations.

(a) T. Mines de fer tendre.
M. Id. mêlée.
F. Id. fort.

La brouette servant de mesure aux établissements de Couillet cube 93 litres.

Tableau des mines entrées à l'établissement de COUILLET *et de leurs frais de transport, depuis 1836 jusqu'en 1842 inclusivement.*

	LOCALITÉS.	1836. Quantités.	1836. Transport.	1836. Prix.	1837. Quantités.	1837. Transport.	1837. Prix.	1838. Quantités.	1838. Transport.	1838. Prix.	1839. Quantités.	1839. Transport.	1839. Prix.
	Report	130,268	96.960.83		190,316	124,097.70		143,490	63,974.34		171,457	140,736.80	
	TRANSPORT PAR EAU.												
T.	Aiseau	»	»	»	»	»	»	»	»	»	»	»	»
T.	Bois de la Ville (fosse)	»	»		»	»	»	»	»	»	»	»	»
T.	Burnot	»	»	»	»	»	»	144	83.85	» 58	»	»	»
F.	Daussous	»	»	»	»	»	»	»	»	»	»	»	»
M.	Esemont	»	»	»	»	»	»	»	»	»	»	»	»
M.	Falisolle	»	»	»	»	»	»	»	»	»	»	»	»
F.	Floreffe	»	»	»	»	»	»	»	»	»	»	»	»
T.	Franière	»	»	»	»	»	»	»	»	»	»	»	»
T.	Poret	»	»	»	»	»	»	736	435.60	» 58	2,850	1,681.72	» 59
M.	La Buissière	»	»	»	»	»	»	»	»	»	»	»	»
M.	Maison	»	»	»	»	»	»	»	»	»	»	»	»
F.	Molin	»	»	»	»	»	»	»	»	»	1,300	1,543.58	1 13
M.	Mines de la Meuse	23,961	11,509.23	» 48	19,219	9,147.11	» 48	»	»	»	»	»	»
M.	Notre-Dame	»	»	»	»	»	»	2,123	1,742.50	» 82	3,018	2,276.04	» 76
M.	Pommerœul	»	»	»	42,205	9,848.58	» 23	»	»	»	»	»	»
T.	Rouges et Violettes	»	»	»	»	»	»	7,834	4,324.86	» 55	3,643	1,768.17	» 49
F.	St-Marcq	»	»	»	»	»	»	»	»	»	»	»	»
M.	Thuillies	»	»	»	50,253	22,613.85	» 45	2,673	1,170.12	» 44	»	»	»
F.	Vedrin	»	»	»	»	»	»	5,330	2,512.09	» 48	9,075	5,326.75	» 53
T.	Warnant	»	»	»	»	»	»	»	»	»	»	»	»
	Totaux	174,240	108,400.03		307,893	165,087.33		181,222	76,330.33		192,241	153,335.15	
	Laitiers d'affineries :												
	Par voitures	Kilog. »	»	°/oo »	»	»	°/oo »	»	»	°/oo »	14,854	159.15	°/oo 10.73
	Par eau	794,460	3,400.72	4.28	2,169,600	10,474.40	4.83	1,564,551	7,291.43	4.63	367,150	2,063.90	5.62
	Totaux	794,460	3,400.72		2,169,600	10,474.40		1,564,551	7,291.43		382,004	2,223.05	

	LOCALITÉS.	1840. Quantités.	1840. Transport.	1840. Prix.	1841. Quantités.	1841. Transport.	1841. Prix.	1842. Quantités.	1842. Transport.	1842. Prix.	TOTAUX. Quantités.	TOTAUX. Transport.	TOTAUX. Prix moyen.	Observations.
	Report	229,573	150,392.33		176,382	118,303.98		330,385	221,230.30		1,432.721	926,098.53	» 65	
T.	Aiseau	»	»	»	628	244.02	» 39	19,783	8,111.05	» 41	20,411	8,355.05	» 41	
T.	Bois de la Ville (fosse)	852	408.60	» 53	5,809	3,186.86	» 54	15,916	8,732.80	» 53	22,577	12,339.20	» 55	
T.	Burnot	»	»	»	»	»	»	»	»	»	144	83.85	» 58	
F.	Daussous	2,403	1,218.90	» 49	1,319	633.12	» 46	2,454	1,157.92	» 46	6,238	3,009.99	» 46	
M.	Esemont	»	»	»	2,818	1,070.84	» 36	388	151.21	» 38	3,216	1,222.08	» 38	
M.	Falisolle	»	»	»	6,070	2,285.55	» 40	1,787	822 03	» 46	8,800	3,107.57	» 45	
F.	Floreffe	13,730	4.668 20	» 34	1,280	418.30	» 34	348	118.32	» 34	15,363	5,204.72	» 34	
T.	Franière	»	»	»	13,620	7,493.95	» 55	5,300	2,919 05	» 55	18,938	10,413.00	» 55	
T.	Poret	»	»	»	»	»	»	»	»	»	3,580	2,107.41	» 59	
M.	La Buissière	501	150.30	» 30	527	164.10	» 30	»	»	»	1,028	314 40	» 30	
M.	Maison	»	»	»	»	»	»	2,301	2,188.80	» 95	2,301	2,188.80	» 95	
F.	Molin	246	250.92	1.02	1,537	1,721.44	1.12	1,201	1,627.47	1 17	4,340	5,143.41	1.12	
M.	Mines de la Meuse	»	»	»	»	»	»	»	»	»	43,180	20,656.34	» 48	
M.	Notre-Dame	3,349	1,655.71	» 79	8,723	5,931.84	» 68	9,034	5,982.05	» 65	25,196	17,708.34	» 70	
M.	Pommerœul	542	124.66	» 23	»	»	»	»	»	»	42,747	9,973.24	» 23	
T.	Rouges et Violettes	»	»	»	»	»	»	»	»	»	11,479	6,113.01	» 53	
F.	St-Marcq	1,436	694.30	» 48	»	»	»	»	»	»	1,436	694.30	» 48	
M.	Thuillies	18,408	7,387.20	» 40	4,450	1,836.90	» 41	»	»	»	75,830	33,003.13	» 43	
F.	Vedrin	15,307	7,790.01	» 49	456	228.00	» 50	891	427.68	» 48	33,100	16,285.43	» 50	
T.	Warnant	3,918	3,790.08	» 96	»	»	»	»	»	»	3,918	3,790.08	» 96	
	Totaux	319,677	267,741.31		223,613	148,521.96		393,047	253,401.27		1,773,842	1,066,386.00	» 61	
	Laitiers d'affineries :													
	Par voitures	715,602	2,482.27	°/oo 3.47	1,214,332	5,636.50	°/oo 4.63	1,317,246	6,405.03	°/oo 4.87	3,262,294	14,673.57	°/oo 4.56	
	Par eau	169,905	735.02	4.33	45,752	247.05	5.40	»	»	»	5,031,478	24,213.13	4.38	
	Totaux	885,507	3,217.29		1,260,084	5,873.55		1,317,246	6,405.03		8,293,772	38,886.60	4.43	

Annexe n° 26 (*suite*).

Poids des mines, par brouette, de diverses localités, en kilogrammes.

Acoz	100	Presles	95
Bertransart	105	Roux	90
Berzée	110	Stave	115
Biesmes	120	St-Aubin	130
Bois des Chevaliers	110	Somzée	115
Id. de la Flache	130	Thuillies	120
Id. du Prince	128	Thy-le-Château	120
Id. des Minières	130	Thy-le-Bauduin	120
Biesmerée	120	Villers-Poterie	110
Chamborgniaux	130	Yves	130
Chastrés	110	Aiseau	120
Clair-Chêne	130	Bois de la Ville (Fosse)	120
Denée	115	Burnoz	115
Daussois	125	Daussous	140
Fraire	130	Esemont	110
Florennes	130	Falizolle	110
Furneaux	115	Floreffe	130
Gerpinnes	115	Franière	120
Gourdinne	120	Foret	110
Henzinelle	120	La Buissière	130
Horet	120	Melin	140
Hensinne	120	Notre-Dame	125
Jamiolle	135	Pommerœul	120
Joncret	100	Rouges et Violettes	125
Lignies	135	St-Marcq	135
Morialmé	130	Vedrin	135
Mettez	120	Warnant	130
Maison	120	Mines de la Meuse	125

Couillet, le 19 mai 1843.

Le régisseur des minières,

Edmond Gonthier.

Le dircteur-gérant,

P. Henrard.

Le chef de comptabilité,

F. Danhieux.

ANNEXE N° 27.

ADMINSTRATION
DES CHEMINS DE FER
EN EXPLOITATION.

Locomotion.-Inspection.

N° 94.

Bruxelles, le 2 octobre 1843.

A Monsieur Magis, ingénieur des ponts et chaussées, à Marcinelle.

MONSIEUR,

En réponse à votre lettre du 25 septembre dernier, n° 547, je m'empresse de vous donner ci bas les renseignements que vous me demandez pour l'exploitation du chemin de fer Entre-Sambre-et-Meuse, dont le projet vous a été confié par M. le Ministre des Travaux Publics.

1° Je pense qu'il est préférable pour vous de connaître la consommation moyenne des machines à expansion variables de mon système, que de devoir vous borner à savoir l'économie sur le système ordinaire; d'ailleurs je puis vous garantir une économie de 30 p. °/₀ dans la consommation du combustible des grosses machines.

La consommation moyenne des machines à expansion avec cylindres de 14 pouces est de 45 kilog. par lieue de parcours, non compris l'allumage le matin, celle des locomotives de 16 pouces, 60 kilog. par lieue de parcours, sans comprendre l'allumage.

2° Le poids qu'elles pourront remorquer sur une rampe de $0^{m},007$ par mètre, vitesse de six lieues, est, pour les machines de 14 pouces, 110 tonneaux de 1,000 kilog., et, pour celles de 16 pouces, 160 tonneaux.

3° Le poids d'une locomotive de 14 pouces avec tender, approvisionnée, est de 26 tonneaux, le prix 45,000 francs.

Le poids d'une machine de 16 pouces 28 tonneaux, le prix 47,000 francs.

Pour l'allumage de chacune de ces machines, le matin, il faut compter qu'il lui est nécessaire 250 kilog. de coak et qu'elle consommerait pour chaque heure de stationnement pendant laquelle le feu devrait être entretenu, 20 kilog. de coak.

J'ose espérer, Monsieur, que ces renseignements vous suffiront; si quelquefois il vous en fallait encore d'autres, je vous prierais d'avoir l'obligeance de m'envoyer un plan indiquant les profils du chemin de fer en question.

L'ingénieur en chef mécanicien,

CABRY.

Annexe n° 28.

Province de Namur.

PRODUCTION DE FONTES DES HAUTS-FOURNEAUX AU COAK ET CHARBON DE BOIS.

N° D'ORDRE.	DÉSIGNATION DES HAUTS-FOURNEAUX.	COMMUNES OÙ LES USINES SONT SITUÉES.	HAUTS-FOURNEAUX EN ACTIVITÉ EN 1842.		HAUTS-FOURNEAUX EN NON-ACTIVITÉ EN 1842.		PRODUCTION ANNUELLE DE FONTE, EN TONNEAUX.
			CHARBON DE BOIS.	AU COAK.	CHARBON DE BOIS.	AU COAK.	Tonn.
1	Ste-Barbe.	Couvin	1	»	»	»	700,000
2	Harpignies	Id.	1	»	»	»	720,000
3	St-Roch.	Id.	1	»	1	»	700,000
4	Id.	Id.	1	»	»	»	1,200,000
5	Nismes	Nismes	1	»	»	»	720,000
6	Pernelle	Couvin	1	»	»	»	700,000
7	Platinerie.	Id.	1	»	»	»	720,000
8	Gonrieux.	Gonrieux	»	»	1	»	500,000
9	Boussu	Boussu-en-Fagne.	1	»	»	»	700,000
10	Sautour.	Sautour.	»	»	1	1	600,000
11	Monia	Anseremme . . .	1	»	»	»	750,000
12	Bouvignes	Bouvignes . . .	1	»	»	»	1,260,000
13	Moulin	Waricant	»	»	1	»	700,000
14	Vaux	Stave	1	»	»	»	700,000
15	D'enhaut	Annevoie	»	»	1	»	700,000
16	Société forestière agricole.	Id.	»	»	1	»	650,000
17	Moreau	Id.	1	»	»	»	650,000
18	Remont.	Rivière	1	»	»	»	650,000

Annexe n° 28 (*suite*).

N° D'ORDRE.	DÉSIGNATION DES HAUTS-FOURNEAUX.	COMMUNES OÙ LES USINES SONT SITUÉES.	HAUTS-FOURNEAUX EN ACTIVITÉ EN 1842. CHARBON DE BOIS.	HAUTS-FOURNEAUX EN ACTIVITÉ EN 1842. AU COAK.	HAUTS-FOURNEAUX EN NON-ACTIVITÉ EN 1842. CHARBON DE BOIS.	HAUTS-FOURNEAUX EN NON-ACTIVITÉ EN 1842. AU COAK.	PRODUCTION ANNUELLE DE FONTE, EN TONNEAUX.
							Tonn.
19	Falemprise	Silenrieux	2	»	»	»	1,920,000
20	Batte-Fer	Id.	»	»	1	»	650,000
21	St-Aubin	St-Aubin	1	»	»	»	650,000
22	Froidmont	Id.	»	1	»	»	950,000
23	St-Lambert	Yves	1	»	»	»	1,000,000
24	Yves	Id.	1	»	»	»	960,000
25	Rossignol	Walcourt	1	»	»	»	800,000
26	Lavalette	Florennes	1	»	»	»	650,000
27	Fairoul	Fraire	»	1	»	»	960,000
28	Morialmé	Morialmé	»	»	1	»	600,000
29	Poucet	Id.	1	»	»	»	850,000
30	Thy-le-Château	Thy-le-Château.	»	»	1	»	800,000
31	Id.	Id.	»	»	»	1	3,600,000
32	Id.	Id.	»	»	»	1	3,600,000
33	Hanzinelle	Henzinelle	»	»	1	»	600,000
34	Laneffe	Laneffe	»	1	»	»	1,800,000
35	Roly	Roly	1	»	»	»	700,000

(Dressé par les ingénieurs des mines de la province de Namur.)

Annexe *C*.

PROJET DE CHEMIN DE FER DE L'ENTRE-SAMBRE-ET-MEUSE.

TRONC PRINCIPAL.

SECTION DE LA FRONTIÈRE A VIREUX (FRANCE).

Dépenses de construction.

Acquisition de terrains et bâtiments, indemnités . . . fr.	106,478-06
Terrassements	211,524-61
Ouvrages d'art.	406,486-93
Voie ferrée et accessoires.	158,880-78
Matériel de la station de Vireux	7,000-00
	890,370-38
Études du projet définitif	1,179-62
	891,550-00
Les quatre premiers articles comprennent les dépenses nécessaires pour établir la station de Vireux et ses bâtiments et mettre cette station extrême en communication avec la Meuse.	
3 p. % de frais de surveillance	26,746-50
	918,296-50
7 ½ p. % d'intérêts, pendant un an et demi, moitié de la durée des travaux	68,872-24
Total . . . . . . fr.	987,168-74

Le présent détail estimatif dressé par l'ingénieur des ponts et chaussées soussigné.

Marcinelle, le 20 mai 1844.

J. Magis.

Annexe *D.*

PROJET DE CHEMIN DE FER DE L'ENTRE-SAMBRE-ET-MEUSE.

TRONC PRINCIPAL.

SECTION DE LA FRONTIÈRE A VIREUX (FRANCE).

Recettes annuelles.

	EXPORTATIONS.					
65,000	tonn. de	houille parcour[t] 0,40 lieue (2 kilom.), à fr.		0-36	par tonn. et par lieue. fr.	9,360-00
144	id.	fonte	id.	0-45	id.	25-92
1,500	id.	marbres	id.	0-45	id.	270-00
	IMPORTATIONS.					
2,960	id.	ardoises de Fumay	id.	0-50	id.	592-00
234	id.	grains	id.	0-45	id.	42-12
965	id.	vins et liquides	id.	0-50	id.	193-00
	TRANSIT.					
3,885	id.	ardoises de Fumay	id.	0-50	id.	777-00
	DANS LES DEUX DIRECTIONS INDISTINCTEMENT.					
2,201	voyageurs parcourant	en diligence	0,40 lieue, à fr.	0 50	par lieue	440-20
7,153	id.	en char-à-bancs	id.	0-35	id.	1,001-42
12,931	id.	en waggons	id.	0-25	id.	1,293-10
78,000	kilog. de bagages parcourant		0.40 lieue, à . . fr.	0-25	les 100 kil. par lieue.	78-00
95	voitures à 4 roues		id.	3-00	par lieue	114-00
20	id. à 2 roues		id.	2-00	id.	16-00
Marchandises de diligence, fonds et valeurs $\frac{2}{92.5}$ (¹) de fr. 53,716-83, montant des recettes en Belgique.						1,161-44
				Total.	fr.	15,364-20

(¹) Rapport des longueurs du chemin de fer, dans les deux pays.

La présente évaluation des recettes, dressée par l'ingénieur des ponts et chaussées soussigné.

Marcinelle, le 20 mai 1844.

J. Magis.

Annexe E.

Mézières, le 26 octobre 1843.

Monsieur,

Je m'empresse de répondre à la lettre que vous m'avez fait l'honneur de m'adresser; je vous donne les divers renseignements que vous me demandez dans l'ordre de vos questions :

1° Il résulte des documents officiels de l'administration des douanes que les quantités suivantes de houille belge ont été importées dans les Ardennes en 1842 :

	Houille.	Coak.
Par le bureau de Rocroy . . . kilog.	1,453,434	34,700 (par terre).
Id. de Givet	59,930,800	308,575 (par la Meuse).
Id. id.	54,750	» (par terre).
Totaux. . . . kilog.	61,438,984	343,275

2° La consommation de la houille a augmenté notablement dans la dernière période décennale, et elle est en voie d'accroissement, ainsi qu'on peut en juger par les chiffres suivants, tirés des rapports de MM. les ingénieurs de la navigation de la Meuse.

Quantité de houille introduite par la Meuse :

En 1831, 1832, 1833 } Moyenne 40,000 tonneaux.

1834, 1835, 1836 } Moyenne 50,000 tonneaux.

1837 — 66,000 tonneaux.		Moyenne 59,000 tonneaux.
1838 — 55,000 »		
1839 — 57,000 »		
1840 — 64,400 »		Moyenne 67,500 tonneaux.
1841 — 78,000 »		
1842 — 60,200 »		

L'année 1842 a été très sèche; la Meuse n'ayant point d'eau, l'introduction de la houille n'a pas été en proportion avec la consommation; aussi pendant les six premiers mois de 1843, il a été introduit 55,400 tonneaux de houille et coak. En 1841, année ordinaire, la quantité introduite pendant les cinq premiers mois de l'année a été de 43,700 tonneaux. Si donc on établit la proportion, il est supposable que la

---

Cette lettre fait partie des Annexes à l'appui du Mémoire publié, en avril 1844, par M. l'ingénieur Sopwith.

quantité importée en 1843 s'élèvera à près de 100,000 tonneaux. Dans tous les cas, la consommation a doublé de 1831 à 1841 ; et chaque période triennale a vu se réaliser une augmentation d'environ 10,000 tonneaux.

On peut admettre fr. 42 pour prix moyen de la tonne dans le département des Ardennes. C'est le prix à Sédan, il est de 38 à 40 à Charleville.

3° Dans ces questions de transport il est fort difficile d'évaluer *à priori* l'accroissement de la consommation produite par la diminution du prix. Toutes les prévisions sont habituellement dépassées, surtout quand il s'agit d'une matière essentielle comme la houille dont les usages se multiplient chaque jour.

On remarquera que les travaux d'amélioration exécutés pendant ces dernières années dans le lit de la Meuse, permettent aujourd'hui d'effectuer plus économiquement et plus facilement qu'autrefois le transport entre Givet et Sédan ;

Que le rail-way de Charleroy à Vireux établirait définitivement la consommation entre Charleroy et le département des Ardennes, de la Meuse, de la Marne, et viendrait compléter l'effet que l'on doit attendre des travaux d'amélioration de la Meuse exécutés en France.

La construction de la ligne d'Entre-Sambre-et-Meuse est d'autant plus essentielle que le Gouvernement belge paraît peu disposé à compléter d'une manière active le système de perfectionnement du lit de la rivière au-dessous de Givet.

Si la houille de Charleroy pouvait revenir à Vireux au prix de fr. 20 la tonne, comme cela paraît possible, elle ressortirait à Sédan à fr. 28 à 30 au lieu de 42 et même 45. Ce serait le prix actuel de la houille de Prusse rendue à Metz et l'on sait quel développement a pris le charbon dans la Moselle par suite du perfectionnement des voies de communication.

Après l'exécution du projet de canalisation de la Meuse de Sédan à Void, projet étudié par les ingénieurs du Gouvernement et approuvé, le charbon remontera fort loin dans le département de la Meuse, jusqu'à Verdun et au-delà ; d'un autre côté, par le canal des Ardennes, puis, par le canal de l'Aisne à la Marne, en cours d'exécution et qui va relier incessamment Reims et Châlons, les charbons belges viendront à des prix raisonnables dans ces villes où, aujourd'hui, ils sont à un taux exorbitant : fr. 60 la tonne à Reims, fr. 70 à Châlons.

L'industrie du fer des Ardennes lutte à grand'peine avec celle de la Haute-Marne, où les minerais de fer sont à très bas prix ; une diminution dans le prix de la houille rendra la concurrence plus facile, et permettra aux produits ardennais d'aborder avec plus d'avantage le marché de Paris. A raison de sa position géographique, la Haute-Marne se trouve naturellement dans une condition d'infériorité à l'égard des Ardennes, et il est incontestable qu'une baisse légère dans le prix des charbons aura pour résultat un accroissement notable de production dans nos contrées.

Le chauffage domestique, malgré la cherté du bois, n'absorbe qu'une faible quantité de houille ; la fabrication de la chaux, des tuiles, des briques se fait encore en grande partie à l'aide du bois ; tous ces usages se développeront incontestablement d'une manière très rapide.

Nous croyons être au-dessous de la vérité, en admettant que cinq ans après l'ouverture du chemin de fer, la quantité de houille introduite sera doublée, c'est-à-dire, portée à 150,000 tonneaux. Une seule chose doit surprendre, c'est que la consommation du charbon dans les Ardennes ne soit pas plus forte. A la perte de la Belgique, avec une voie navigable, il est étonnant que les prix se soient maintenus si élevés. Cet état de choses qu'il faut attribuer aux difficultés de la navigation, très grandes autrefois, en partie vaincues aujourd'hui, au monopole qu'exercent les entrepreneurs de transport, n'est pas un état normal, il ne saurait subsister long-temps. L'importation du charbon n'est encore qu'à l'état rudimentaire, et l'établissement du rail-way est de nature à modifier les conditions actuelles et probablement à produire des résultats bien plus importants qu'on ne l'imagine.

4° A raison du prix élevé, la proportion de la houille qui traverse les Ardennes pour aller dans la Marne, est loin d'être en rapport avec les besoins de l'industrie de ce département. Ainsi, les départements de la Marne, de l'Aisne et de la Meuse réunis, n'absorbent guère que 12 à 15,000 tonneaux, $\frac{1}{8}$ de la quantité totale qui entre par les bureaux de Givet et de Rocroy.

5° La consommation de Réthel n'est guère que de 1,200 tonneaux, Reims en brûle environ 10,000, mais toute cette quantité n'a pas traversé le département des Ardennes; une partie est venue par l'Oise et est transportée de la Fère à Reims. Les débouchés et par suite la consommation s'accroîtront rapidement.

Il est incontestable que les charbons de Charleroy alimenteront Châlons et remonteront jusqu'à Vitry, où ils feront une concurrence redoutable aux charbons de la Loire, qui reviennent à fr. 60 dans cette localité.

6° Le bas prix seul du combustible pourrait vaincre les résistances.

Malgré le prix élevé du bois, le chauffage domestique absorbe peu de houille dans les Ardennes; elle n'a quelque importance que dans le pays de Givet, où les habitudes belges se sont introduites. Ailleurs, elle est presque nulle.

Il est bien difficile d'évaluer la consommation probable de nos villes pour cet usage. On ne peut le faire que par comparaison avec des villes de population équivalente, où la houille coûterait fr. 25 à 28 le tonneau. Cette quantité pour le chauffage domestique qui ne dépasse pas 2,000 tonneaux serait bientôt décuplée.

7° La même observation s'applique à la cuisson des briques, des tuiles, de la chaux. On consomme pour ces industries environ 6 à 7,000 tonneaux. Quand une partie du bois aura été remplacée par la houille, la consommation ne tardera pas à être portée à 10 ou 12,000 tonneaux.

8° Le nombre des hauts-fourneaux des Ardennes est de 30. On fabrique environ 6,000 tonneaux de fonte moulée de première fusion. En admettant qu'à raison du prix réduit du coak, la moitié de cette fonte soit produite à l'aide de ce combustible (ce qui n'est point exagéré), à la consommation de 1t,50 de coak par tonneau de fonte, on aurait 9,000 tonneaux de coak, au lieu de 3 à 400 qui sont employés aujourd'hui. De plus, ces conditions de fabrication détermineront le développement des usines de moulage et notamment de moulage de 2e fusion qui tend à faire des progrès à Sédan, à Réthel, à Reims même.

On fera remarquer, que, malgré le prix élevé des transports, quelques fabricants ont déjà trouvé avantage à employer les fontes et le coak de la Belgique, et si les fontes pouvaient revenir ici à bas prix, cette industrie du moulage ne tarderait pas à être la cause d'un débouché important.

9° La quantité de fonte belge importée s'est élevée, en 1842, à 1,043 tonneaux. Ainsi qu'il vient d'être dit ci-dessus, cette quantité, qui est en voie d'augmentation, ne peut que croître, surtout si les fabricants belges, à raison des meilleures conditions où les placera le rail-way, peuvent apporter une réduction dans le prix de revient.

10° Nous savons de source certaine que, dans ces derniers temps, un fondeur de Sédan a reçu de la fonte belge au prix de fr. 140, rendue à Sédan (toutes les fontes du pays sont à fr. 150 et 160). Le droit d'entrée est de fr. 10 par tonneau, et le prix de transport peut être compté, dans l'état actuel des transports et du monopole qui s'y exerce, à fr. 0-06 par tonneau et par kilomètre.

11° On n'emploie pas aujourd'hui de minerai de fer belge dans les Ardennes. Ils y reviendraient à des prix trop élevés. A raison de la bonne qualité de ces minerais, dont les espèces analogues sont fort rares ici, nos maîtres de forges en emploieraient des quantités notables, si le prix de la tonne rendue dans les usines des environs de Charleville et de Sédan pouvait n'être que de fr. 15 à 18; à ces conditions, l'importation irait de 8 à 10,000 tonneaux.

12° Voici le prix des fontes et des fers à Charleville :

Fonte de fer fort au bois	. . . . fr.	190 à 200
Id. commun au bois	. . . .	160
Id. tendre	. . . .	150
Fers en barres, gros échantillon	affinés au bois	400 à 440
	id. à la houille	320
Tôles	fine au bois	690
	id. à la houille	590
	diverses au bois	610 à 640
	id. à la houille	510 à 530
Fer fendu	fort au bois	495 à 510
	métis au bois	465 à 470
	id. à la houille	350 à 355
	tendre à la houille	320 à 340

13° Les prix des bois et des charbons ont augmenté dans ces dernières années :

En 1815, le stère de bois de forge en forêt valait fr. 1-70 et le tonneau de charbon sur place fr. 33;

En 1820,	le stère fr.	2-00,	le charbon fr.	40-00;
1825,	id.	3-50,	id.	63-50;
1830,	id.	3-75,	id.	67-50;
1835,	id.	3-60,	id.	64-50;
1840,	id.	3-75	id.	65-00
1841,	id.	à	id.	à
et 1842,	id.	4-00,	id.	70-00.

Le stère de bois de chauffage, qui valait en forêt fr. 4-25 en 1815, s'est élevé en 1822 à fr. 6-50, à fr. 7 en 1825. Il est aujourd'hui à fr. 6-50 et 7.

Veuillez agréer, Monsieur, l'assurance de mes sentiments de haute considération.

L'ingénieur des mines des départements des Ardennes et de la Meuse,

C. SAUVAGE.

Annexe *F*.

DIRECTION DE CHARLEVILLE.

DOUANES.

ANNÉE 1843.

IMPORTATIONS.

État présentant, pour l'année 1843, *les importations de houille, de coak et de fonte brute qui ont eu lieu par les bureaux de cette direction faisant partie du département des Ardennes.*

PRINCIPALITÉS.		HOUILLE.	COAK.	FONTE BRUTE EN MASSE.	*Observations.*
		Kilog.	Kilog.	Kilog.	
Rocroy.		1,013,900	40,950	1,418,661	
Givet.	Par la Meuse. . .	87,501,900	404,350	523,105	
	Par terre.	37,900			
Sédan		»	»	354,153	
Totaux.		88,553,700	445,300	2,295,919	

A Charleville, le 28 mars 1844.

L'ingénieur des mines soussigné certifie que l'état ci-contre lui a été remis par M. le directeur des douanes de Charleville.

Mézières, le 2 mai 1844.

Sauvage.

Annexe G.

CHEMIN DE FER D'ENTRE-SAMBRE-ET-MEUSE.

PROJET DE CONVENTION PROVISOIRE [1].

Entre les sieurs William Parry Richards, de Londres, *négociant,* William Goodenough Hayter, de Londres, *membre du parlement,* Thomson Hankey, le jeune, de Londres, *négociant,* John Peter Fearon, de Londres, *propriétaire,* Tercelin-Sigart, de Mons, *banquier,* d'une part,

Et le Gouvernement belge, représenté par Monsieur le Ministre des Travaux Publics, d'autre part,

A été convenu ce qui suit :

Art. 1er. Les comparants de première part s'engagent à fournir les fonds nécessaires et à exécuter, à leurs frais, risques et périls, le chemin de fer d'Entre-Sambre-et-Meuse, conformément aux clauses et conditions du cahier des charges ci-annexé.

Art. 2. Les premiers contractants, pour assurer l'exécution de l'engagement par eux pris aux termes de l'article précédent, verseront, à la première demande du Gouvernement, un cautionnement de *un million* de francs.

Art. 3. Si les premiers contractants voulaient user de la faculté qui leur est

[1] Ce projet de convention provisoire a été revêtu, le 26 juin 1844, de la signature des parties contractantes.

laissée par l'art. 49 du cahier des charges, de former une société en nom collectif ou anonyme, avec émission d'actions, cette émission ne pourra se faire qu'en titres sur lesquels il aura été versé trente pour cent.

Ces titres ou actions ne pourront être cotés à la bourse d'Anvers et de Bruxelles qu'après l'entier achèvement du chemin de fer.

Art. 4. De son côté, le Gouvernement belge garantit aux premiers contractants ou à la Compagnie qu'ils formeraient pour l'exécution dudit chemin de fer, un *minimum* d'intérêt de *trois pour cent*, à dater du jour où ledit chemin de fer de Sambre-et-Meuse sera terminé et livré à la circulation dans toute son étendue, plus *un pour cent*, que la Compagnie devra consacrer à l'amortissement de son capital.

Art. 5. La durée de la garantie ne pourra excéder le temps nécessaire à l'amortissement du capital, au moyen du placement de la prime de un pour cent à l'intérêt ci-dessus, c'est-à-dire 46 ans 324 jours.

Art. 6. La garantie cessera immédiatement dès que le capital employé aura été remboursé par les bénéfices nets de l'entreprise et par l'accumulation de la prime d'amortissement et de ses intérêts.

Tout ce dont les produits nets dépasseront quatre pour cent du capital, sera réputé bénéfice.

Art 7. Si, après que l'État aurait, à titre de garant, payé tout ou partie du *minimum* d'intérêt et de la prime d'amortissement fixés ci-dessus, il arrivait que les produits nets de l'entreprise vinssent à dépasser quatre pour cent, l'excédant sera exclusivement employé au remboursement des sommes versées par l'État.

Cette disposition est applicable à toute la durée de la concession.

Art. 8. Le capital auquel s'appliquera la garantie, se composera du prix des travaux et de tous les frais de premier établissement, sans pouvoir, dans aucun cas, dépasser la somme de *quinze millions* de francs, montant de l'estimation faite, par MM. les ingénieurs de l'État, des travaux et des frais dont il s'agit.

Art. 9. Le Gouvernement commettra auprès des concessionnaires, ou de la Compagnie cessionnaire de leurs droits, et pour assurer l'exécution de la présente convention, un commissaire royal, qui aura le droit de prendre connaissance de toute la comptabilité de l'entreprise, suivant le mode à prescrire à cet effet.

Art. 10. Aucune expropriation, aucuns travaux ne pourront être entamés avant qu'il n'ait été dûment justifié, à la satisfaction de M. le Ministre des Travaux Publics, de la réalisation d'un premier versement en Belgique, de *deux millions et demi* de francs, y compris le cautionnement mentionné à l'art. 2.

Art. 11. Le remboursement du cautionnement pourra être immédiatement réclamé, dans le cas où la loi de garantie ne serait pas votée dans la présente année, ou si les Chambres législatives apportaient aux présentes des changements que les capitalistes soumissionnaires ne pourraient admettre.

Il en sera de même, si la concession, demandée au gouvernement français, pour la partie du chemin de fer de la frontière belge à Vireux, n'était pas accordée avant le premier janvier prochain.

Art. 12. Le Ministre des Travaux Publics accepte les conditions et stipulations qui précèdent, et s'oblige à les soumettre à la sanction de la législature, avant la fin de la présente année, sous réserve du consentement du conseil des Ministres et de l'autorisation royale ; si la sanction de la législature était refusée, la convention qui précède serait regardée comme non avenue.

Annexe *H.*

CAHIER DES CHARGES

JOINT AU PROJET DE CONVENTION PROVISOIRE.

Direction générale du tracé.

Art. 1er. Le chemin de fer de l'Entre-Sambre-et-Meuse se composera du tronc principal avec raccordement vers Charleroy, et de quatre embranchements, d'une longueur totale d'environ 92 kilomètres.

Le tronc principal a son point de départ sur le chemin de fer de l'État de Bruxelles à Namur, à proximité de la station de Marchienne-au-Pont. Une branche de raccordement le rattache à la station de Charleroy.

De Marchienne-au-Pont, le tracé remonte le vallon de l'Eau-d'Heure et atteint la crête de partage de l'Entre-Sambre-et-Meuse, en passant près des villages de Jamioulx, Ham-sur-Heure, Cour-sur-Heure, Berzée, Walcourt, Silenrieux, Cerfontaine et Senzeille, et des établissements métallurgiques de Zône, Bommerée, Biatroz, Hameau, Thy-le-Château, Jardinet, Batte-Fer, Feronval et Falemprise.

De la crête de partage l'on descend à Mariembourg, en laissant le haut-fourneau de Roly à peu de distance sur la gauche, après quoi le tracé descend les vallons de l'Eau-Blanche et du Viroin, jusqu'à la frontière française, à moins de deux kilomètres de Vireux-sur-Meuse.

Au delà de Mariembourg, l'on passe près du haut-fourneau de Nismes et des villages de Dourbes, Olloy, Vierve, Treigne et Mazée.

Le tronc principal traverse les routes de Charleroy à Chimay, de Dinant à Maubeuge et de Charleroy à Rocroy.

Le premier embranchement part de Berzée, touche l'établissement métallurgique de Thy-le-Château et aboutit à la route de Charleroy à Rocroy, non loin du village et du haut-fourneau de Laneffe.

Le deuxième embranchement, qui a son point de départ à Walcourt et se termine au-delà de Morialmé, passe à proximité des villages de Vogenée et Fraire, et des établissements métallurgiques de Rossignol, de Fairoul, de Hanzinelle et de Morialmé. Il traverse les minières de Fraire et de Morialmé, ainsi que la route de Charleroy à Rocroy, et il est pourvu d'un double plan automoteur.

Le troisième embranchement se confond avec le deuxième jusqu'à Fairoul. Il passe près des établissements métallurgiques d'Yves-Gomezée et de St-Lambert, et aboutit à celui de Froidmont. Cet embranchement franchit aussi la route de Charleroy à Rocroy.

Le quatrième embranchement part de Mariembourg et se termine aux établissements métallurgiques de Couvin, près des routes de Charleroy à Rocroy et de Couvin à Mons.

Le tracé du tronc principal et des quatre embranchements dont on vient de décrire la disposition générale, est indiqué sur les plans du projet n° 7 des ingénieurs de l'État.

Projet définitif.

Art. 2. Le tracé définitif ne pourra s'écarter, de part et d'autre, de l'axe du projet n° 7, que de 100 mètres au plus, si ce n'est entre la crête de partage de Cerfontaine et Mariembourg, où il pourra s'éloigner de 300 mètres, et sur les embranchements de Walcourt à Morialmé et de Fairoul à Froidmont, où cet intervalle pourra être porté à 500 mètres pour l'établissement des plans automoteurs.

SECTION DE MARCHIENNE A SILENRIEUX ET RACCORDEMENT VERS CHARLEROY.

Les courbes du tracé auront au moins 500 mètres de rayon, si ce n'est celles immédiatement au-delà de Jamioulx, et au-delà de la forge du Jardinet, dont le rayon pourra être réduit à 400 mètres, pourvu que le profil longitudinal sur ces courbes n'excède nulle part $0^{m},002$.

Le *maximum* d'inclinaison du profil longitudinal sera de $0^{m},005$.

SECTION DE SILENRIEUX A MARIEMBOURG.

Le rayon *minimum* des courbes du tracé sera de 450 mètres.

Le *maximum* d'inclinaison du profil longitudinal sera de $0^{m},005$, excepté toutefois sur les deux versants de la crête de Cerfontaine, où il pourra s'élever jusqu'à $0^{m},006$, en-deçà de la crête, et jusqu'à $0^{m},008$ au-delà.

SECTION DE MARIEMBOURG A VIREUX.

Les courbes du tracé de cette section auront au moins 350 mètres de rayon, sans que la pente puisse y dépasser $0^m,0035$.

Le *maximum* des pentes sera de $0^m,005$.

EMBRANCHEMENT DE THY-LE-CHATEAU A LANEFFE.

Le rayon *minimum* des courbes sera de 45 mètres et le *maximum* d'inclinaison du profil longitudinal de $0^m,0055$.

EMBRANCHEMENT DE WALCOURT A MORIALMÉ.

Le rayon des courbes ne pourra rester au-dessous de 45 mètres.

Le *maximum* d'inclinaison du profil longitudinal sera de $0^m,0055$, si ce n'est au passage des plans automoteurs, où il pourra être porté à $0^m,05$.

EMBRANCHEMENT DE FAIROUL A FROIDMONT.

Le rayon *minimum* des courbes sera de 45 mètres et le *maximum* des pentes de $0^m,005$.

EMBRANCHEMENT DE MARIEMBOURG A COUVIN.

Le rayon des courbes sera d'au moins 500 mètres, et l'inclinaison des pentes ne dépassera pas $0^m,005$ par mètre.

Le projet définitif satisfera d'ailleurs aux conditions ci-après :

Minimum de la largeur de la route à voie simple . . . . . . $4^m,00$

Minimum de la largeur de la route à voie double. . . . . . $8^m,40$

Poids *minimum* des rails en fer laminé 18 kilog. par mètre courant, sur le tronc principal et l'embranchement de Mariembourg à Couvin, et 14 kilog. sur les autres embranchements.

Coussinets en fonte, billes en bois de chêne; fondations en sable, gravier siliceux ou scories.

Largeur *minimum* des galeries souterraines et des viaducs, mesurée à $1^m,60$ au-dessus des rails . . . . $4^m,20$

Hauteur *minimum* des mêmes ouvrages au-dessus des rails . . . $5^m,00$

Art. 3. Dans les premiers six mois, à compter du jour où la loi de garantie aura été sanctionnée par la législature, et ensuite de quatre en quatre mois, les concessionnaires soumettront à l'approbation du Ministre des Travaux Publics, par quart environ de la longueur totale du chemin de fer et des quatre embranchements, les projets complets, consistant en plans, profils en long et en travers, le devis du projet définitif dressé conformément aux stipulations de l'article précédent et comprenant en outre les ouvrages d'art de toutes les natures, les plans automoteurs, les détails de la voie ferrée, la traversée à niveau des routes et chemins; les ponts à bascule et loges de garde; les gares d'évitement et les stations avec leurs bâtiments et dépendances, et généralement tous ouvrages nécessaires au parachèvement de la ligne principale et de ses embranchements et à leur mise en exploitation régulière.

Art. 4. Les concessionnaires se conformeront, autant que possible, dans les propositions et projets à l'appui dressés en exécution de l'art. 3 : 1° aux bases admises par les ingénieurs de l'État dans la rédaction du projet n° 7, à quel effet ils recevront copie des plans, profils, devis et autres documents y relatifs ; 2° aux mesures adoptées pour la construction du rail-way national.

Art. 5. Le Ministre des Travaux Publics pourra apporter aux propositions et projets dont il s'agit telles modifications qu'il trouvera nécessaires et utiles pour reproduire, autant que possible, les conditions qui ont servi de base au projet n° 7, les concessionnaires devront s'y conformer, et dans le cours de l'exécution ils ne pourront s'écarter des projets approuvés par lui, que moyennant son autorisation expresse et formelle.

Art. 6. La largeur de la voie sera celle du chemin de fer de l'État; le tronc principal ainsi que les embranchements pourront être établis à simple voie.

Art. 7. Le fer pour la voie proviendra des usines du pays, pourvu toutefois qu'elles puissent le livrer à un prix qui ne dépasse pas de 10 p. °/₀ celui des fers étrangers, rendus à Anvers.

Art. 8. Les locomotives, voitures et waggons seront confectionnés dans le pays; cependant, à raison des perfectionnements qui pourraient être apportés à l'étranger dans la fabrication des locomotives, les concessionnaires ont la faculté d'y acheter celles qui leur seraient nécessaires pour leur servir de modèles.

Art. 9. Tous les ouvrages, sans distinction, pourront être construits avec les matériaux en usage dans les travaux publics des mêmes localités, sous la seule condition que ces matériaux seront, chacun dans son espèce, de la meilleure qualité, et qu'ils seront mis en œuvre d'après les règles de l'art, de manière à garantir la solidité et la durée des ouvrages.

Art. 10. Les travaux et constructions seront achevés, au plus tard, endéans les quatre années à compter du jour fixé par l'art. 3, de façon qu'à l'expiration de ce délai, le tronc principal et l'embranchement de Mariembourg à Couvin puissent être exploités sur toute leur longueur par locomotives, et les trois autres embranchements par chevaux et plans automoteurs.

Art. 11. Les concessionnaires ne pourront poursuivre aucune expropriation ni commencer aucuns travaux avant d'avoir justifié, à la satisfaction du Département des Travaux Publics, de la réalisation d'un premier versement, en Belgique, de *deux millions et demi* de francs, y compris le cautionnement exigé par l'art. 16.

Art. 12. Au fur et à mesure qu'une section du tronc principal ou un embranchement sera susceptible d'être livré à la circulation, les concessionnaires pourront obtenir sa mise en exploitation, en vertu d'une autorisation expresse du Ministre des Travaux Publics.

Art. 13. Les concessionnaires entreprennent à leurs frais, risques et périls et sans charge aucune pour le trésor de l'État, tous les travaux quelconques, prévus ou imprévus, sans aucune exception ni distinction, ainsi que toutes fournitures, entretien et renouvellement de matériel qui seront reconnus nécessaires pour l'établissement du chemin de fer de l'Entre-Sambre-et-Meuse, avec ses embranchements et dépendances, pour son exploitation et pour son entretien. Cette clause doit être considérée comme la base du contrat; les parties entendent que, dans tous les cas possibles, elle reçoive l'application la plus large.

Art. 14. La mise en possession des propriétés bâties et non bâties, nécessaires à l'exécution des travaux, l'occupation des terrains pour l'extraction, le transport et le dépôt des terres et matériaux, aura lieu comme en matière de travaux décrétés d'utilité publique, au nom de l'État, mais à la diligence et aux frais exclusifs des concessionnaires.

Art. 15. Les concessionnaires demeurent seuls et exclusivement chargés de toutes les indemnités et de tous les frais auxquels donneront lieu, au profit de qui que ce soit, la construction, le maintien, l'exploitation, l'entretien et la réparation du chemin de fer et de ses embranchements et dépendances.

Art. 16. A la première demande du Gouvernement, les concessionnaires fourniront un cautionnement d'*un million* de francs en numéraire, bons du trésor ou obligations des emprunts nationaux; ce capital sera remis au Gouvernement qui en demeurera dépositaire sans devoir aucun intérêt; il sera restitué aux concessionnaires, par cinquième, à mesure qu'ils auront exécuté les travaux ou acquis des propriétés pour une somme double de celle dont ils réclameront le remboursement.

Art. 17. Si, dans le délai d'une année à compter conformément à l'art. 5, les concessionnaires n'ont pas justifié de la réalisation du versement de deux millions et demi exigé par l'art. 11, et si, endéans le même délai, ils n'ont pas commencé leurs travaux, ils seront par ce seul fait, et de plein droit, déchus de leur concession, sans qu'il soit besoin d'aucune mise en demeure quelconque.

Art. 18. Les concessionnaires seront également déchus de tous leurs droits, si les travaux n'étaient complétement parachevés endéans le délai fixé par l'art. 10 et au vœu de cet article, comme aussi dans le cas où les travaux ne seraient pas parvenus à moitié de leur achèvement à la fin de la troisième année.

Art. 19. Dans le cas de la déchéance prévue par les deux articles précédents, il sera pourvu au parachèvement des travaux, au moyen d'une adjudication qu'on ouvrira sur les clauses du présent cahier des charges, et sur une mise à prix des ouvrages déjà construits, des matériaux approvisionnés, des terrains achetés, des portions de chemin de fer déjà mises en exploitation et de leur matériel. Cette adjudication sera dévolue à celui des nouveaux soumissionnaires qui offrira la plus forte somme pour les objets compris dans la mise à prix; les concessionnaires devront se contenter de celle que l'adjudication aura produite, alors même qu'elle serait moindre que la mise à prix, sans pouvoir élever à charge de l'État aucune réclamation, ni prétention de quelque chef que ce puisse être. Dans le cas où le cautionnement des concessionnaires ne leur aurait pas encore été entièrement restitué, ce cautionnement ou ce qui leur en demeurerait dû, serait acquis à l'État à titre d'indemnité, et l'adjudication n'aurait lieu que sur le dépôt d'un nouveau cautionnement égal à la somme ainsi acquise au Gouvernement. Si l'adjudication, ouverte ainsi qu'il vient d'être dit, n'amenait aucun résultat, une seconde adjudication serait tentée sur les mêmes bases, après un délai de six mois : et si cette dernière tentative demeurait également sans résultat, les ouvrages déjà construits, les matériaux approvisionnés, les terrains achetés, les parties de chemins de fer déjà mises en exploitation, avec leur matériel et toute la partie non remboursée du cautionnement, seraient acquis sans aucune indemnité au Gouvernement qui pourrait en disposer comme de conseil, les concessionnaires demeurant irrévocablement déchus de tous leurs droits.

Art. 20. Les art. 17 et 18 ne seront pas applicables si les concessionnaires justifient que le retard ou la cessation des travaux est le résultat d'un événement de force majeure dûment constaté.

Art. 21. Si, pendant l'exécution des travaux, il est reconnu que des ouvrages ne sont pas exécutés conformément aux règles de l'art et aux clauses et conditions du présent cahier des charges, l'administration pourra les faire démolir et reconstruire en tout ou en partie aux frais des concessionnaires, et d'office, si ces derniers demeuraient en défaut de le faire à la première réquisition.

Art. 22. Après l'achèvement total des travaux, les concessionnaires feront faire, à leurs frais, un bornage contradictoire et un plan cadastral de toutes les parties du chemin de fer et de ses embranchements et dépendances; ils feront également dresser, à leurs frais, et contradictoirement avec l'administration, un état descriptif et détaillé de la ligne entière, de la voie ferrée, des gares, ouvrages d'art, clôtures, ponts à bascule, bâtiments, etc. Des expéditions dûment certifiées, des procès-verbaux de bornages, du plan cadastral et de l'état descriptif seront déposées aux frais des concessionnaires dans les archives de l'administration.

Exploitation et entretien.

Art. 23. Toutes les lois, tous les règlements généraux en matière de grande voirie actuellement en vigueur, ou à intervenir par rapport aux routes et chemins de fer de l'État, seront applicables au chemin de fer de l'Entre-Sambre-et-Meuse et à ses embranchements.

Le Gouvernement, après avoir entendu les concessionnaires, arrêtera les mesures et les dispositions nécessaires pour assurer la police, la conservation et la sûreté du chemin de fer et de ses dépendances.

Les concessionnaires sont autorisés à faire, sauf l'approbation de l'administration, les règlements qu'ils jugeront utiles pour le service et l'exploitation du chemin.

Les règlements dont il s'agit dans les deux paragraphes qui précèdent, sont obligatoires pour les concessionnaires, et en général pour les personnes qui feront usage du chemin de fer.

Art. 24. Les concessionnaires devront maintenir, pendant toute la durée de leur concession, le chemin de fer et ses embranchements et dépendances, ainsi que le matériel de locomotion et de transport, en parfait état d'entretien et d'exploitation : si les concessionnaires étaient en demeure de satisfaire aux réquisitions qui leur seraient adressées à cet effet par l'administration, le Gouvernement pourrait y faire procéder d'office, et, dans ce cas, il aurait le droit de s'approprier toutes les recettes jusqu'à concurrence du montant des travaux et fournitures exécutés, majoré d'un cinquième à titre de dommages et intérêts.

ART. 25. Il sera facultatif au Gouvernement de faire reconnaître l'état du chemin de fer et de ses dépendances, ainsi que celui du matériel d'exploitation, quand bon lui semblera.

Péages.

ART. 26. Pour indemniser les concessionnaires des dépenses et travaux qu'ils s'engagent à faire par le présent cahier des charges, et sous la condition expresse qu'ils rempliront exactement toutes leurs obligations, le Gouvernement leur concède, pendant un terme de quatre-vingt-dix ans, à dater de la mise en exploitation du chemin de fer et de ses embranchements, sur toute leur longueur, l'autorisation d'y percevoir les droits déterminés au tarif ci-après, quand ces transports se feront entièrement aux frais des concessionnaires et au moyen de leurs waggons, locomotives et chevaux.

TARIF.

§ 1er.

Les marchandises sont divisées en deux classes, savoir :

Première classe. — Marchandises de toute nature, autres que celles désignées à la deuxième classe.

Deuxième classe. —Marchandises, d'un volume encombrant, difficiles, dangereuses, fragiles; les liquides, les laines, les cotons, verreries, faïences, drogueries, etc.

Les péages sont perçus, par charges complètes (de 4,000 kilog.) et par charges incomplètes (moins de 4,000 kilog.), ainsi qu'il suit :

PAR CHARGES COMPLÈTES.

Par lieue de 5,000 mètres et par tonneau de 1,000 kilog.

Marchandises de la première classe.

1° Lorsque le transport s'effectuera sur toute la ligne, depuis la Sambre jusqu'à la Meuse, ou depuis la Meuse jusqu'à la Sambre, ou bien depuis l'une ou l'autre de ces rivières jusqu'à un point quelconque au-delà de la crête de partage de leurs bassins respectifs . . . . fr. 0-475

2° Lorsque le transport ne s'effectuera que depuis la Sambre, ou depuis la Meuse jusqu'à un point quelconque, mais en-deçà de la crête de partage, par conséquent sans franchir ladite crête. 0-525

3° Lorsque les transports ne s'effectueront qu'en montant vers la même crête de partage 0-575

4° Lorsque les transports ne s'effectueront qu'en descendant de la crête de partage vers l'un ou l'autre bassin. 0-425

Marchandises de deuxième classe.

Les péages de la première classe, majorés de 5 p. %.

PAR CHARGES INCOMPLÈTES.

Par lieue et par 100 kilog.

Marchandises de toutes natures sans distinction de classes.

De 5 kilog. à 50 kilog., fr. 0-20, sans que le total soit inférieur à fr. 0-60.
» 50 » à 500 » fr. 0-12, sans être inférieur à la taxe de 50 kilog.
» 500 » à 4,000 » et au-delà, fr. 0-10.
» 5 » et au-dessous seront taxés à fr. 0-60 pour toutes distances.

§ 2.

Lorsque le transport ne devra être effectué que sur moins de 15,000 mètres, les droits mentionnés pour les charges complètes seront majorés à 5 p. %.

§ 3.

Les droits seront perçus par kilomètre, dans ce sens, que tout kilomètre entamé sera censé parcouru en totalité.

§ 4.

Pour tous les transports de marchandises mentionnées ci-dessus, les chargements et déchargements sont aux frais de l'expéditeur.

§ 5.

L'expéditeur devra lui-même fournir les waggons et leurs accessoires, pour les transports qui s'effectueront sur une longueur de moins de 10,000 mètres.

Dans le cas où, pour ces transports, les concessionnaires fourniraient leurs waggons, ils auraient le droit de percevoir, en sus des péages indiqués au tarif ci-dessus, une indemnité qui ne pourra dépasser fr. 0-30 par waggon et par lieue.

Lorsque la longueur à parcourir sera de 10,000 mètres et plus, les waggons et les accessoires pourront être exigés des concessionnaires; dans ce cas, les chargements ou déchargements s'effectueront endéans trois heures après l'arrivée des waggons à destination. Le cas échéant, l'expéditeur paiera au concessionnaire dix centimes par waggon et par heure de retard.

Une heure entamée sera censée employée en totalité; par contre, l'heure pendant laquelle les waggons arriveront à destination, ne comptera pas pour le chargement ou le déchargement.

§ 6.

Sur les transports, par les plans automoteurs des embranchements, les concessionnaires pourront percevoir en outre des droits stipulés aux cinq paragraphes qui précèdent, fr. 0-125 par lieue et par tonneau.

§ 7.

Le transport d'objets dangereux, de masses indivisibles de grandes dimensions, ou dont la pesanteur spécifique serait de plus de 2 ou de moins de 0.5, ne sera pas obligatoire pour les concessionnaires.

Les conditions de ce transport pourront se régler de gré à gré; tout transport nécessitant par ses dimensions l'emploi d'un ou de plusieurs waggons, paiera pour la charge entière du waggon ou des waggons, quel que soit le poids.

Bagages.

Le *maximum* du prix du tarif est fixé pour le transport des voyageurs :

1° Dans les voitures de 1re classe.	fr.	0-50	par lieue.
2° id. 2e id.		0-35	id.
3° id. 3e id.		0-25	id.

Le *minimum* de la taxe sera le prix du parcours de deux lieues.

Toute lieue entamée est censée parcourue.

Voyageurs.

Les voyageurs pourront transporter gratuitement les objets d'un poids au-dessous de 20 kilog. et d'un volume ne dépassant pas 0m,50 sur 0m,25 et 0m,30, et qui pourront se placer sous les bancs des voitures, sans inconvénients pour les autres voyageurs; ces objets voyageront à leurs risques et périls.

Les bagages dépassant le poids ou le volume indiqués à l'article précédent, et tous ceux confiés à l'administration seront taxés à raison de fr. 0-30 par lieue et par 100 kilog.

La taxe sera calculée de 10 en 10 kilog.

Le *minimum* de la taxe sera de fr. 0-30.

Fonds et valeurs.

Pour toutes distances, sur la ligne du chemin de fer de l'Entre-Sambre-et-Meuse, les fonds et les objets déclarés à la valeur paieront :

Pour les sommes en-dessous de fr. 100 . . .	$\frac{1}{2}$ p. °/₀
Pour les sommes de fr. 1,000 à 5,000	$\frac{1}{2}$ p. °°/₀₀
Pour chaque 1,000 au-dessus de 5,000 . . .	$\frac{1}{4}$ p. °°/₀₀

Ce transport se fait de station à station.

Voitures, chevaux.

Pour une voiture à 4 roues. . . . fr.	3-00	par lieue.
Id. 2 id.	2-00	id.
Pour 3 chevaux	3-00	id.
Pour 2 id.	2-50	id.
Pour 1 id.	2-00	id.

Bétail.

Par waggon . . . . fr.	2-40	par lieue.
Pour 3 ou 4 bœufs	2-00	id.
5 à 10 porcs ou veaux	2-00	id.
11 à 20 moutons	2-00	id.
1 ou 2 bœufs	1-50	id.
1 à 5 porcs ou veaux.	1-50	id.
1 à 10 moutons	1-50	id.

ART. 27. Les concessionnaires auront le droit d'appliquer le tarif ci-dessus, à toutes les sections ou embranchements de la ligne, qui pourraient être livrés à la circulation avant l'achèvement complet du chemin de fer d'Entre-Sambre-et Meuse, et ce avec l'autorisation du Ministre des Travaux Publics.

ART. 28. Dans le cas où les concessionnaires jugeraient convenable d'abaisser, au-dessous des limites déterminées par les tarifs, les droits qu'ils sont autorisés à percevoir, les droits abaissés ne pourront plus être relevés qu'après un délai de 3 mois.

ART. 29. Les droits de péage, concédés par les présentes, sont fixés comme *maximum ;* ils sont considérés comme étant au pair avec les tarifs actuels du chemin de fer de l'État.

Néanmoins, si le Gouvernement élevait les prix du transport sur le chemin de fer national, au-dessus de ce *maximum,* les concessionnaires pourraient élever leurs droits de perception dans les mêmes proportions relatives. Ils devront suivre la même proportion en cas d'abaissement du tarif du chemin de fer de l'État, sans devoir jamais descendre au-dessous des péages stipulés au présent.

Ils ne jouiront de cette faculté qu'après les deux premières années d'exploitation.

Art. 30. Tous changements apportés dans les tarifs devront être homologués par un arrêté du Ministre des Travaux Publics, pris sur les propositions des concessionnaires et annoncés au moins un mois à l'avance par voie d'affiches et de publications.

Art. 31. La perception des droits devra se faire par les concessionnaires indistinctement et sans aucune faveur. Dans le cas où des perceptions auraient eu lieu à des prix inférieurs à ceux des tarifs, l'administration pourra déclarer la réduction ainsi consentie applicable à la partie correspondante du tarif et les prix ne pourront, comme pour les autres réductions, être relevés avant un délai de 3 mois; les réductions en remises accordées à des indigents ne pourront, dans aucun cas, donner lieu à l'application de la disposition qui précède.

Art. 32. Les militaires en service, voyageant en corps ou isolément, ne seront assujettis, eux ni leurs bagages, qu'à la moitié de la taxe du tarif légal.

Art. 33. Si le Gouvernement avait besoin de diriger des troupes ou un matériel militaire, sur l'un des points desservis par la ligne du chemin de fer, les concessionnaires seraient tenus de mettre immédiatement à sa disposition, et à moitié de la taxe du tarif, tous les moyens de transport établis pour l'exploitation du chemin de fer.

Art. 34. Les lettres et dépêches convoyées par un agent du Gouvernement seront transportées gratuitement et par les convois ordinaires, sur toute l'étendue du chemin de fer.

A cet effet, les concessionnaires seront tenus de réserver chaque jour, à l'arrière du train des voitures d'un des convois de voyageurs expédiés dans l'une et l'autre direction, un coffre suffisamment grand et fermant à clef, ainsi qu'une place convenable pour le courrier chargé d'accompagner les dépêches.

Art. 35. Dans le cas où des convois spéciaux seraient nécessaires au Gouvernement, il y serait pourvu au moyen de conventions particulières pour chaque cas.

Art. 36. Au moyen de la perception des droits réglés ainsi qu'il vient d'être dit, et sauf les exceptions stipulées ci-dessus, les concessionnaires contractent l'obligation d'exécuter constamment avec soin, exactitude, célérité et sans tour de faveur, à leurs frais et par leurs propres moyens, le transport des marchandises de toutes natures, voyageurs avec leurs bagages, voitures, chevaux et bestiaux, fonds et valeurs qui leur seront confiés.

Art. 37. Les frais accessoires non mentionnés au tarif, tels que ceux de chargement, déchargement, d'entrepôt, etc., seront fixés par un règlement qui sera soumis à l'approbation de l'administration.

Art. 38. Les waggons appartenant à des particuliers ou à des sociétés devront avoir exactement la voie du chemin de fer. Ces waggons et leurs accessoires devront satisfaire aux mêmes conditions de solidité et de convenance que ceux des concessionnaires, et leur chargement ne pourra jamais dépasser le *maximum* fixé pour ceux-ci.

Art. 39. Il sera loisible à qui que ce soit, d'établir le long du chemin de fer et de ses embranchements et sur un point à son choix, des magasins ou abordages, avec des machines, engins ou attirails propres à faciliter le chargement et le déchargement des waggons, à condition d'établir en dehors du chemin de fer une ou plusieurs voies latérales afin que les waggons en chargeant ou déchargeant, ne puissent ni entraver ni empêcher la libre circulation sur le chemin de fer ou les embranchements.

Le Gouvernement se réserve, dans ce cas, d'autoriser l'expropriation pour cause d'utilité publique.

Art. 40. Il sera également permis à qui que ce soit, sauf, s'il y a lieu, l'autorisation du Gouvernement, d'établir des embranchements aboutissant au chemin de fer et à ses embranchements. Le Gouvernement se réserve expressément le droit d'accorder de nouvelles concessions de chemin de fer, s'embranchant sur le chemin ici concédé ou en prolongement de ce même chemin.

Art. 41. Les concessionnaires du chemin de fer d'Entre-Sambre-et-Meuse ne pourront en aucun temps mettre obstacle à ces embranchements ou prolongements, ni réclamer, à l'occasion de leur établissement, aucune indemnité quelconque, pourvu qu'il n'en résulte aucun obstacle à la circulation ni aucuns frais particuliers tombant à leur charge.

Art. 42. Il ne pourra être établi, pendant la durée de la concession, sur le tronc principal ni sur les embranchements du chemin de fer d'Entre-Sambre-et-Meuse, aucun péage, ni perçu aucun droit, soit au profit de l'État, soit au profit de l'une ou de l'autre des deux provinces traversées par ledit chemin de fer, soit au profit d'une ou de plusieurs communes.

Dispositions générales.

Art. 43. Le choix et la nomination des agents nécessaires à l'exécution des travaux, à l'exploitation de la route et à la perception des péages, appartiendra exclusivement aux concessionnaires; mais le Gouvernement aura le droit de désigner ceux de ces agents qui seront assermentés aux fins de remplir les fonctions d'officiers de police judiciaire, au vœu de la loi du 15 avril 1843.

Art. 44. Le Gouvernement fera surveiller par ses agents l'exécution de tous les travaux, tant de premier établissement que d'entretien, ainsi que d'exploitation; cette surveillance sera exercée aux frais des concessionnaires; à cet effet les concessionnaires verseront endéans les trois mois à compter conformément à l'art. 3 et annuellement pendant la durée des travaux, dans la caisse qui leur sera indiquée à cet effet, une somme de fr. 15,000; et en outre pendant toute la durée de la garantie de l'État, et endéans le premier trimestre de chaque année, une somme annuelle de fr. 3,000; la garantie éteinte, cette somme sera réduite à fr. 1,000.

Art. 45. La surveillance à opérer par le Gouvernement aux termes de l'article qui précède, ayant pour objet exclusif d'empêcher les concessionnaires de s'écarter des obligations qui leur incombent, est toute d'intérêt public, et par suite, elle ne peut faire naître à sa charge aucune obligation quelconque.

Art. 46. Après l'expiration des 47 premières années, le Gouvernement aura la faculté de racheter la concession quand bon lui semblera, sauf à prévenir les concessionnaires au moins deux années d'avance; le rachat aura lieu moyennant une annuité pour chacune des années qui resteront à courir sur la durée de la concession; cette annuité sera égale au produit net et moyen des cinq dernières années, majoré de 25 p. °/₀ à titre de prime; les dépenses dûment justifiées des améliorations et extensions apportées pendant ces cinq dernières années au chemin de fer et à ses embranchements et dépendances, avec l'approbation préalable du Ministre des Travaux Publics, seront remboursées aux concessionnaires, au moyen d'une augmentation équivalente à l'annuité dont il s'agit, calculée à l'intérêt de 4 p. °/₀.

Art. 47. A l'époque fixée pour l'expiration ou le rachat de la concession, le chemin de fer et ses dépendances devront se trouver en parfait état d'entretien, et par suite, si pendant les cinq ou les deux années qui précéderont respectivement cette époque, les concessionnaires ne se mettaient pas en mesure de satisfaire complétement à cette obligation, le Gouvernement aurait le droit de saisir les produits des péages et de les employer à rétablir en bon état le chemin de fer et toutes ses dépendances.

Art. 48. A dater du rachat que le Gouvernement aurait opéré, comme aussi à l'expiration du terme fixé pour la concession, le Gouvernement sera subrogé dans tous les droits des concessionnaires et entrera immédiatement en possession de la route et de son matériel tels qu'ils existeront à cette époque, ainsi que de ses produits.

Le prix du matériel fixé par expertise contradictoire sera payé sans prime aux concessionnaires, sauf déduction de la somme de fr. 1,520,000 représentant la partie correspondante de la dépense de premier établissement.

Art. 49. Les concessionnaires ont la faculté de former une société en nom collectif ou anonyme, avec émission d'actions, en se conformant, du reste, aux lois et règlements sur la matière.

S'ils usent de cette faculté, ils n'en restent pas moins personnellement obligés envers le Gouvernement pour l'entière et bonne exécution des travaux dans les limites du présent cahier des charges, même dans le cas où ils formeraient une société anonyme approuvée par le Gouvernement; l'approbation qui serait donnée aux statuts d'une semblable société ayant uniquement pour but de lui assurer une existence légale, mais nullement de substituer un nouvel obligé aux obligés primitifs qui seraient déchargés.

Art. 50. Le Gouvernement conserve la faculté d'autoriser soit dans l'Entre-Sambre-et-Meuse, soit partout ailleurs, toute construction de route, canal ou chemin de fer, sans que les concessionnaires puissent réclamer à ce titre aucune indemnité quelconque.

Les concessionnaires seront également non recevables à réclamer des indemnités :

1° A titre des modifications que pourraient subir la taxe des barrières et les péages établis, tant sur les voies de communication actuellement existantes, que sur celles qui pourraient être créées pendant la durée de la concession;

2° A titre de modification au tarif des douanes;

5° A titre de toutes autres mesures prises ou provoquées par l'administration dans le cercle de ses attributions.

Art. 51. Dans le cas où le Gouvernement ordonnerait ou autoriserait la construction de routes, canaux ou chemins de fer, qui traverseraient le chemin de fer concédé ou ses embranchements, les concessionnaires ne pourront ni y mettre obstacle, ni réclamer de ce chef d'autre indemnité que le remboursement de l'augmentation éventuelle des dépenses d'entretien, le Gouvernement s'engageant à faire exécuter, sans frais pour les concessionnaires, tous les ouvrages définitifs ou provisoires qui seraient nécessaires, pour éviter que l'exploitation puisse être entravée ou interrompue.

Art. 52. Dans tous les cas où il y aura lieu à des dommages-intérêts au profit du Gouvernement, aux termes des stipulations qui précèdent, ils lui seront acquis à charge des concessionnaires, sans qu'il doive justifier d'aucun préjudice éprouvé.

Art. 53. Dans aucun cas, les concessionnaires ne seront recevables à invoquer la force majeure, pour quelque cause que ce soit, à moins que, dans les trente jours des événements ou circonstances d'où seraient nés les obstacles, ils n'en aient fait reconnaître la réalité et l'influence par le Gouvernement. Il en serait de même des faits que les concessionnaires croiraient pouvoir imputer à l'administration ou à ses agents; ils ne pourront en argumenter que pour autant qu'ils en aient également fait reconnaître la réalité et l'influence par le Gouvernement du moment où ils auront été posés ou au plus tard dans les trente jours suivants.

Art. 54. Dans aucun cas ils ne pourront baser une réclamation quelconque sur des ordres qui leur auraient été donnés verbalement; des ordres verbaux ne pourront avoir pour eux un caractère obligatoire.

Art. 55. Les concessionnaires se trouveront en demeure d'exécuter les obligations qui leur incombent dans les différents cas prévus par les stipulations qui précèdent, par la seule expiration du terme leur accordé à cet effet, et sans qu'il soit besoin d'aucun acte judiciaire.

Art. 56. Les concessionnaires devront indiquer un domicile d'élection, où leur seront adressés les communications, réquisitions et ordres émanés de l'administration; les communications, réquisitions et ordres seront transmis par voie de correspondance administrative, et auront par eux-mêmes date certaine et caractère authentique lorsque leur remise au domicile d'élection aura été constatée par un reçu.

Art. 57. Les concessionnaires acceptent les stipulations qui précèdent comme étant leur propre ouvrage; ils déclarent avoir vérifié les données et calculs sur lesquels l'entreprise repose, avoir reconnu la réalité de tout ce qui y est posé en fait, et s'être assurés de la possibilité d'exécuter tous les travaux nécessaires; en conséquence, le Gouvernement ne pourra, dans aucun cas, être rendu responsable, ni des erreurs, imperfections et lacunes dont les plans et projets pourraient se trouver entachés, ni des difficultés qui pourraient surgir dans l'exécution.

Art. 58. Toutes les contestations qui pourraient s'élever entre le Gouvernement et les concessionnaires, à l'occasion ou par l'effet de la présente convention, soit qu'elles tiennent à l'interprétation ou à l'exécution des clauses et conditions de la concession, seront soumises à trois arbitres et décidées par eux; leur décision sera définitive; les parties contractantes renoncent, dès à présent pour lors, à l'attaquer par aucun moyen d'opposition, d'appel ou de cassation. Les parties ont désigné pour leurs arbitres communs MM.

Art. 59. Les droits d'enregistrement seront fixes, et s'élèveront à un franc soixante-dix centimes en principal.

Art. 60. Les concessionnaires prennent l'engagement d'exécuter, à leurs frais, risques et périls, sous le régime du présent cahier des charges, sans garantie d'intérêt, le prolongement de l'embranchement de Couvin vers la frontière de France, du côté de Rocroy, lorsque la construction d'un chemin de fer partant de cette même frontière, se dirigeant vers Charleville, sera décrétée et son exécution assurée.

Article additionnel.

Les obligations imposées par les présentes portant sur un parcours à travers les territoires belge et français, sont, par conséquent, subordonnées à l'obtention de la concession de la partie française de la frontière belge à la Meuse; par suite, il est bien entendu que les clauses du présent contrat ne deviendront exécutoires pour les parties que du jour où cette concession aura été accordée, et que les délais d'exécution et autres, stipulés au présent cahier des charges, compteront à partir de ce même jour.

FIN.

TABLE DES MATIÈRES.

Rapport de l'inspecteur divisionnaire des ponts et chaussées, chargé de la direction supérieure des études.

Annexe A.

Mémoire de l'ingénieur chargé des études.

Cahier d'annexes *B.*

FIN DE LA TABLE.

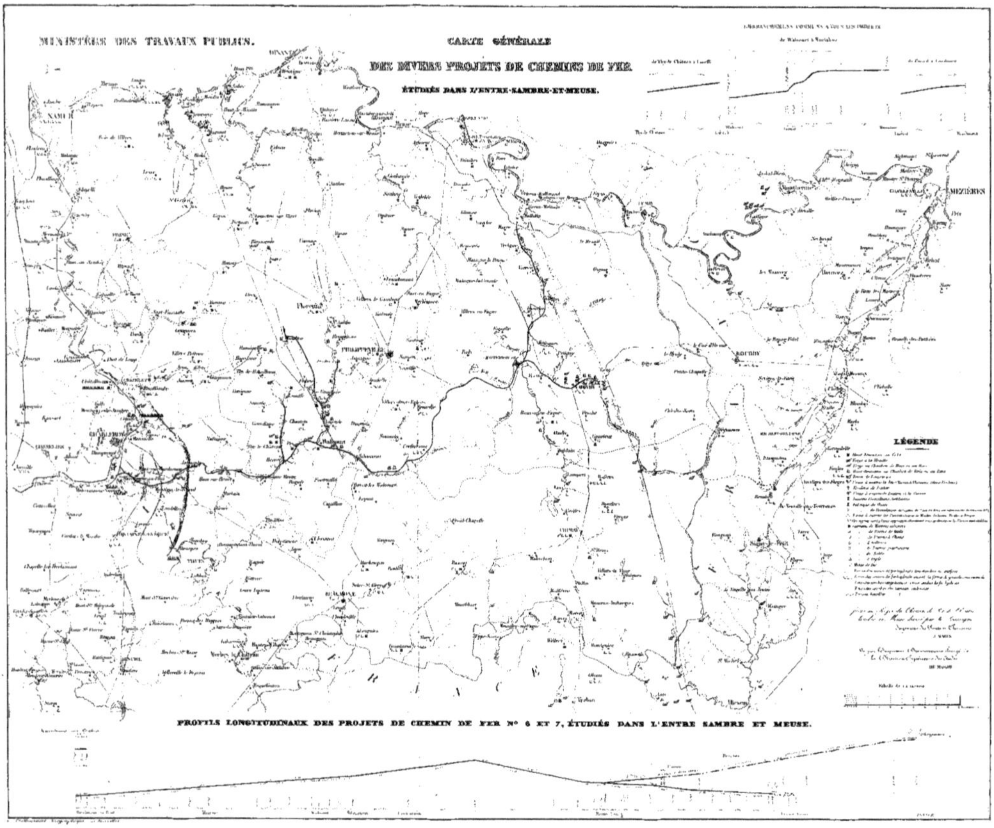

MINISTÈRE DES TRAVAUX PUBLICS.

CARTE GÉNÉRALE DES DIVERS PROJETS DE CHEMINS DE FER ÉTUDIÉS DANS L'ENTRE-SAMBRE-ET-MEUSE.

NAMUR

PHILIPPEVILLE

ROCROY

MEZIÈRES

LÉGENDE

PROFILS LONGITUDINAUX DES PROJETS DE CHEMIN DE FER N° 6 ET 7, ÉTUDIÉS DANS L'ENTRE SAMBRE ET MEUSE.